景氣循環為什麼會

Business Cycles

History, Theory and Investment Reality

歷史、理論與投資實務

拉斯·特維德
Lars Tvede
蕭美惠　陳儀——譯

WILEY　財信出版

目錄CONTENTS

目錄CONTENTS

▶第五篇　景氣循環與資產價格

【名家推薦】

本書的內容生動有趣，不僅有真相探索的玩味，也讓古今許多經濟學家在如歷史小說般的情節中登場，讓我佩服不已。本書的作者不是學者教授，而是一位資深的資產經理人，卻能從多年實務經驗中更加體會理論知識的重要，博覽群集，融會貫通，特別對於被「凱因斯革命」所遮蓋的理論給了應得的介紹。我經常被問到，能推薦給大學生什麼既好看又有經濟學知識的書，從現在起，拉斯・特維德（Lars Tvede）所寫的《景氣為什麼會循環》一定會在這份書單裡面。

——劉瑞華，清華大學經濟學系副教授

本書以生動而輕鬆的筆法鋪陳三百年來西方國家經濟的景氣循環現象與各家經濟學派對其提出的解釋。理論與實務的結合，有效地提供讀者據以觀察景氣循環的角度與方法。

——黃俞寧，政治大學經濟學系助理教授

投資人都知道，商品的價格終究要回歸到經濟面的主軸，但有哪些重要的變數會影響景氣呢？這些變數又會對不同商品的價格造成什麼樣的衝擊呢？景氣循環在各個階段會出現什麼樣轉折的訊號呢？這些投資人的疑惑，都可以在這本書中得到解答。原本印象中應該艱澀、乏味的經濟學理論經由具備多年投資實務經驗的作者娓娓道來，竟顯得清楚而充滿了新意。我個人尤其喜歡書中名經濟學家厄文・費雪和股市大作手傑西・李佛摩論戰的章節。這是一本兼具理論與實務，處處閃現著智慧和遠見的好書，閱讀之後，雖不一定能讓讀者精確掌握商品的波動，但一定能對目前所處市場的基調有一定的概念。

——陳進郎，《股市大贏家》暢銷作者

當全球投資者不斷對未來景氣預測時，常忽略人類在過去經濟歷史的軌跡。歷史給予未來框架使人類在學習和研究過去興衰中把握未來發展歷程。在投資路上要贏，就必須對歷史軌跡有透徹的體悟。要掌控投資時點契機，最需要的觀察內容是景氣循環，而景氣循環的基本，則是大家都了解的基礎心理學。自從牛頓的慣性定律以來，眾多物理學者以線性的角度來評論世界是理性且可預測的，一直到1980年以後黃金價格崩盤及許多金融危機才理解到所有的系統都是非線性現象，混沌且恆常不理性，往往循著蝴蝶效應擴大震盪。拉斯・特維德以平易近人，深入淺出且細膩的文筆將讀者拉回過去經濟學者理論以及景氣循環歷史裡，運用這些論述建立一套觀念架構，使讀者瞭解景氣循環關鍵元素，清楚認知房地產、藝術品、大宗物資及股債市景氣循環受市場不理性驅動因子加速衝擊下，所產生的泡沫輪替效應。此書是作者繼上部作品《金融心理學》之延續，點出人性，引人省思，讀者若能細細品味，將之應用於投資思考中，將可抵抗貪婪與恐懼因子，成為資本市場中的贏家！

——呂宗耀，呂張投資團隊總監

一本有關景氣循環驅動因子的綜合分析。本書研究十分透徹，各種資產幾乎無所不包為其特點，包括金融與有形資產。拉斯・特維德的書不僅內容豐富，他也以輕鬆、有趣、易懂的方式訴說他的研究心得。這是市場專業人士與新手都應該閱讀的一本書。

——馬可・伊利（Marco Illy），瑞士信貸投資金融執行董事

很不幸的，經濟學說並非持續進步，後來的學說也不必然勝過先前的。好的學說時常被一些不怎麼樣的新學說排擠，例如寶貴的知識被「凱因斯革命」所揚棄。因此，拉斯・特維德在書中納入由太陽王路易十四迄今各項學說的歷史有其理由，而他在書中也強調了這點。我們不僅可以看到這些學說，還有經濟學家以及他們深受環境所影響的故事，以有趣的方式增進我們的理解。

——安諾斯・福格・拉斯穆森（Anders Fogh Rasmussen），丹麥首相

《智慧型投資人》和《勝券在握》被許多人視專為股票投資人所寫的最重要兩本書。拉斯・特維德的《景氣循環》是有關景氣與投資循環的最佳書籍。閱讀本書可增強投資人瞭解債券、商品、股票和房地產價格波動的能力。

——尤根・奇德克（Jorgen Chidekel），ProValue公司總裁及創辦人

書名《景氣循環》聽起來或許像是高格調經濟題目的科學性演說。事實上，本書討論一系列經濟主題及其歷史演進。用字遣詞新鮮動人，帶領讀者的心緒回到當時的場景。本書絕對值得閱讀，同時也非常有趣，對普通人和專家而言都是如此。

——湯馬斯・艾斯徹（Thomsa K. Escher），瑞士銀行財富管理部門副董事長

身為創投資本家，我常發現自己受到一般經濟波動的影響，不論好與壞。拉斯・特維德的書是我讀過的書當中，對循環有最佳解釋的一本。他的筆法簡潔清晰，而且十分有趣。我強力推薦日常生活依賴景氣循環的人一定要閱讀本書。

——法蘭克・艾沃德（Frank Ewald），丹麥IVS公司合夥人

當眾多全球經濟的觀察家都在質問景氣循環這個觀念時，拉斯・特維德的書來的正是時候。他以創新手法深入分析景氣循環的新形態以及它們對金融市場的衝擊。身為資產經理人，我認為拉斯這本書開啟了理論與實務的新觀點，閱讀此書的過程更是一種享受。

——法蘭西斯・狄拉蘭德（François Delalande），
Notz, Stucki & Cie執行合夥人

前言

楚格（Zug）是瑞士最小的邦，土地面積雖然小，卻具有獨特的瑞士風情。木造農舍散布山丘上，牛鈴聲不絕於耳。夏季時，大多數房舍都點綴著美麗花朵。

楚格位在阿爾卑斯山腳下，可以瞭望南邊瑞吉山（Mt. Rigi）和皮拉特斯山（Mt. Pilatus）的雄偉景色。如果你爬到山上，你可以看到西邊著名的少女峰（Jungfrau）和艾格峰（Eiger）。源於山上的河水匯流到當地的楚格湖，湖的東邊是楚格舊鎮。創建於十一世紀，楚格鎮有木造房舍、狹窄街道、浪漫教堂、防禦城牆和塔樓的遺跡，以及一座小港口。

四季

這個地方的一年四季有著明顯變化。在漫長、暖和的夏天，日子十分熱鬧。眾多的小型露天咖啡座擠滿愉悅的人們，還有祭典、露天市場和音樂會，偶爾湖上會施放漂亮的煙火。夏天即將結束的第一個跡象是暴風雨襲擊。你會先看到遠處無聲的閃電，不是幾道閃光，而是數百道。然後，閃電愈來愈近。等到接近時，你會聽到模糊的低吼聲；抵達楚格時，每道閃電打在湖上或山丘，都伴隨震耳巨響。接著，風雨交加，然後就結束了。秋天之後是一段沈悶多霧的天氣。有一天，雲開霧散，你抬頭看著白雪皚皚的山頭，就知道冬天來了。

在1998年初這樣一個晴朗冷冽的冬日，我步行至蘇黎士班霍夫大街（Bahnhofstrasse），和老友尤根・奇德克（Jorgen Chidekel）

共進午餐。我們喜歡相約在中央廣場的一家餐廳談事情，通常是世界經濟和金融市場。尤根是一名避險基金經理人，對市場極為熟悉。我們點餐後，我像往常一樣開口問道：

「情況如何？」

「還是很不穩。這是一波醞釀中的大崩盤，」他說。「俄羅斯股市像石頭般往下墜。雖然有1.5億人口，但他們現在的經濟規模比瑞士還小。」

「比瑞士還小？」

「沒錯。整個俄羅斯股市的市值差不多等於幾家美國網路公司。亞太地區當然也是一團糟，有些地方好像要建立新的曼哈頓，現在卻一片空盪盪。往常的景氣循環又開始作用了。」

我們在吃午餐時又談了崩盤和景氣循環的理論，喝完咖啡後我們一同離開。當我們要在餐廳外互道再會時，我問他建議該怎麼做。「你知道，這是崩盤。大崩盤。觀望一陣子吧。」他說。天氣很冷，他說話時在空中呼出一團白霧。最後，他冒出一個大大的微笑說：「不過，天氣好極了。」我們相視一笑就走了。

在我目送他走回辦公室時，不禁想著他所說的話將如何在班霍夫大街傳開。「你知道，這是崩盤。大崩盤，」以及這些話如何轉過街角傳到瑞吉大街那些憂心忡忡的企業人士耳中。或者它們會一路傳到湖畔，在船上迴盪著：「你知道，這是崩盤……不過，天氣好極了。」

當晚我回到家，披著外套走入花園，坐在樹下的涼椅上。四周一片漆黑，飄著細雪。我向來喜愛這種寂靜冬夜，有時清澈的天空會有雪花輕柔地飄落我身上，就像這個夜晚一樣。我可以看到遠處皮拉特斯山頂上滑雪旅館的燈光，還有下方觀光船的導航燈光，船身優美地滑過湖水。一切美極了。

我的思緒回到午餐時我們所談論的景氣循環。我看過太多精明的企業人士輸光每一分錢，因為他們被經濟衰退遮蔽了眼光。即使是經濟專家都覺得這個題目很難，有多少人敢說他們真的懂呢？在景氣衰退時，很多人認為我們永遠無法復甦；而在景氣熱絡時，一些人又認為可以永遠維持下去。景氣循環是個複雜的問題，不知道這種現象是如何開始的？石器時代必然沒有什麼景氣循環。那麼，它們始於1929年的大崩盤嗎？不，早在那之前就有了。或許是在亞當・史密斯（Adam Smith）的時代？不，還要更早。我想或許是在歐洲市場經濟開始使用紙幣的時候，這種現象才真正開始變得重要。

把紙幣引進歐洲的是一個名叫約翰・勞（John Law）的人，從而刺激了一個十分龐大的信用市場的發展。這個信用市場對於景氣循環現象的產生具有重大意義。所以，那或許是這種現象真正開始變得重要的起源。

我想到約翰・勞。他真的知道自己做了些什麼嗎？可能不知道吧。他怎麼可能知道呢？我試著想像他的模樣。他在我看過的舊雕刻圖像中是什麼模樣？可以確定他很高。我的腦海裡開始浮現一幅圖畫——一個高瘦男子的身影。因為當時是「太陽王」路易十四的年代，他的鞋子應該很女性化，有著許多綴飾。我闔上眼，靠在涼椅上，約翰・勞的影像益發清晰。我腦海裡看到一個自信、驕傲的年輕男子站在早晨陽光裡，一隻手放在背後。那一定是在公園，因為背景有些樹木。不遠處有一小群穿著同樣逗趣文藝復興式服裝的男子在看著他。可是，約翰・勞面向一邊，陷入深深的沈思。現在，我可以很清楚地看到他的頭部了，並注意到小顆的汗珠自他臉上流下來。他似乎沒有察覺，目光凝視著一個定點。他專注地看著另一個人。他專注地凝視。然後，我看到他很快地伸手去拿什麼東西……

第一篇
景氣循環的發現

人類時常被真相絆倒，但大多數人趕緊站起來走開，假裝什麼事都沒有發生。

——溫斯頓·邱吉爾

1 賭徒

我一直覺得，約翰・勞自成一格。

——約瑟夫・熊彼得（Joseph Schumpeter）

一把劍。他站在那裡，手上握著一把劍。他馬上要進行一件驚心動魄的事，他要與鎮上一名二十三歲的望族，年輕的約翰・威爾森（John Wilson）決鬥。約翰・威爾森的馬車已經抵達，除非約翰・威爾森改變心意，否則決鬥就要開始。約翰・勞為何同意決鬥？為什麼這麼年輕就要冒死去做這種愚蠢的事？他大可以鞠躬退場，拋開問題；或者從倫敦消失一陣子，直到這件事被遺忘。可是，約翰・勞不是那種人。正如他每次看到機會就去爭取一樣，他也面對每個遇到的問題。現在的問題是約翰・威爾森下戰帖決鬥，所以約翰・勞已做好戰鬥準備。

倫敦的賭場

約翰・勞能說善道，打扮入時。雖然臉上因為天花留下疤痕，但他看起來很聰明，而且身材十分高䠷（身高180公分）、儀表出眾，魅力十足，家鄉愛丁堡的女孩稱他為「帥勞」。十四歲到十七歲時，他在父親的會計公司學習金融，那些年間他展露出優異的數學能力。他的父親在1688年過世時，將金融與金飾業務的營收留給這個十七歲的兒子。約翰・勞在愛丁堡似乎有著大好機會，可是他想要的生活不是這個小鎮所能給予的。

因此，他決定離開蘇格蘭，前往倫敦。在倫敦安定下來後，他馬上光顧賭場，發揮他的數字才華，他果然因此學以致用。過一陣子之後，他贏了不少錢。沒多久，這位英俊的蘇格蘭人聲名大噪、廣受歡迎，尤其是在女人圈。生活實在多彩多姿！

慢慢地，約翰・勞不知不覺變成一名無可救藥的賭徒。他下注的金額愈來愈大，直到他失手的那天：他在一場賭局中大輸特輸，被迫抵押他的房子還債。

接著，在同一年，他愚蠢地同意與約翰・威爾森決鬥，只因為和他的女朋友調戲了一番。當時約翰・勞年僅二十六歲，或許就要英年早逝了。

亡命天涯

決鬥草草收場。威爾森下了馬車，走向約翰・勞，然後拔劍。約翰・勞冷不防地刺出一劍，威爾森措手不及，旋即重傷倒地。當天警方就逮捕約翰・勞，不久後他即被控謀殺罪名。他的案子和另外二十六件案件在一場為期三天的公聽會中同時審查，既不准聘請辯護律師也不能作證；他唯一的辯護是一張狀紙，當庭宣讀。第三天判決出爐，二十一名被告被判處雙手烙印，因為他們偷竊。一人被判放逐，另外五人被判絞刑。這五人當中，一人是強暴犯，三人是偽造者，最後一人是約翰・勞。

幸好後來判決由謀殺改為普通殺人，刑罰並可易科罰金。威爾森的兄長對此感到不滿而提出上訴，約翰・勞便一直被拘留在獄中。但在上訴開庭之前，約翰・勞逃獄了。《公報》（*Gazette*）刊登了一則緝捕啟事，如此描述他：

> 上尉約翰・勞，蘇格蘭人，二十六歲。身材高大、黝黑、削瘦的男子；體格佳，身長超過六呎，臉上有大痘疤；大鼻，聲音洪亮、有口音。

由於這些描述與本人不符，有人猜測這根本是為了協助他逃脫。無論如何，他成功渡過英吉利海峽，由英格蘭前往歐洲大陸。

一種新錢

約翰・勞在歐洲各地旅行多年，早上他大多研究旅居國家的金融、貿易、貨幣和銀行事務；晚間則流連於當地賭場。因為早年在賭桌上的失敗而學到許多經驗，現在他對統計機率鑽研甚深（包括伽利略〔Galileo〕、巴斯卡〔Pascal〕和白努力〔Bernoulli〕等人都有提及）。約翰・勞旅居阿姆斯特丹時，他亦炒作股票。或許在1700年，約翰・勞二十九歲那年，他航行穿越英吉利海峽回到愛丁堡，開始倡議他在歐洲旅行期間醞釀的想法，一個他深信不移的想法：如果國家要繁盛，就需要紙幣；他認為紙幣比傳統的金幣或銀幣更能助長貿易。1705年，他發表一本名為《貨幣與貿易：為國家供給貨幣的建議書》（*Money and Trade Considered with a Proposal for Supplying the Nation with Money*）的小冊。開頭寫著：

> 有關解決本國因嚴重缺乏貨幣所面臨的困難，已有數項建議。應當做出最安全、有利及實際可行的合宜判斷，而下列建議是必要的：(1)應探究貨幣的本質，以及白銀何以凌駕其他商品被選為貨幣。(2)應考慮貿易，以及貨幣影響貿易的程度。(3)應實行保存與增加貨幣的措施，並檢討以上的建議。

這份小冊廣為流傳，許多地方都張貼這項建議的摘要。小冊寫的很好，立論精闢周延。例如在解釋價格與價值的差異時，他提到：

> 水極有用處，但極少價值，因為水的數量遠大於其需求；鑽石極少用處，但極有價值，因為鑽石的需求遠大於其數量。

有關紙幣：

> 紙幣不具商品交易的價值，而是它們用以交易的價值：紙幣的用途是購買商品和白銀，紙幣沒有其他用途。

當時蘇格蘭正陷於經濟蕭條，他相信自己了解問題，就是錢的問題。那份小冊提出一種前所未見的說法：「貨幣的需求」。約翰・勞試著向讀者證明貨幣的供給太低，所以利率太高。解決之道在於增加貨幣的供給。他說，擴大貨幣供給可引導利率下降，卻不會造成通貨膨脹，只要國家維持完全產能即可。

他提出另一個建議：在蘇格蘭設立「土地銀行」（landbank）。這家銀行應該發行總額不超過國有土地價值的票券，票券購買人可獲得利息，並有權將手上的票券以特定價格兌換成土地。這項新計畫有兩個好處：

- 國家無須再為了滿足經濟成長所需的硬幣數量，而購買愈來愈多的貴重金屬。
- 讓國家更易於管理流通貨幣總額，俾以滿足國家變動的需求。

這份建議寫得很精彩，引起轟動，但爭議性也很大。批評者加以譏諷，稱之為「沙洲」（sand-bank），意指它將「撞毀國家的船隻」；但也有其他人支持他的建議，最後在國會進行激烈的辯論。事情至此結束，大多數議員否決這份建議。約翰・勞失望之餘，加上他無法取得英格蘭法庭殺人罪的特赦（當時英格蘭和蘇格蘭是兩個不同的國家），他回到歐洲大陸。然後他重操舊業：賭博。數年後，他在歐洲各大首都的賭場以賭技出眾而聞名。現在他更加老練和謹慎，所以變得十分富裕。

約翰・勞就這樣過了十四年，在法蘭德斯（Flanders，譯註：中古西歐國家，包括現在的法國和比利時北部，以及荷蘭西南部）、荷蘭、德國、匈牙利、義大利和法國等地賭博。約翰・勞在許多地方都被認為對年輕人有不良影響，因此被逐出威尼斯和熱那亞；因為他專精機率計算、在賭桌上無往不利，而樹立了一些敵人；還有他總是在調戲別人的女人之後，再一走了之。有一天他遇到一位名叫凱薩琳・賽涅的已婚婦人，她愛上了他，最後還拋棄丈夫與他私奔到義大利，他們後來甚至生育了子女。約翰・勞同時也和上流權貴往來，其中包括法國奧爾良公爵腓力（Philippe d'Orleans），（譯註：法國國王腓力六世幼子）。跟約翰・勞一樣，奧爾良公爵瀟灑且集富貴及權力於一身，極富魅力，而且是個比他還厲害的花花公子。

同時，紙幣的想法一直在約翰・勞的腦海中揮之不去，他確信一定要有紙幣才能使歐洲繁榮。大約1708年，他向法國宮廷的審計官提出土地銀行的計畫，但遭到拒絕。後來他又在義大利提議，也是同樣的結果。

小問題

歷史很奧妙，有時最奇特的偶然決定了國家的命運。奢華鋪張的「太陽王」路易十四於1715年去世，將王位交由一名七歲兒童繼承。這時，約翰・勞的朋友奧爾良公爵腓力登場了：身為年輕國王的皇叔，他掌控政府。但和約翰・勞不同的是，公爵不甚了解金融和財政；不同於歐洲其他國家的元首，他認真考慮約翰・勞的主張。

公爵把一件棘手的任務攬到身上。經過路易十四大肆揮霍之後，法國財政嚴重拮据，因為路易十四只對珠寶和宮廷有興趣，毫不在乎預算平衡。以下是該國的一些數據：

國家債務：	20億里弗赫（譯註：livre，法國舊時流通的貨幣名）
歲入：	1.45億里弗赫
支付利息前的歲出：	1.42億里弗赫
支付利息前的盈餘	300萬里弗赫

國家債務幾乎是全年稅收的十四倍實在不是件好事。這20億的債務主要向約四十間的民間金融機構借貸，而他們又負責收稅。這真的很糟糕，因為債務利息為9,000萬，相當於4.5%。如果付息前預算盈餘只有300萬，要如何支付9,000萬的利息？甫被任命為財政顧問大臣的諾阿耶公爵（Duke of Noailles）後來做出如下簡報：

> 我們發現國王的財產耗罄，國家歲入幾乎用之殆盡，被無窮盡的費用和債務清償。一般稅收被預先花光，多年來累積的各項欠款、各種票據、布告和分配加總起來達到天文數字，根本沒有人能夠計算。

傳記作家聖西蒙（Duc de Saint-Simon）後來在他的回憶錄裡寫著：

> 沒有人能繳錢，因為沒有人拿到錢……

奧爾良公爵該怎麼辦？古代歐洲的五個標準選項大致如下：

- 宣布國家破產
- 大幅加稅
- 重新鑄幣（召回所有硬幣，換成貴重金屬含量較少的新幣）
- 出售專賣權，例如某種商品或殖民地的貿易
- 將貪污政府官員的財產充公

奧爾良公爵選擇了重新鑄幣和財產充公。他回收所有硬幣，禁止使用，發回的新幣所含貴金屬只有原先的80%。但這些作法十分不受歡迎，而且只為國庫增加7,000萬里弗赫。

奧爾良公爵還鼓勵人民檢舉貪贓枉法的官員，一旦定罪，檢舉者可獲得20%的罰鍰和充公的財產。長久以來飽受欺壓的人民欣喜若狂，沒多久法院就忙到不可開交。政府沒收了1.8億里弗赫，但

圖1.1　羅瑞斯頓的約翰．勞——謀殺者、花花公子、倡議者、投資者、百萬富翁、賭徒、小冊作者以及中央銀行之父
資料來源：瑪麗伊凡斯圖片圖書館。

奧爾良公爵拿了其中的1億做為新官員的特別津貼。所以，總帳目如下：

重新鑄幣歲入	7,000萬里弗赫
財產充公歲入	8,000萬里弗赫
總歲入	15,000萬里弗赫

藉由這兩個方法，奧爾良公爵償還了大約7.5%的國家債務，或者說，不到兩年的利息。但他已無計可施，他既非才華洋溢，也非精力充沛（對女人例外）。反之，約翰・勞精明能幹，奧爾良公爵也知道這點。1716年，奧爾良公爵統治一年後，他和約翰・勞會商該怎麼做。現在已四十四歲又富甲一方的約翰・勞，重彈多年來他所主張的論調：要繁榮就需要紙幣，這種紙幣必須是硬通貨（hard currency）——不能貶值、不能回收。他提議成立一家銀行來管理國庫，完全依照黃金或土地來發行票券，換言之就是修正版的土地銀行。奧爾良公爵首肯了！

進入未知的領域

1716年5月5日，名為「勞氏公司」（Law & Company）的銀行成立。公司自成立就有保障業務，因為國家所有稅金一律必須以勞氏公司發行的票券繳納——法國自此推出紙幣。

勞氏公司的資本是600萬里弗赫。凡是要購買該公司股份者，必須支付25%的硬幣，其餘使用「公債」（billets d'etat）。這招相當高明，路易十四發行這些公債來融通他的花費，如今已變成垃圾債券，交易價格只剩下當初發行時的21.5%。表1.1說明當時的狀況。

表1.1　1716年法國政府財政

政府觀點	
流通在外的公債（名目價值）：	20億里弗赫
利息：	4.5%
全年利息償付：	9,000萬里弗赫
投資人觀點	
流通在外的公債（市價）：	4.3億里弗赫
實質利率（90 × 100/421）：	18%
全年收取利息：	9,000萬里弗赫

實質利率超高（而債券市價超低）的理由是人民害怕國家破產。不過，有個解決方法：如果政府能夠設法以超低市價買回垃圾公債，就能把債務由20億里弗赫（當初銷售的總額）減少到4.3億里弗赫（市價計算）。而且，不會傷害任何人！如果這麼做可以恢復信心，國家便能藉由發行新債，將利息償付減少到4.3億里弗赫的4.5%，新的利息負擔一年大約只有1,900萬里弗赫。

解套打開死結

問題是如何取回20億里弗赫的垃圾債券而不抬高其市價？如果人民真的認為奧爾良公爵可以解決財政危機，他們必然會炒高債券價格，這一招就會失敗。約翰・勞於是用投資人必須以公債購買勞氏公司的股份來解決此問題。

此時，勞氏公司「以債換股」（今日的說法）佔總額18.5億里弗赫國家債務的比率仍低。發行勞氏公司銀行股權只換回價值六個月利息的75%公債，總額為450萬里弗赫，與20億里弗赫的目標相去甚遠。可是，約翰・勞已準備好下一招。他做了三件事：

- 他讓公司票券「當場兌現」。即你可以隨時走進勞氏公司，拿出你的勞氏公司票券，全額換回硬幣。
- 他讓舊幣可兌換票券。如果政府又再重新鑄幣，約翰・勞便以原先的貴金屬數量兌換票券。
- 他公開宣布凡是沒有足夠擔保就發行票券的銀行家「應判死刑」。

其結果是新的紙幣被接受為硬通貨，甫發行價值就達到101，亦即比硬幣高出1%的價值。在短短的時間內，這種可靠的交易手段開始刺激貿易：生意愈來愈興旺，票券需求與日俱增。不久，勞氏公司便在里昂、羅謝爾、杜爾、亞眠及奧爾良開設分公司。一年後，1717年勞氏公司紙幣的價值（換算為硬幣）已升值到115。

此時，約翰・勞使出第三招，而且更加高明。他提議法國政府應該推出新的以債換股，規模要足以吸收所有剩餘的公債。奧爾良公爵應同意設立一家新公司，授予法國自1684年便擁有的兩個殖民地的貿易專賣權：密西西比河流域和路易斯安那州。在公開售股時，人民必須以公債支付，國家債券自然就消失了。奧爾良公爵十分興奮，「密西西比計畫」（Mississippi scheme）的準備工作隨即展開。

此時，奧爾良公爵開始對約翰・勞的銀行產生興趣。該公司不再只是一項實驗，而是成功的提議。他決定再給它一些特權，包括提煉黃金和白銀的專賣權。他並且同意了當初他不願意做的事：將公司重新命名為「皇家銀行」（Banque Royale）。現在，銀行無疑由他掌控，他可以隨心所欲。而他的決定係依據四項觀察：

- 人們開始對紙幣產生信心
- 紙幣是政府無需費力的借貸來源
- 隨著紙幣升值，已明顯供給短缺
- 紙幣似乎帶來繁榮

那麼，為什麼不多多印行紙幣？如果人們拿硬幣來買銀行票券，他可以花用那些硬幣啊！所以他指示銀行印行價值10億里弗赫的鈔票，超過以往十六倍。當時的總理大臣阿格索（D'Aguesseau）不贊同，便立即遭到撤職，換上比較忠心的阿尚松（d'Argenson）侯爵。約翰・勞嚇壞了。

展開密西西比計畫

此時，約翰・勞即將展開密西西比計畫。自1719年開始，新密西西比公司的特權擴增如下：

- 密西西比河流域、路易斯安那州、中國、東印度和南美洲的獨家貿易權。
- 為期九年的獨家鑄幣權。
- 為期九年擔任國稅局。
- 菸草專賣權。

此外，密西西比還得到塞內加爾公司、中國公司和法國東印度公司的所有財產。尤其是控制了法國東印度公司之後，這個新巨擘已打算挑戰勢力強大的英國東印度公司。

擁有這些特權，公司應該可以獲取鉅利。公司取名為「印度公司」（Compagnie des Indes），宣布公開發行2,500萬里弗赫的新股，使得增資總額達到1.25億里弗赫。約翰・勞宣布，他預估這些股票總計將發放5,000萬里弗赫的股利，相當於40%的年度投資報酬率。這些新股的誘人之處還不只如此，因為你可以用太陽王的垃圾公債去付款。舉例來說，假如你想買100萬里弗赫的股票，算法如下：

名目股價	100萬里弗赫
預估全年股利	40萬里弗赫
以0.2的比率購買名目價格100萬里弗赫的公債	20萬里弗赫

實質投資收益率（0.2 × 200/0.2）＝200%！所以說，你可以預期每年200%的實質報酬率。200%！大家搶著申購，馬上就超額認購。員工需要數星期才能編列出中籤名單，這段時間內約翰・勞不能公布股東姓名，等候期間便產生可觀的心理效應。群眾由早到晚守候在康伉坡瓦街（Rue de Quincampoix）等待結果。沒多久，人數增加到數千人，擠滿整條街。而且他們可不是普通人，其中包括公爵、伯爵和侯爵，全都夢想一夕致富。等到中籤名單終於公布時，新股被超額認購六倍。在自由市場，股價飆升到5,000里弗

赫，達認購價格的10倍。約翰・勞和奧爾良公爵決定利用這股熱潮，再度發行15億里弗赫，為前兩次發行規模的十二倍。

盛況空前

投資人其實應該擔心此次新股的發行，因為投資人是以垃圾債券支付，所以沒有新資金注入公司，只有利息而已。如今因為增資了十三倍，每股盈餘也被稀釋了十三倍。

可是民眾毫不擔心，這波鉅額發行又被超額認購三倍。接著奇怪的現象發生了：雖然法國才剛脫離財政危機四年，舉國上下卻歡欣鼓舞。所有奢侈品的價格飛漲，綾羅綢緞的產量增加好幾倍。工匠的薪資調漲四倍、失業人口減少、各地大興土木。大家看到物價上漲，便搶著購買、投資和囤積，以免價格進一步上揚。

巴黎的情況尤其熱烈。估計這段時期巴黎的人口增加了305,000人。街道時常被新馬車塞得水洩不通。這個城市由世界各地大量輸入藝術品、家具和裝飾品，不只是貴族，還有新的中產階級。靠著價差買進股票的人突然間發現幾千里弗赫可以增值到100萬以上。不久，法國就多了一個新的字彙──「百萬富翁」（millionaires）。不過，得到最多好處的還是貴族。其中包括約翰・勞，當時巴黎最成功的銀行家，愛爾蘭移民理查・肯狄隆（Richard Cantillon）是他的朋友。肯狄隆和哥哥伯納德（Bernard）買了十六平方里格（譯註：league為長度名，一里格約等於三英里）的密西西比河流域土地，並召募大約一百名拓荒者前往淘金和種植菸草。隨後伯納德帶著他的拓荒者們搭乘奴隸船出發，但在抵達後才發現當地環境遠比巴黎沙龍裡所談論的更加惡劣。接下來的四年內，他有四分之三的人手死於疾病與印地安人的攻擊。

可是這個故事隔了好一段時間才傳回國內，而巴黎的投機熱潮絲毫沒有消退的跡象。在先前蕭條時生活極為貧困的中產階段家庭，現在靠著炒作印度公司的股票而翻身。波本公爵（Duke of

Bourbon）正是其中之一，他靠著炒股將他在香堤邑（Chantilly）的宅第重建得美侖美奐。炒股所賺的錢足以讓他從英格蘭進口一百五十四特選賽馬，並購置大筆土地。許多中產階段也大賺了一筆，但最大的玩家之一是約翰・勞的朋友兼合夥投資人理查・肯狄隆，他在價格便宜時買進了大量股票。

偶爾的顫慄

股票交易不會只漲不跌，即便最瘋狂的多頭市場也有回跌的時候。印度公司的股票也是如此，股價不只一次於數日內大幅下跌，足以掃光所有的套利者。在股價大跌的時候，有一名叫席哈克（M. de Chirac）的醫生出診去探望一名貴婦；席哈克自己也不舒暢，他手上的股票已經大跌了好幾天。因此當他在替這名貴婦把脈時，滿腦子想的都是股市。他想的太出神，便脫口而出道：

「跌了！跌了！老天爺！跌個不停！」

這名貴婦驚慌失措地去拉鈴，並哭叫說：

「喔，席哈克，我要死了！我要死了！跌了！跌了！跌了！」

席哈克詫異地問她在說些什麼。

她回答道：「我的脈搏！我的脈搏！……我一定是快死了！」

席哈克趕緊安慰這名貴婦，他說的是印度公司的股價，而非她的脈搏。

約翰・勞大受歡迎

隨著牛市的持續，約翰・勞位在康伉坡瓦街上的宅第外頭發現一些奇妙的改變：整條街變成一個證交所，擠滿炒作印度公司股價的投機客。股票經紀商租下街上任何可以租到的房子，房租已達市價的十二倍到十六倍，甚至連酒吧和餐廳都變成證券公司。跟著投機客和資金一同來到的還有小偷及騙子，不時可見一隊士兵在入夜後掃蕩康伉坡瓦街。

最後，約翰・勞終於受不了噪音和人群，便搬到巴黎芳登廣場（Plaza Vendome）的新房子。可是他無法擺脫人潮，因為在他們眼中，他是交易活動的震央。對他們來說，他比史上任何國王都偉大；他是最傑出的金融天才，他是隻手創造國家新繁榮的人。貴族們花大錢賄賂約翰・勞的僕役，想要見他一面。每當他乘車出門，都得有一隊皇家騎兵隊在前開道，驅散仰慕者。投機客和股票交易商都想知道他的一舉一動。聖西蒙在他的回憶錄中寫著：

> 約翰・勞被請求者和渴望者包圍，大門被堵住，有人從花園爬入窗戶，還有人從辦公室的煙囪裡掉下來。

奧爾良公爵夫人寫道：

> 約翰・勞被瘋狂追逐，日夜不得安寧。一名公爵夫人當眾親吻他的手。如果一名公爵夫人親吻他的手，那麼一般淑女要親吻他哪個部位？

就像跟隨女王蜂一起行動的蜂群，民眾跟著約翰・勞一起搬家。沒多久，他家前面的廣場便滿滿地豎立著帳篷及棚子，芳登廣場變成吵雜的市集，交易的不只是股票和債券，還有各式各樣的生意。噪音甚至比在康伉坡瓦街時還嚴重。奧爾良公爵接獲對於這團混亂的抱怨，尤其是總理大臣，他的宮廷就設在廣場上，但因太過吵鬧，他甚至聽不見倡議者的聲音。約翰・勞答應設法解決，於是買下後方有個大花園的索瓦森飯店（Hotel de Soissons），同時頒布一道詔令，除了花園以外禁止股票交易。群眾再度搬遷，在飯店後方設立五百多頂帳篷。此時，巴黎每個人似乎都在炒作印度公司的股票，行情愈漲愈凶。有則故事說，自認清醒的學者泰拉森

（Abbe Terrason）和他的學者友人拉摩特（M. de la Motte）互相慶賀他們沒有陷入這股全民瘋潮。可是數日後拉摩特受不了誘惑，想去買一些印度公司的股票。當他走進索瓦森飯店時，竟然看到泰拉森剛買完股票走出來。此後很長一段時間，兩人在討論哲學時便絕口不提投機這個話題。

此時，奧爾良公爵透過皇家銀行不斷印行更多紙幣。為什麼不呢？印出來的紙幣不是讓國家繁榮起來了嗎？既然如此，為什麼不多印一些？紙幣如同經濟機器的油，不是嗎？油愈多，機器運作愈好，股市也愈好！密西西比公司的股價已從原始價格150漲到8,000。某天有名投機客聽聞這個瘋狂的價格，但因身體不舒服，便使喚他的僕役去賣掉250股。等僕役來到市場，發現股價又漲了，便以至少10,000的價位賣掉，而這已是原始價格的67倍。他回家後，交給主人預期的200萬里弗赫，然後回到自己的房間打包細軟，帶著剩餘的50萬里弗赫遠走高飛了。

然後，在1720年初的某一天，奇怪的事情發生了。有一個男人出現在皇家銀行前，跟著兩輛裝滿一大堆紙鈔的馬車。他非常生氣、非常生氣……。

現金付款

> 河水擁著他衝向尖銳礁石，他的小船撞成碎片，然而激盪河水急速化為泡沫，很快又恢復平靜。約翰・勞和法國人民就是這種情況。他是船夫，而法國人們是河水。
>
> ——《異常流行幻象與群眾瘋狂》作者麥凱（Charles Mackay）

孔蒂親王（Prince de Conti）自認他有充分的理由生氣。他想買一些新的印度公司股票，可是約翰・勞阻止了他。那個傲慢的蘇格蘭混帳！竟然拒絕我！所以，他到了銀行門前，帶著兩輛裝滿紙幣的馬車，並走進大門。

> 「喂，老兄！你們的紙幣，這些可是『當場兌現』的。現在，你們看到了沒？那麼，把硬幣給我！」

銀行於是在他的兩輛馬車裝滿硬幣。奧爾良公爵聽說這件事之後十分震驚，便召來孔蒂親王要他退回三分之二的硬幣，就是這樣。民眾都不喜歡孔蒂親王，還斥責他這種非理性的行為。然而這件事產生一個重要的效應：人們心裡開始起了一絲懷疑。萬一有很多人想去兌換紙幣呢？萬一大家都要去兌換紙幣呢？萬一我也要去兌換紙幣呢？

接下來的幾個月，一些比較警覺的投機客開始獲利了結，股價在短暫觸及10,000之後反轉下跌。波登（Bourdon）和李察瑞（Richardiere）兄弟開始悄悄地到皇家銀行去兌換紙幣，一次換一些。他們同時開始買進白銀和珠寶，連同硬幣偷偷運送到荷蘭與英

圖2.1 奧爾良公爵腓力。在他的統治下，法國首開先例使用紙幣，並經歷一段繁盛時期，而後陷入嚴重衰退。皇家銀行的經驗讓「bank」這個字在法國沾上污名，直至今日大多數的法國銀行都另取名稱，像是收費處（caisse）、信貸（credit）、公司（societe）或櫃台（comptoir）。

格蘭。一名成功的股票交易商佛馬勒（Vermalet）也賣出股票，在馬車裡裝滿價值100萬里弗赫的金幣和銀幣。他用稻草和牛糞蓋住財物，穿上農民的衣服，駕車前往比利時。許多人離開法國，留下來的人則開始囤積硬幣，因為他們對紙幣的不信任逐漸增強。硬幣不是藏在家裡的床墊下，就是運出國外，法國的貨幣流通量開始減少。

奧爾良公爵在這種情況下採取的行動實在不明智。首先，他把紙幣兌硬幣的價值調升5%。很明顯地，他是為了讓人民重拾心理誘因，可是資金外移的情況沒有改善，於是他又進一步調升5%，依舊沒有效果。1720年2月，他下令全面禁止使用硬幣。法國人的財產不得持有價值500里弗赫的硬幣，否則將被罰鍰和沒收。法國人亦不得買進白銀、寶石和珠寶。任何檢舉成功，沒收此類貴重物品者可以拿到一半金額的獎金，當然是以紙幣支付。最後，公爵在2月1日至5月底之間印行價值15億里弗赫的紙幣，使得紙幣供給總額達到26億里弗赫。顯然是為了強迫人民使用紙幣，但未見成效。經濟開始衰退，恐懼蔓延。法國將來會如何呢？這又是誰的錯呢？

約翰・勞。是約翰・勞的錯。最早不就是他提出紙幣這個餿主意的嗎？還有他的「密西西比計畫」怎麼啦？在那裡除了被蚊蟲叮咬或者被印地安人殺害之外還能幹些什麼？印度公司的股票真的有比皇家銀行的紙幣值錢嗎？有嗎？最好趕緊賣掉吧！於是股價崩盤，五十萬名投資人賠錢，數千名投資人破產。一旦投資失利，人們就沒有錢付給別人。所引起的連鎖反應十分驚人，一定得設法讓股東相信印度公司營運已經上了軌道。方法很簡單：巴黎的一級貧民和罪犯被徵召送往紐奧良替公司淘金。六千多人加入這項計畫，這些人的物品塞滿巴黎的街道，準備運往碼頭，搭船到美國。起初，大家喜歡這個計畫：六千人是很大量的勞工。如果他們找得到黃金，公司必然可以持續經營。如果用找到的黃金鑄造硬幣，法國或許又能重新振作起來。因此，印度公司的股票短期內又在股市裡大漲。

黃金在哪裡？

可是，奇怪的事情發生了：原先列隊的人大多沒有離開法國。有三分之二的人把新衣服和工具賣掉就回家，根本沒搭上船，他們寧可在巴黎賴活，也不去紐奧良採金。密西西比計畫顯然不受人們歡迎，約翰・勞和他的朋友理查・肯狄隆——現在已是二十三歲的超級銀行家，已放棄從他們購買的土地賺錢的希望。肯狄隆坦然接受，因為他現在已發動第二波攻勢。未若其他人，他早早在紙幣大量印製時就看出法國紙幣必然會貶值，於是他用法國紙幣計畫借取貸款，然後買入英鎊。民間傳說約翰・勞聽說了這件事，便到肯狄隆的辦公室跟他說：

>「如果我們是在英格蘭，我們就可以協商達成協議。但在法國，你知道的，我可以告訴你，你今晚就會進巴士底獄，如果你不向我保證你會在四十八小時內離開這個國家。」

這聽起來是個良心建議。所以肯狄隆賣掉所有資產，淨賺了大約2,000萬里弗赫，這可是一筆財富。然後他很快就離開了。

這時，印度公司的股票持續下跌，公爵愈來愈絕望。公爵愈是想讓人們不要再用硬幣，他們似乎愈想要硬幣。他決定把皇家銀行和印度公司合併，希望結合力量，但是沒有發揮作用。5月初，他終於召開緊急會議，由約翰・勞和所有大臣出席。第一個議題是：總額26億里弗赫的紙幣在外流通，每張都可以兌換成金幣和銀幣，但硬幣的實際金額不到一半，而且許多都藏在民宅床墊下（此後數百年，法國人的這種習慣仍聞名於世）。議會決定將紙幣價值貶值一半，自5月21日起生效。法國人根本無法接受。由於不安加劇，眼看將形成暴動，這道詔令在一星期後的5月27日被取消。那天皇家銀行停止以硬幣付款，約翰・勞被解除官職。

可是當晚公爵召約翰・勞進宮，而且是走密門。公爵極力安慰約翰・勞，表示他成為代罪羔羊實在很不公平。兩天後，他邀請他到歌劇院，約翰・勞帶著凱薩琳和他們的子女一同前往，好讓大家看到他們一家人和公爵在一起，未料此舉險些釀成大禍。當晚他的馬車返回家門時，一群暴民以石塊攻擊，幸好車夫飛快駛進大門，僕役也迅速關上大門，約翰・勞才倖免於難。公爵大為震驚，便派了一隊瑞士衛兵隊日夜駐守在約翰・勞家中。即便如此，約翰・勞仍感覺不安全。過一陣子，他搬到皇宮，享受與公爵相同的保護。

公爵如今已完全放棄。為了收拾爛攤子，他決定請回兩年前被他革職的大臣阿格索。為了勸他回來救火，他派約翰・勞搭乘一輛郵遞馬車去和他見面；阿格索同意了，並與勞一同回來。沒多久，6月1日發布取消禁止持有硬幣的詔令，同時發行價值2,500萬里弗赫的新紙幣，並以巴黎市歲入做為擔保。6月10日，皇家銀行重新開張，準備恢復兌換紙幣為硬幣。但不同於往常的硬幣，有一部分的硬幣是銅做的！

貴重金屬

歷史上有很多次銅的多頭市場，但這次的很特別。在接下來的幾個月，皇家銀行門前總是有一堆群眾，等著要把紙幣換成大袋的銅幣，再費力拖回家。有好幾次，由於群眾推擠，甚至有人被踩死。7月9日，士兵關閉銀行大門以紓減壓力，被關在門外的人開始投擲石塊。一名士兵開槍還擊，一人死亡、一人受傷。八天後，有十五人在緊張情勢下被殺。憤怒的群眾將三名死者放在擔架上，遊行到皇宮的花園。他們在那裡發現了約翰・勞的馬車，便把它搗毀。

議會必須另謀他途。他們下一個緊急措施是擴大印度公司的貿易特許權，以增強其營運，所以該公司擁有法國以外所有海上貿易的獨佔權。但這表示數千名獨立商家將被剝奪生意，國會不斷接獲民眾的陳情。所以，國會拒絕批准此事。公爵極為震怒，將整個國會議員放逐到偏遠的逢圖斯（Pontoise）。為了保住顏面，國會議員們決定奢華鋪張以示抗議。他們每晚為女士們舉辦盛大舞會，每天便以紙牌和其他消遣為樂。

8月15日，可憐的法國人又接獲一道新的詔令：不能使用所有金額介於1,000到10,000里弗赫的紙幣，除非用以購買年金債券，存錢於銀行帳戶或者分期付款購買印度公司的股票。10月時，印度公司被剝奪許多特權，所有的紙幣都失去價值。持有股票的人必須將他們的股票存在公司，同意購買新股的人被迫以市價的三十倍買下。由於許多人選擇離開法國以逃避這種可怕的懲罰，所有的邊哨站都接獲命令不准任何人離境，直到清查他們是否購買印度公司股票，逃跑的人則在缺席的情況下被判處死刑。

1720年法國貨幣供給減少的情況

法國有效貨幣供給減少的三大原因：

- **資本外移**：人們將金幣和銀幣送往國外。
- **貨幣周轉率下降**：人們囤積硬幣，因為他們不信任紙幣，加上後來每個人可以持有的硬幣金額受到限制，這些限制或許鼓勵了人們盡可能持有硬幣。
- **銀行信用減少**：詔令規定不能使用介於1,000到10,000里弗赫的紙幣，除非用以購買債券、存錢至銀行帳戶或者購買印度公司的股票，減少了有效貨幣的供給。

現代的經濟學家或許會建議放棄金本位、鼓勵增加放款、調降利率、增加公共支出、減稅以及讓印度公司印製更多紙幣以購買債券。

約翰‧勞現在生活在恐懼當中。身為法國的全民公敵，他只能靠偽裝或強大的護衛才能離開他的皇家庇護所。他請求搬到他的鄉村別墅，公爵十分樂意地同意。數日後，他收到公爵的來信，表示他隨時都可以離開法國。公爵並且說他想要多少錢都可以，他恭敬地婉拒。於是約翰‧勞在四十九歲那年，展開這段冒險的五年後，只帶著一只大鑽石離開，並前往威尼斯。

約翰‧勞在法國的經歷雖然可觀，但不獨特。在法國陷入投機狂潮之際，英格蘭的情形也差不多。和法國一樣，英格蘭政府也陷入公共債務暴增的窘境。英格蘭解決問題的方法跟法國差不多，一家名為「南海公司」（South Sea Company）的公司負起償還國家債務的義務，進而獲得與南美洲貿易的獨佔權。飢渴的股民搶購了不少股票，把這些股票的價格炒到面額的十倍（這段時期後來被稱為

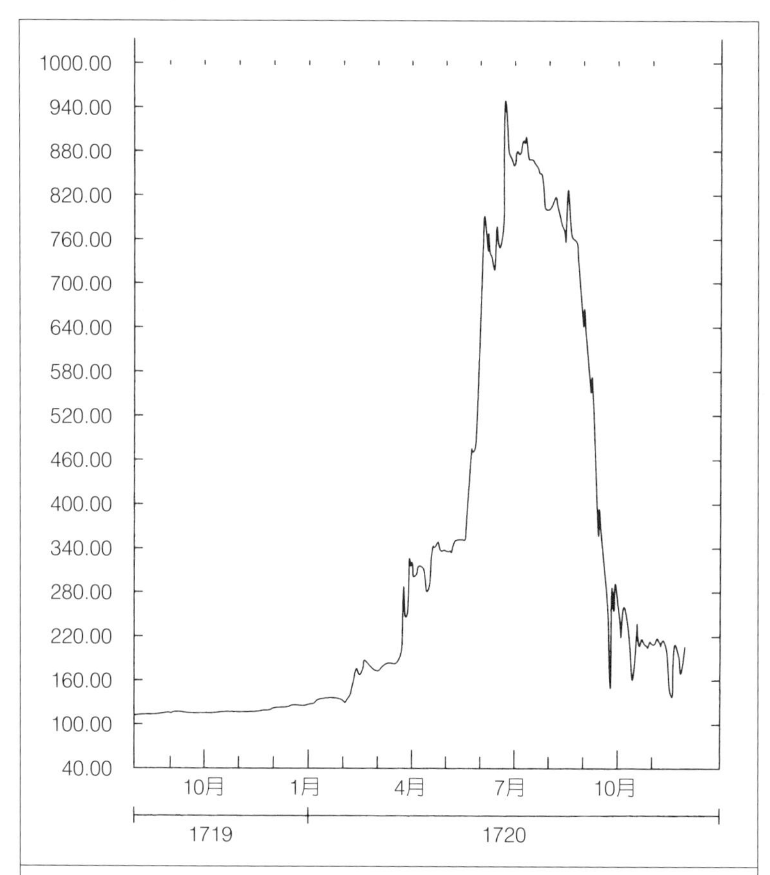

圖2.2　1719-1720年南海公司股價走勢。「南海泡沫」在法國的印度公司崩盤前即已形成。那些年代的史料顯示，這個泡沫的後期主要是由法國逃出的資金流入英格蘭促成的。肯狄隆在法國與英格蘭都是及時出場。

「南海泡沫」），雖然沒有跡象顯示南海貿易即將實行（後來我們知道，九十年後才真的實行）。其中一位大買主正是肯狄隆。1720年6月，南海公司股價觸頂（圖2.2），接下來三個月至少跌掉85%，與法國崩盤的情形雷同。

許多南海公司的投資人是以借貸的錢買股票，等到股價崩跌時，他們便無法償債。民眾擔心銀行破產，導致許多金融機構出現擠兌，造成一波貸款違約。

遊戲結束

英格蘭泡沫破滅時，催生法國紙幣的約翰・勞住在威尼斯。他有很長一段時間都在期待法國政府請他回去協助重建健全的信用體系。但是1723年公爵過世，他失去所有的希望。他的餘生都靠賭博度日。有好幾次他必須典當他的鑽石，但每次都贏回足夠的錢贖回鑽石。最後在1729年，他死於威尼斯，享年五十八歲，一貧如洗。

英格蘭南海公司呢？該公司最後於1855年解散，股票被轉換為債券。在其設立的四十年間，該公司從未在南海進行過任何重大貿易。肯狄隆在股價低檔時叫進，在崩盤前脫手。

貨幣夢幻團隊

騎士的年代已然結束。接續的是詭辯者、經濟學家和計算者的年代；歐洲的榮光永遠地熄滅了。

——英國哲學家艾德蒙・柏克（Edmund Burke）

奧爾良公爵過世以及約翰・勞返法重建信用體系的期待落空那一年，瑪格麗特・史密斯（Margaret Smith）也生下她的第一個孩子。瑪格麗特來自距離約翰・勞家鄉愛丁堡大約十五公里的小鎮柯科迪（Kirkcaldy），她是單親媽媽，丈夫在嬰兒出生前幾個月去世。

嬰兒在1723年6月5日出世，是個男孩，取名為亞當。他的童年很平和，唯獨兩歲那年他被一群吉普賽人綁架，所幸很快就被找回。隨著男孩逐漸成長，瑪格麗特・史密斯注意到他對周遭的社會極有興趣。雖然柯科迪是個小地方，居民只有一百五十人，卻有許多值得注意的東西。這個小鎮商業發達，來自各地的船隻就停泊在住家附近。男孩喜歡坐在海邊的懸崖邊，俯瞰進出的船隻。

轉變的年代

英格蘭當時已有相當完備的紙幣制度，而且不像法國，運作的十分良好。付款的方法不只包括金幣和銀幣，還有英格蘭銀行或其他銀行發行的票券，以及期票和內地匯票。除了硬幣、票券和內地匯票，附息票券亦有流通，例如國庫券和東印度債券，只是周轉率較低。造幣廠廠長正是艾薩克・牛頓（Isaac Newton），他在1696年獲任命此項職位。雖然還年輕，但牛頓注意到不僅政府可以利用

「削錢」（clipping coins）的作法，許多老百姓也這麼做。有的人把一堆硬幣放在麻布袋裡，用力搖晃後收集細屑。有的人則比較粗魯，沿著邊緣削下一圈再把硬幣花掉。為了阻止這種作法，牛頓建議硬幣應該有壓花的邊緣，才能一眼就看出是否被削過。

此時，工業革命已經萌芽，經濟繁榮的條件逐漸成熟。首先，英國海軍大舉征服新市場，開拓英國產品的銷售。其次，「農業革命」已在鄉間展開，農田愈來愈大，愈來愈具生產力。人力因而被釋放出來，愈來愈多年輕人旅行到城市去尋找工作、讀書或創立事業。大多數人前往當時約有五十萬到七十五萬居民的倫敦，其他人則選擇次大的城鎮，有四萬三千位居民的布里斯托（Bristol）。也有人前往人口三萬六千人的諾威治（Norwich），人口二萬二千人的利物浦（Liverpool），人口二萬人的曼徹斯特（Manchester）、薩福德（Salford）或伯明罕（Birmingham）以及其他的商業中心。

不尋常的個性

回到柯科迪。年輕的亞當・史密斯在十七歲時完成基礎教育，並決定繼續進修。他和母親道別，騎馬騎了五百多公里的泥土路來到牛津（Oxford）就讀大學（圖3.1）。十七歲的約翰・勞在1688年前往倫敦賭場時，是個胸懷大志的人，亞當・史密斯則全然不同。事實上，他可以說是牛津大學有史以來最心不在焉的學生之一。在泡茶時，他時常把奶油麵包丟進茶壺，還抱怨茶的味道。當他明明對某個女孩有好感，在舞會中竟然沒發現她也在場。人們時常看到他自言自語。但是當亞當・史密斯似乎忘了周遭的一切時，並不是因為他恍神，而是因為他太過專注於其他事情。

他可以集中精神，也擅長於表達自己的意見。他可以一整晚待在社交聚會沈思默想，一旦有人提出直接問題或挑釁的說法引起他的注意，他可以如同發表演說般侃侃而談。他可以鑽研那個話題，毫不放過細節，直到大家後悔把他扯進話題，甚至後悔遇見他。

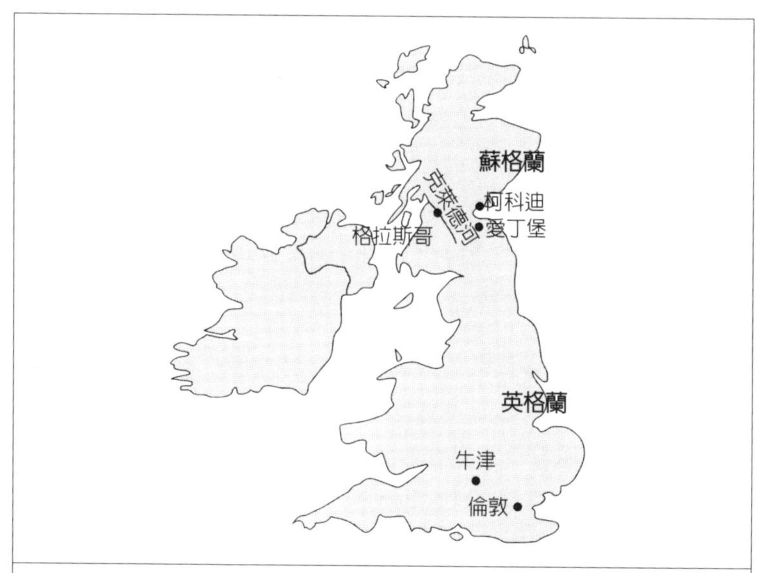

圖3.1　亞當．史密斯前往牛津時的英格蘭和蘇格蘭地圖。史密斯出生於柯科迪，在牛津讀書，在格拉斯哥教書。約翰．勞出生於愛丁堡，桑頓和李嘉圖在倫敦出生。

亞當・史密斯發現牛津的課堂十分無聊，大部分的上課內容他都自修過了。他在1750年結束牛津的學業，回到故鄉，在格拉斯哥大學（Glasgow University）擔任邏輯講座教授，1752年擔任道德哲學講座教授。在這幾年，克萊德河沿岸逐漸發達起來，促成新的地方產業發展。亞當・史密斯對於商業的發展極感興趣，也很滿意他在大學的教職。

同情心與利己心

亞當・史密斯的野心之一是要發展出一套衍生自人類天生直覺與情感，而非源於人為教條的道德理論。他認為，每個人都有一種想要被他人接受的基本慾望，想獲得他人的「同情」（sympathy）。為了博取這種同情心，人類（出於利己心）會想表現出令人們尊敬與崇拜的態度，從而滋生倫理觀，也就是良心。會先過濾想法，然後才化為行動，去除那些無法博取他人同情的想法。所以，道德不是實用的問題，不是仁慈心或道德教條的問題，而是利己心（self-interest）的問題。

他以同樣的角度看待社會的經濟進步，歸結出經濟係受到個人追求私利的驅使，任何企圖壓抑個人的舉動也將壓抑整個經濟。1755年，他在論文中解釋道：

> 要將國家由最低的野蠻水準帶到最高的富裕水準無需他求，只需和平、低稅及可容忍的司法管理，其餘順其自然即可。政府如果阻撓這種自然的過程，或強行改變事情發展的方向，或在某個特定點阻止其發展，都是不自然的作法，也必然導向壓迫和專制。

他於1759年出版第一本書《道德情操論》（*Theory of Moral Sentiments*），在蘇格蘭十分暢銷，因此使他獲得巴克勒公爵（Duke of Buccleuch）私人教師的工作，公爵同意支付他大學教職的兩倍薪水外加津貼，請史密斯陪同他到歐洲遊學兩年半。史密斯同意了，在1764年的某一天，搭上穿越英吉利海峽前往法國的帆船。

結識魁奈

此時法國早已度過奧爾良公爵、約翰・勞和密西西比計畫的危機，現正與英國爭奪殖民霸主地位。那兒學術人才濟濟，史密斯在法期間因此認識了許多人，包括比他年長二十九歲的弗朗索瓦・魁奈（Francois Quesnay）。魁奈結識許多權貴，也是法王路易十五的御醫，路易十五正是約翰・勞時代由奧爾良公爵腓力代為攝政的小國王。

魁奈有一部分的靈感來自理查・肯狄隆。肯狄隆在英、法兩國的金融市場三次成功出擊之後，已是超級富翁。1734年，他的倫敦宅邸被廚子焚燬，他也因而被燒死；其後代子孫在這位三十七歲富翁的財物裡找到一本手稿，並將之出版，就是《商業概論》（*Essai sur la Nature du Commerce en General*）這本書，其中包括一篇分析許多經濟現象的文章。現在看來，當中最重要的莫過於肯狄隆對於貨幣供給、貨幣周轉率和資本市場的理論；肯狄隆了解有效貨幣供給不僅受到貨幣流通總量的影響，亦受到周轉率的影響，亦即貨幣轉手的速度：

> 在某種程度上，貨幣加快流通速度，即周轉率升高，將產生類似貨幣供給增加的效果。

反之亦然。如同他在密西西比恐慌時期所看到的，如果人們開始囤積貨幣，效果相當於貨幣供給減少。貨幣一定要流通，否則無法潤滑市場機器，不景氣隨後即至。

雖然魁奈受到肯狄隆的啟發，但他也提出自己的突破性想法，並留下強烈的影響，以致熊彼得在兩百年後封他為史上四大經濟學家之一。魁奈最大的貢獻之一是他所謂的「經濟表」（tableau economique），說明發行一定金額的貨幣如何於社會中流動。但貨幣不會永遠流動，因為每個貨幣收受者都會存下一部分，再花掉其他的部分。如此一來，他證明增加新流動性的衝擊大於發行的名目金額。所以「重農主義者」（physiocrats）了解資本是一系列的前進，收入會流通，並在過程中增加。魁奈被公認為流行的「重農學派」首領，這個學派提出一個流行的口號：

> 任其所為，任其所行（Laissez faire, laissez passer）。

他們反對法國重商主義者國家干預和國家保護主義的傳統，主張廢除獨佔、貿易壁壘和特許權。他們亦倡導個人主義和「自然法則」的概念，亦即社會法則將反映出人類自然的法則。重農主義者亦認為個人比國家更能判斷什麼是他的最佳利益，他們倡議全面尊重私人財產。

打發時間

亞當・史密斯傾聽，雖然心存懷疑，但亦感興趣。他顯然不是很忙碌，因為在法國的第一年，他開始「寫作一本書以打發時間」。他在法國一直待到1766年，然後才帶著第一部分的書籍手稿返回蘇格蘭。他不知道行李裡的這些手稿日後將成為被經濟學家所讚賞的一本書：

「……不僅是所有經濟著作當中最成功的，亦是迄今所有已問世的科學著作當中最成功的，或許達爾文的《物種起源》（*The Origin of Species*）例外。」（熊彼得，1954年）

或

「……或許其極致成就為史上最重要的書籍。」（英國史學家巴克爾〔H.T. Buckle〕，1872年）

可是他知道他要好好寫完手稿。那一年他四十三歲，他在柯科迪海邊買了一棟房子，計畫繼續寫書。

起點

在1750年代，英格蘭愈來愈多商人開始使用原始的機器。各個山丘上可能遍布小型產業，有些利用流水來驅動機器、有些則以化石能源驅動。在史密斯的家鄉，你可以看到一座煤礦、鹽田和製造釘子的工廠。他的一名好友，詹姆士・奧斯沃（James Oswald），在鎮外開設了一家製釘廠，但距離史密斯的家並不遠。這座工廠由歐陸進口廢鐵，煤炭則幾乎在工廠門口就挖得到。後來史密斯在解釋工業進步的關鍵時，就以這些小型工廠為例。在返國三年後，他的國家出現兩大科技發明。其一是阿克賴特的紡紗機

圖3.2　亞當．史密斯。和法國重農主義者一樣，史密斯認為經濟在不受干預的情況下，會自行導正。史密斯的著作成為英國古典經濟學派的基礎，下開李嘉圖、密爾、馬歇爾至庇古一系。

（譯註：Richard Arkwright〔1732-1792〕，英國紡織企業家和發明家），大幅改善棉花業的生產力。更重要的發明是史上第一部蒸汽引擎，專利所有人是史密斯的另一位好友詹姆士・瓦特（James Watt）。這類發明是產煤地區的工業起源（表3.1）

這些機器有兩大效用，第一是提升資本投入的生產率，第二是必須預先規畫：蓋一座新廠和向小型家庭工作坊訂購貨品是很不同的。雖然獲利潛力增加，但不穩定性亦升高；在新廠開始使用之前，市場或許就已轉向。沒有人確知這項發展將如何影響經濟的運作，但它必然有什麼意義嗎？

傑作

在地方資本家忙於設立使用新機器的工廠之際，亞當・史密斯於1766到1773年間用掉許多羽毛筆，因為他全心專注於書稿上。

表3.1 促成工業革命的創新

年份	創新	產業
1709	焦炭冶煉	鋼鐵
1733	飛梭	紡織
1761	曼徹斯特－沃斯里運河	水運
1764	詹妮（多軸）紡紗機	紡織
1769	蒸汽引擎	所有產業
1769	阿克賴特紡紗機	紡織
1776	穀物四期輪種	農業
1776	冶鐵的蒸汽鼓風	鋼鐵
1779	繆爾（走錠）紡紗機	紡織
1784	反射爐攪鍊法	鋼鐵
1785	動力織布機（Power Loom）	紡織

資料來源：Mager，1987。

最後完稿時變成一部大部頭鉅作，堂堂五冊的《國富論》（*An Enquiry into the Nature and Cause of the Wealth of Nations*，通常簡寫為*The Wealth of Nations*），向讀者全面解說資本主義經濟的運作，遠比肯狄隆書裡的理論來得詳盡。在第一冊，史密斯首先說明某些國家的經濟產出成長的主因，即分工（division of labor）。分工導致生產力突飛猛進以及「各種機器的發明」。史密斯往往以他親身所知的實際案例來說明他的觀點（有一次在製革廠解釋分工的理論時，他太過專注在他的主題，以致失足跌入一個鞣皮槽）。他不是以製革廠來說明分工理論，而是他曾經參觀過的一家別針工廠。那家工廠的十名工人一天可生產四萬八千支別針。

> 若是他們全部分開及獨立工作，加上他們都沒有學過這門生意，他們必定無法在一天內做出二十支別針，或許連一支也沒有……

既然分工是國家財富的主要來源，史密斯倡議自由貿易以利國際分工。《國富論》接著分析價格機制，說明它是在一個「自然」

或「均衡」的價格附近波動。其他章節則談論薪資、獲利、企業家承受的時間風險、利率、房租、資本和稅賦。他建議盡量限縮國家的角色：

> 我從沒聽過那些干預貿易的人能為公眾利益帶來什麼好處。

他認為，公共部門永遠都不該干預市場，應專注於保護公民、司法和一些特定任務，例如教育、運輸和紙幣信用的規範。

看不見的手

但史密斯的著作中最重要的部分不是他的局部分析（其中大多是正確的），而是他導引出一個關鍵的基本原則：自由是最有效率的經濟模式。他指出，唯有讓每個人擔任自己利益的裁判、唯有依賴利己心的力量，資本主義經濟才能有最好的運作：

> 他只為自己的利益打算，因此和其他方面一樣，均受到一隻看不見的手的指引，促成一個並非他原先所意圖的結果。

以及：

> 改善處境的慾望源於天生，而此慾望絕不會離開，直至我們死時方休。

他在內文中不斷地重複這個訊息：

> 不是因為屠夫、釀酒人或是烘焙師的仁慈心，讓我們期待晚餐，而是出於他們對自身利益的著想。我們感受到的不是他們的慈悲，而是他們的私心；我們與之談論的永遠是他們的優點，而非我們自身的需求。

史密斯如此強調這個原則，並不表示他將自由市場經濟設想成烏托邦天堂。他認為雇主永遠都想壓榨勞工薪資、商人想消除競爭、生產商想調漲價格、勞工想偷懶，有人永遠都不會富有。但整體來說，這個體系會迅速成長，而一隻「看不見的手」——市場力量——將迅速矯正成長途徑的脫軌。

史密斯的《國富論》是一本鉅著，沒有人像他這樣貼切地描述經濟運作的模式。該書極具影響力，國會議員在演說中時常加以引用。1782年，史密斯的一名仰慕者謝爾本勳爵（Lord Shelburne）選上首相，謝爾本有許多議題都向史密斯請益，並曾寫道：

> 與史密斯先生由愛丁堡到倫敦的同行途中，令我了解到我生命中最美好部分的光明與黑暗。

史密斯造訪倫敦時，時常與謝爾本在一起，透過謝爾本與其他國會議員，史密斯對於當時的議題辯論也發揮愈來愈大的影響力，儘管他偶有奇怪舉動也無妨。當被要求在紙上簽名時，思考得出神的史密斯可能會小心翼翼地臨摹上頭其他人的簽名，而非簽自己的名字。但大家也不以為意。

出色的年輕銀行家

史密斯在國會的仰慕者之一是一位了不起的人，名為亨利・桑頓（Henry Thornton），年僅二十二歲便獲選為下議院議員。桑頓出生於1760年，十八歲時便進入父親經營的交易公司（如同九十三年前的約翰・勞一般）。這個男孩對父親經營的事業感到十分驚訝，每樣可以搬運的商品都可以交易，像是小麥、菸草等。但亨利對於營業缺乏焦點無法苟同，而且就像所有野心勃勃的年輕人一樣，他也對薪水十分不滿。二十四歲那年，他跳槽到一家名為「唐恩及傅利」（Down & Free）的銀行工作。因為表現出眾，不久便受邀為合夥人，銀行後來改名為「唐恩、桑頓及傅利」（Down, Thornton & Free）。

可是英格蘭的銀行業並不易經營，例如銀行太過普及，有些銀行會故意發動擠兌對付同業。信用體系的另一個嚴重問題則是溝通不良，如果某個地區的人風聞利空消息，他們會拿著票券到當地的「鄉村銀行」要求兌換硬幣。如果銀行害怕硬幣短缺，便會請倫敦的代理銀行支援。但若來不及送達足夠的硬幣，就會爆發恐慌，人們開始到其他地方銀行擠兌。隨著倫敦收到愈來愈多增援硬幣的急件，倫敦的銀行也開始感到恐慌，不久就蔓延到整個首都甚至海外。

並且連路況不好這種小事都可能引發恐慌。當時的道路大多由黏土鋪成，一遇雨天便泥濘一片。春天融雪時路況很糟，得用十匹馬拖犁鋪平路面。大多數地方的路面布滿坑洞，因為當時習慣把煤炭和其他硬物掛在馱馬的兩側運送。而驛馬車本身也很笨重，車輪厚重，更沒有彈簧。

此外，寄送急件的費用也很昂貴。1700到1750年，英國國會

圖3.3　「中央銀行之父」亨利．桑頓誕生於1760年工業革命開始時，桑頓在同儕眼中不僅是位成功的銀行家，更是公眾顧問，而且持續將年收入的七分之六捐給慈善機構。

通過四百項道路法案，允許在公路上設置柵門和收費。當時，著名的紳士大盜，例如狄克・杜賓（Dick Turpin）、克勞德・杜瓦（Claude Duval）、強納森・威德（Jonathan Wild）和傑克・謝帕德（Jack Shephard）等，會藏身在森林裡攻擊路過的旅客，又怎麼會放過來自倫敦某家代理銀行、滿載硬幣的馬車！

商業災難

身為銀行家，桑頓注意到每當享受幾年的繁榮之後，好像無可避免會發生恐慌。他回顧他的世紀，發現英格蘭在下列年間曾出現經濟危機：1702、1705、1711-12、1715-16、1718-21、1726-27、1729、1734、1739-41、1744-45、1747、1752-55、1762、1765-69、1773-74、1778-81、1784及1788-91年。在這十八次的危機中，每一次經濟都會自行復甦，在多數時候並且創造更高的成長。可是每次都是相隔不久就發生新的危機，一切又全部崩潰。

在1788-1789年危機後的幾年，商業十分發達，許多新的鄉村銀行紛紛設立，新的紙幣大量發行。但1792年貿易和製造業逐漸停滯，11月股市暴跌，貨幣開始貶值；2月時，法國宣布對英格蘭開戰；3月，一些鄉村銀行發生擠兌，派遣信差到倫敦取硬幣，但倫敦的銀行也周轉不靈，桑頓的銀行也不例外，當時它已是倫敦最大的銀行之一。桑頓後來寫道：

> 1793年，商業大災難的一季。我們比大多數的銀行經歷更大的困難，因為我們代一些大型銀行保管的資金被鉅額提領。

後來英格蘭銀行決定發行500萬英鎊的新紙鈔刺激經濟，才解決這次危機。先前1783年的危機，銀行藉由減少貨幣供給而阻止了資本外移，即限制紙幣的金額，迫使貨幣利率上揚。現在，事實證明它可以反向操作以阻止一場內部危機。顯然，他們已開始學到竅門。

自由放任，或者不？

新幣發行後，貨幣供給膨脹，桑頓的銀行得以存活下來。也許是這場危機讓他思考信用理論：這些金融危機為什麼會發生？有什麼方法可以阻止？應該交由史密斯教授所說的「看不見的手」來處理，亦或加以干預，就像英格蘭銀行所做的？桑頓沒有什麼書籍可以參考（在他死後，人們發現他的圖書館書單只提到六本經濟方面的書籍，其中一本是《國富論》），他只能訴諸常識和經驗。當桑頓在考慮不穩定的問題時，經濟也持續在考驗他。在上一次危機的兩年後，新的危機又浮現，這次甚至更加嚴重。由於恐慌之故，英格蘭銀行的黃金儲備忽然由500萬英鎊減少至125萬英鎊。在那年的最後一天，銀行決定實施硬幣支付配給，這是個災難性的措施。接下來的一個月，恐慌進一步蔓延，愈來愈多商家和銀行倒閉。1797年2月26日，英格蘭銀行投降，完全停止付款。這當然是一大挫敗。

如果奧爾良公爵地下有知……

翌日，下議院成立委員會調查問題的成因。再過一天，上議院也成立類似的委員會。上、下議院的委員會分別找到十九名及十六名證人，而兩個委員會都找來亨利・桑頓，他似乎是聽證會上倫敦私人銀行家的唯一代表。

他提出的證據很驚人。在桑頓發言時，你可以感覺到他對銀行的本質有透澈的了解。他明確陳述英格蘭銀行的職責，並詳細說明央行應有的金融工具。事後看來，我們知道其說法如此正確的部分原因，是因為在夜晚和周末他著手寫作有關這個主題的書稿。這本書於1802年出版，書名為《大不列顛的紙幣信用本質和效果探究》（*An Enquiry into the Nature and Effects of the Paper Credits in Great Britain*），被認為是經濟史上最偉大的古典著作之一，也是少數遠勝於當代著作的書籍之一。但起初並不受重視，因為這本書並未強調其原創性和新意；在今日，書中所解釋的許多原理仍被視為信用（或貨幣）理論的關鍵，桑頓也時常被稱為「央行之父」。如果奧爾良公爵沒有搞垮約翰・勞的計畫，想必約翰・勞也會很想得到這個封號。

約翰・勞曾說明「貨幣需求」的概念，桑頓依循相同的思維——將所有不同的信用手段一視同仁。今日，經濟學家多將「貨幣供給」定義為某種總和。例如廣義貨幣供給量（M2）便包含了流通中的貨幣、活期存款、公司及個人支票帳戶與定期存款。但在桑頓之前，大多習慣把不同的流動性來源分開來分析。桑頓因而創造出一種有力的工具來觀察貨幣數量（流動性）、貨幣流通速度（由肯狄隆所提出）與利率之間的互動。以下是他的一些觀察：

- 高利率可預防資本外移甚或吸引流動性到國內。
- 高利率可以勸誘人們將現金存到銀行裡。藉由維持高利率，央行便可降低貨幣流通速度，吸收資金，進而抑制活動。反之，低利率將增加貨幣供給及刺激活動。
- 民間對於未來通膨的預期將影響目前的利率。如果人們擔心未來的通膨，目前的利率就會升高。
- 意料之外的信用緊縮將導致經濟衰退。另一方面，信用過度擴張（經由增加放款）可能導致經濟過熱。因此貨幣供給的增加將導致通膨升高，尤其是在經濟達到充分就業時。如果在低度就業的情況下，可能只會增加成長。

可惜的是，太陽王之後的法國領導人——奧爾良公爵不懂這些規則，假如他懂的話，他必然不會過量發行紙幣搞垮約翰・勞的天才計畫。

信用陷阱

桑頓解釋道，如果將利率調降到商業界預估的獲利率之下以增加貨幣供給，就可以增加放款水準，進而促進商業活動（桑頓以約翰·勞在法國計畫的初期階段為例）。但他又提出一項非常重要的觀察：在增進商業活動之後，社會將可吸收更多資金。每次增加的貨幣供給都是合理的，只要商業活動能持續增加，直到充分就業為止。這很重要，因為央行可能過度擴大貨幣供給，等到察覺危機時已經太遲。換言之，這是不穩定的體系，愈多信用似乎使信貸增加，而信用較差則似乎使信貸隨之減少。這種天生不穩定的體系，迥異於亞當·史密斯看不見的手的概念，顯示經濟可能會自行脫軌（由於正面回饋）以及自行重回正軌（由於負面回饋）。不是一隻看不見的手，而是兩隻！桑頓的書中是否蘊含全球第一個景氣循環理論是值得商榷的，大多數人會說它沒有。不過，雖不中亦不遠矣。

薩伊定律

這時，亞當·史密斯的書已流傳到英格蘭境外。其中一名讀者是法國商人金·巴第斯特·薩伊（Jean Babtiste Say），他在1788年閱讀該書。薩伊發明了一項新技術，經營一家法國紡棉廠。由於非常忙碌，他沒什麼時間寫作，直到1803年，他出版了自己的書——《政治經濟學泛論》（*Traite d' economie Politique*）。就很多方面來說，這本書是史密斯二十六年前著作的濃縮和詮釋，但結構和立論清晰；不過，書中也有一些新觀念，像是讓他聲名大噪的「市場定律」，後來又稱「薩伊定律」（Say's Law）。

那是什麼呢？薩伊本人經商，他和許多商人提過一項綜合的觀察：經商簡單的部分似乎在於生產產品，困難的部分在於銷售產品。於是，可以提出一個很合理的問題：為什麼不好好經營社會，好讓我們隨時都能賣掉我們的產品？為什麼人們沒有足夠的錢來購買工業有能力生產的每樣東西？如果我們不能賣掉我們所能生產的每樣東西，難道社會不能給人們更多錢嗎？真是個好問題！

不幸的是，薩伊的答案無法明白的解決這個問題。他的第一個簡單假定是供給會自行創造需求：

> 值得一提的是，產品一製造出來時，就創造出其他產品的等值市場。當生產商完成產品時，他就急著想賣掉，以免商品的價值在手上貶值。他也急著想處置賣掉商品可能得到的金錢，因為金錢的價值也會貶值。但花掉錢的唯一方法就是購買其他產品。所以，單是製造一項產品立即就為其他產品打開一條出路。

這聽起來很合邏輯，但無法說明為何他的商界友人很難賣掉他們的產品。不過，薩伊提出一個解答：

> 唯有太多的生產手段應用在一種產品，而另一種產品所能應用的生產手段不足時，才會產生滯銷。

這就是答案。明確的說，錢不是問題，不乏交易所需的資金，到頭來，人們其實是用一種產品去交易另一種產品。至少，他是這麼認為的。

薩伊定義的重要性在於它解釋只需刺激供給就可以增強長期經濟成長，以及為何就長期而言，單靠減少每周工時無法打擊失業。這項定律廣受歡迎，是因為它可以做為不同政治立場的立論基礎。右翼可以說：我們刺激需求，貨幣就會往下流動，創造供給。另一方面，左派可以說：我們給老百姓更多錢，就可以刺激供給。

到這裡都還不錯。不過若是要了解經濟不穩定，他的定律就有些偏離，雖然它消除人們對於長期發展可能有的誤會，卻完全忽略一些短期影響。因此，我們可以大略地說，如果沒有人聽過薩伊，對於商業波動的了解或許會進展得快一點。

大衛・李嘉圖

南美洲終於在1809年對英國商人開放，並引發一波樂觀風潮（南海公司在九十年前會很歡迎這件事）。這導致英國貨幣供給大量增加，不久之後，貨幣對黃金貶值，為大不列顛製造了通膨問題。在1809年8月、9月和10月，《紀事報》（*The Chronicle*）刊登三篇文章批評英格蘭銀行的政策；不久後，《愛丁堡評論》（*The Edinburg Review*）刊登一篇相關的報導，標題為〈金塊的高價為銀行紙幣跌價的證據〉（The High Price of Bullion, a Proof of the Depreciation of Bank Notes）。作者是桑頓的熟人，一名三十七歲的倫敦股票交易員及金融家，名為大衛・李嘉圖（David Ricardo, 1997-1823）。

這是李嘉圖在學術領域首次登場。李嘉圖只受過基礎學校教育，年僅十四歲就加入父親的股票交易事業。從此之後，他便建立自己的經紀業務，主要交易政府證券。他的座右銘後來為數千名交易商所認同：

> 停止虧損，讓獲利繼續（Cut losses, let profits run.）。

根據這項要訣（想必還有其他要訣），李嘉圖變得非常富有。在他二十七歲之前，他從沒想過他應該把時間花在經濟理論上。他為什麼要這麼做呢？他非常滿意經濟現實啊！但1799年，他在一個渡假地讀到了《國富論》，便十分著迷。他想：「有一天……我或許也會想親身參與。」1808年，他遇到一個認真的新聞記者，詹姆士・密爾（James Mill），他和李嘉圖一樣對經濟充滿興趣。但不同於李嘉圖，密爾在愛丁堡大學受過正式的大學訓練（史密斯曾在此授課）。李嘉圖和密爾開始一起長時間的散步，討論政治和經濟。密爾鼓勵李嘉圖發表評論，於是李嘉圖開始寫文章。

李嘉圖於《愛丁堡評論》的文章中，有十七處明確提到桑頓，十三處提到亞當・史密斯。他的結論是：貨幣貶值的原因是紙幣超額發行，而不是如桑頓所稱的因收成不好而過度進口及戰爭經費。他的建議是英格蘭應該立刻恢復1797年廢除的金本位。1810年成立「金塊委員會」以釐清問題的根源，委員會成員之一的桑頓同意李嘉圖的結論。有趣的是，委員會報告公布後，險些導致桑頓破產：報告公布後引發恐慌，桑頓被迫傳話給他的朋友，告訴他們唐恩、桑頓及傅利銀行急需一些定存。幸好他有許多忠誠的朋友，足夠的資金存入而拯救了他的銀行。李嘉圖則是受到通膨的打擊，恢復金本位對他是有利的。

1816年，筆戰又開打。李嘉圖出版了《經濟與安全的貨幣計畫》（*Proposals for an Economical and Secure Currency*），再次鼓吹英格蘭恢復金本位，但不是使用金幣，而是要求英格蘭銀行應該將紙幣換成黃金，就像勞氏公司一開始的作法。他認為這種制度會自行穩定，理由如下：

- 如果英格蘭銀行發行太多紙幣，就必須進口黃金做為儲備……
- ……這個程序會自行減少貨幣供給，降低英格蘭銀行發行新幣的機率

桑頓不同意。他不認為有任何貨幣制度可以自行穩定，因此英格蘭銀行應該、而且可以主動管理貨幣供給。他認為貨幣供給不僅影響價格，還影響經濟活動。在1820年，一個類似李嘉圖提議的計畫付諸試驗。結果導致物價大幅下跌以及嚴重的經濟衰退，因此沒多久就放棄了。這場筆戰的贏家顯然是桑頓，而非李嘉圖。不過此時正好是約翰・勞計畫失敗後的一百年，經濟似乎仍不穩定，紙幣或許並非經濟不穩定的唯一原因。

貨幣的夢幻團隊

值得一提的是，這批最早的經濟學家彼此關係密切，尤其那是

一個交通困難以及國際社群十分稀少的時代。約翰・勞是肯狄隆的商業夥伴，魁奈和約翰・勞一樣服務於法國宮廷，擔任奧爾良公爵繼承人的御醫。魁奈結識史密斯，史密斯又是桑頓的友人，而桑頓則是李嘉圖的友人。

把其中四位結合起來便能妥善說明貨幣和信用的基本知識：約翰・勞、肯狄隆、魁奈和桑頓。聽起來或許很令人意外，但我們對貨幣的知識得感謝這個由一名蘇格蘭殺人犯、登徒子兼賭徒，一名愛爾蘭狂熱投機客，一名英格蘭銀行家和一名法國醫生所組成的團隊。這四人組成了經濟史上最偉大的夢幻團隊之一。

他們的主要事蹟

本章所提及之經濟學家們的長遠成就：

- **魁奈**：「經濟表」和「自由放任」的觀念。
- **肯狄隆**：了解「貨幣周轉率」的效果。
- **亞當・史密斯**：追求一己之利的意義和效益，各種形式保護主義的破壞作用。
- **桑頓**：「央行之父」；貨幣供給總額波動的曲線和效果；利率如何驅動儲蓄率、貨幣供給、匯率和國際資金流動；貨幣供給的變動如何率先對成長形成效果，接著對通膨造成衝擊；央行積極干預的潛在有益效果；為何央行可能在繁榮時期安逸太久。
- **薩伊**：供給可以自行創造需求。
- **李嘉圖**：計算經濟理論邊際效用的重要性。

金融的拿破崙

> 尼可拉斯・畢多（Nicholas Biddle）是金融的拿破崙。他比亨利・克雷（Henry Clay）偉大兩倍。比丹尼爾・韋伯斯特（Daniel Webster）偉大兩倍半，比馬丁・范布倫（Martin van Buren）還要偉大八倍。
>
> ——《先驅報》（*The Herald*），1837年3月30日

李嘉圖的朋友詹姆士・密爾終其一生都對經濟深感興趣。兩人和其他的傑出人士創辦了「政治經濟學俱樂部」，經濟學家傑逢斯（Jevons）對此有如下記載：

> 俱樂部的持續存在是因為每月出色的晚餐——以這點而言，俱樂部似乎不像是研究經濟學的——或者是因為每次晚餐之後的經濟辯論，我不打算決定。

密爾的著作大多在倡導李嘉圖的觀念，但他同時談論經濟學說和他自己的問題。其中之一是「設法限制出生人口的重大實際問題」，他認為以有限的糧食供給而言，這是嚴重威脅。密爾應該是由第一手的觀察得知：李嘉圖是十七個小孩裡的第三個，密爾本人則是九個小孩的父親。

天資聰穎的小孩

這九個小孩當中，有一位名為約翰・史都華・密爾（John Stuart Mill），於1802年出生。約翰幼年即展現過人的才智，沒多久，詹姆士便覺得他可以去接受正式的教育。小男孩在三歲時學習

希臘文和算術，八歲時學習拉丁文，隨後是幾何、代數、化學和物理。約翰在十二歲時學習邏輯，一年後開始上政治經濟學，詹姆士覺得這是最困難的學科。詹姆士傳授約翰經濟學的方法之一是散步（如同他和李嘉圖去散步一樣），在途中他跟兒子講述經濟的不同層面，主要用李嘉圖描述的方式。每天早上，約翰必須交出一篇有關父親前天授課內容的完整書面報告。這些報告後來成為《政治經濟學要素》（*Elements of Political Economy*）的書稿，於1819年出版。這是很了不起的成就，因為作者約翰當時才十三歲！

在約翰出版此書四年後，詹姆士認為他的任務已完成，他的兒子可以出社會了。這名十七歲的男孩於是進入東印度公司。他因而洞察民間商業和公共事務，並在閒暇時間寫作和讀書。在約翰・史都華・密爾二十歲時，已發表七篇有關經濟、政治和法律的重要文章，並編輯一本有關哲學的書。由他的作品來看，哲學似乎才是他最大的興趣，但純就寫作的頁數而言，經濟則是他最大量寫作的主題。

天生的不穩定

約翰・史都華・密爾對經濟學說最大的貢獻，是他於二十三歲及二十四歲時所寫就的作品（但直到多年後才出版），書名是《政治經濟學若干未決問題》（*Essays on Some Unsettled Questions of Political Economy*）。其中一篇分析薩伊定律，密爾指出，薩伊有關供給會自行創造需求的觀點，在簡單的以物易物經濟中是可行的，但若以金錢為媒介則未必，因為人們會將銷售所得儲蓄起來，因此供給不一定永遠都會創造相等的需求，民間信心的改變可能引發供給與需求之間的不平衡。

其後幾年，他又發表一些有關經濟的文章。1826年，他發表〈紙幣與商業災難〉（*Paper Currency and Commercial Distress*），提出「競爭性投資」的概念。他的觀念涵蓋市場突然擴張的問題，並認為市場的突然擴張或許是因為一項技術性發明。生意人可能高估市場這塊大餅：

> 每個想要搶先對手的人，都為自己畫了一塊市場大餅；卻沒有想到別人也會增加供給，也沒有想到供給增加，進入市場後必然造成價格下跌。這個缺陷很快就導致供給過剩。

如此說來，某項特定物品的暫時性需求過度可能很快就會導致相反的狀況：暫時性供給過度。在前述文章中他說明「專業交易員」與「投機客」之間的差別，前者基於他們對長期經濟的分析，後者係根據短期價格趨勢：

> 展望未來供需跡象，預期價格大漲的少數人，大幅買進。他們的買進造成價格立即大幅上漲；進而誘使那些著眼於市場立即轉變的多數人，預期價格進一步上漲而買進。

這意味著惡性循環，可輕易解釋為何牛市可能戛然而止，一如密西西比計畫和南海公司，一如密爾的著作付梓十一年後又再度發生的情況。

1837年的崩盤

1837年的事件成為密爾學說的絕佳例證。為了講述這個故事，我們必需介紹五位傑出的美國人，每位都參與了1837年的事件：

- 安德魯・傑克遜（Andrew Jackson）：1828-1836年的美國總統，非常不信任紙幣的一個人。
- 馬丁・范布倫（Martin van Buren）：在傑克遜之後就任，為1836-1840年的美國總統。
- 尼可拉斯・畢多（Nicholas Biddle）：擔任美國第二銀行總裁直到1836年，才華洋溢，但不是傑克遜總統的朋友。
- 菲利浦・霍恩（Philip Hone）：投資人，在1837年之前非常有錢。之後呢？一貧如洗。

- 詹姆士・高登・班奈特（James Gordon Bennet）：《先驅報》編輯，能夠撰寫優美散文。

故事是這樣的。安德魯・傑克遜，我們故事裡的第一個總統，是一名富有的政客，有專制心態、堅定的原則以及暴躁的脾氣。他經常與人爭執，在某次決鬥中還殺了一個人，因為對方侮辱他的妻子。他在1812年的美英戰爭中是位將軍，在紐奧良領導美軍擊敗英軍，這場勝仗也成為他踏入政壇的跳板。他在政治上的第一場大戰役是對抗央行，即「美國第二銀行」。

央行總裁畢多，他是個天才，年方十三歲便取得賓州大學學位。這兩人彼此憎惡及對抗，當傑克遜當選總統時，畢多比誰都要害怕。他的理由很充足——傑克遜任命一個荷蘭人范布倫擔任副總統，並告訴他：「央行想幹掉我，可是我會幹掉它！」然後，他關閉畢多的銀行。就是這麼簡單。

傑克遜討厭畢多和第二銀行的理由之一，是他不太喜歡紙幣。他認為紙幣不真實，造成投機和各種邪門歪道。事實上，他說的也有道理。流通的貨幣總額已由1832年的5,900萬增加到1836年的1.4億，四年內便暴增137%。這個數字已經夠嚇人了，但若深入探究還會更恐怖。大部分的貨幣流量是由新成立的銀行所創造，沒什麼儲備資本。這些錢的用途為何？新工業？不是，大多數用於房地產投機。以前美國有個中央銀行，現在沒有了。

有趣的日記

此時我們故事裡第三名人物登場了，有錢的投機客霍恩。這位住在紐約的紳士投資人，值得我們注意之處不僅在於他成為1837年事件的典型受害者，更在於他寫了一本日記流傳至今。我們打開日記，翻開幾頁，閱讀他在1836年3月12日的想法：

> 紐約的每樣東西價格都很離譜。明年的租金已經上漲50%。真的，我的房子賣了一大筆錢；可是我不知道要去哪兒。距離市政廳兩英里的土地價值從8,000美元到10,000美元。即使是在第十一區，靠近東河，兩、三年前賣2,000美元或3,000美元，現在要價4,000或5,000美元。

他有理由抱怨。房地產價格飛漲並不局限於紐約（圖4.1）；芝加哥的土地價格已由1833年的156,000美元上漲到1836年的1,000萬美元，三年內飆漲了6,400%。想想看，6,400%，三年內！

所以，傑克遜總統的擔憂情有可原，七月時他頒布一道命令：購買土地者必須支付黃金或白銀，不准再以紙幣炒作房地產！他還有一個問題要處理，不過是比較愉快的：國庫的財政盈餘不斷增加。傑克遜提議削減關稅以平衡預算，可是國會投票決議將盈餘分配給各州。這是什麼意思？自1837年1月2日起，他們每三個月將從紐約各大銀行提領900萬美元分配到各州。紐約各大銀行可不太喜歡這個主意。

這時，我們的朋友霍恩設法在百老匯和大瓊斯街口找到一塊新土地，要價15,000美元。價錢一點也不便宜，可是至少他負擔得起，現在他開始在土地上蓋一棟新房子。然後他便出發去歐洲。

或許他不應該去。等他回國時，他發現城裡的氣氛已經完全改變，而且變壞了。以下是他在11月12日的日記：

> 時機很壞。資金的嚴重壓力已經有一段時日了，我也受到影響。股票大幅下跌……房屋和土地價格表面上沒有大跌，但也沒什麼買賣，因為（買家）沒錢支付，沒有人要無法變現的債券和抵押貸款……

這還是在政府資金計畫發放之前，不過，資金很快就下來了。1937年1月2日，財政部向大型銀行提領第一批次的900萬美元。

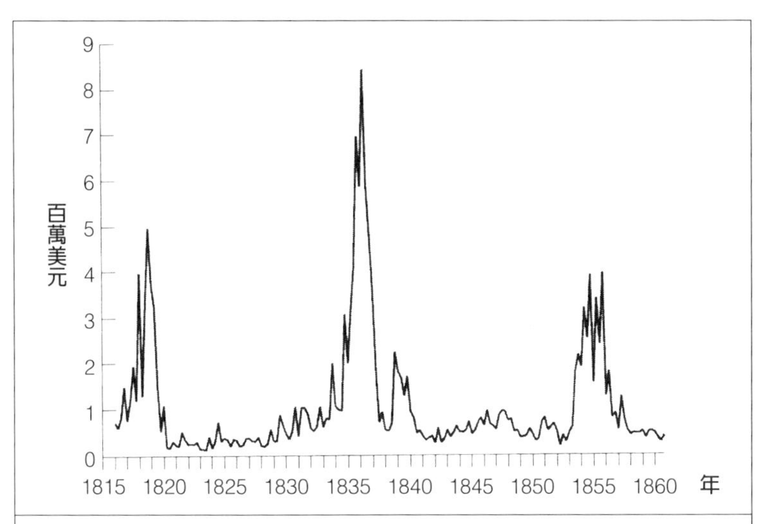

圖4.1　1816-1860年間美國公有土地出售所得每季變化。這個走勢圖在彼得・盧梭（Peter Rousseau）於2001年發表的〈傑克遜式貨幣政策、硬幣流動和1837年恐慌〉（Jacksonian Monetary Policy, Specie Flows, and the Panic of 1837）中有討論，圖中顯示一個很強勁但緩慢的循環。
資料來源：Smith and Cole,1935。

幾乎在數日內，就引發恐慌和破產風波，沒多久街上就發生暴動。房地產價格陷入跳樓拍賣的惡性循環，銀行破產，無數商家跟著倒閉。3月4日，霍恩寫下一篇悲傷的日記：

> 這是我的家庭史上黑暗及悲哀的一天。布朗霍恩公司今日停止付款，召開債權人會。我的長子賠光我給他的資金，我因為背書而受到牽連。

這段時間正在舉行總統大選，許多人現在寄望新總統范布倫會對紙幣信用採取比較有利的態度，但不久希望就破滅了。傑克遜總統在他的離職演說裡還說：

> 「不能指望發行紙幣的公司去控制媒介流通的金額。」

可是，范布倫在就職演說裡完全沒有提到這個主題。對於醞釀中的金融危機隻字不提。什麼都沒說！

房地產現在已經賣不掉，除非大幅折價，股市由1月跌到2月。《先驅報》的編輯班奈特在1837年3月的一篇社論提出抗議：

> 美國從未陷入如同此刻的危急情勢。我們深陷商業恐慌，形將粉碎社會上所有企業，毀掉整個國家，讓龐大地區淪為廢墟，讓半數金融機構憑空消失，引發最激動的情緒，導致讓國家退步多年的劇變。

這聽起來很絕望，但確實是這種氛圍。總得有人採取行動，霍恩和他的友人想到聯絡前央行總裁畢多。他來了以後開始主持會議，提供建議和指示。資金東挪西湊，大家感受到一絲希望。班奈特又寫了一篇社論：

> 尼可拉斯・畢多是金融的拿破崙。他比亨利・克雷偉大兩倍。比丹尼爾・韋伯斯特偉大兩倍半，比馬丁・范布倫還要偉大八倍。

被人說成只有對手的八分之一偉大肯定不好受，所以總統絕不會喜歡這一句話，以及該社論接下來寫的：

> 畢多走在街上宛如天降神祇，要商業颶風「平息」，叫投機風暴「停止」。他就是那位天才，是寧靜夏日清晨的化身。

如果真是這樣就好了。我們的金融拿破崙或許是個厲害的人，但他不再經營央行，不再印行鈔票。他也無法勸說總統改變政策。政府在4月1日向大型銀行提領第二批次的900萬美元，恐慌進一步擴散。五月初爆發大規模擠兌，5月10日銀行休假一天，好讓金融圈有些喘息空間。可惜沒什麼用。崩盤的情況持續，東北部的失業率激升到20%以上。芝加哥在1836年可以賣到11,000美元的土地不斷跌價，到1840年時只需100美元就可以買到。隨著地價下跌，購買大塊土地再分割成小塊的投機客終於明瞭根本不會有人買。最後，這些小塊土地又被合併，再恢復成農地，這樣至少可以創造一些收入。直到1842年，也就是崩盤之後的五年，美國大多數地區的房地產價格才終於觸底。

此時的倫敦

在這一切發生之際，我們的英國天才經濟學家約翰・史都華・密爾繼續在印度公司工作。他在1835年被任命為《倫敦評論》（*London Review*）的編輯，並進行數篇論文，之後納入他的主要著作之中。這一年他的朋友湯馬士・卡萊爾（Thomas Carlyle）要求他評論一份有關法國大革命的八百頁草稿。有一晚，密爾看了一些稿子，覺得很睏便睡著了；他的女僕進來替火爐加火，用的竟然是卡萊爾的手稿！卡萊爾事後假裝原諒了密爾，猶豫一陣子以後又把整本書重寫一遍。卡萊爾的書於1837年出版，當他要求密爾發表公開書評時，毫無疑問的，密爾在書評中當然大為讚賞卡萊爾的著作。

同年，密爾讀了《歸納科學的哲學觀》（*Philosophy of the Inductive Sciences*），以及惠威爾（William Whewell）有關歷史和哲學的一本重要著作，又重讀著名天文學家赫歇爾（Wilhelm Herschel）的《自然哲學研究之初探》（*Preliminary Discourse on the Study of Natural Philosophy*）；這些作品的不同點滴成為密爾日後書稿的靈感，他在1845年決定集結一本大型著作，訂名為《政治經濟學原理》（*The Principles of Political Economy with some of their Applications to Social Philosophy*）。密爾構思這個主題多年，下筆有如神助，只花十八個月就寫完九百七十一頁的完整內容（共五冊），書中充滿詳盡和新奇的分析。在這套成為國際經典的書冊裡，他將肯狄隆的舊觀念——資金周轉率、一般的行情上漲與投機連結在一起。

1848年對密爾來說是重要的一年，因為他的書本出版，也因為一些傑出的紳士對他有興趣，例如當時英格蘭最成功的銀行家歐佛史東勳爵（Lord Overstone）。歐佛史東具分析頭腦，他認為危機內在的動能使它成為一再上演的現象。有一天他和《經濟學人》（*The Economist*）雜誌總編輯白芝浩（Walter Bagehot）聊天，白芝浩後來引述歐佛史東對於榮枯循環不同階段的描述：

> 靜止、好轉、信心、繁榮、興奮、過度交易、動盪、壓力、停滯，最後再度趨於靜止。

假如桑頓幾乎可說是創造第一個景氣循環學說的人，那麼也可以說歐佛史東幾乎是第一個將景氣循環學說加以定義者。可是歐佛史東是個務實的人，他擔心英格蘭銀行是否有能力阻止嚴重的金融危機與恐慌已經有一段時間了。身為老練的銀行家，他密切觀察市場，並試圖預測危險。1845年秋天，他開始覺得苗頭有些不對勁，於是他寫信告訴好友諾曼（G.W. Norman）。歐佛史東並非覺得崩盤迫在眉睫，而是出現預警徵兆。他寫道：「我們目前沒有崩盤……只是我們腳下有輕微的前兆。」他說對了。崩盤發生在1847年，距離上一次正好十年。

央行如何「增加貨幣供給」

在十九世紀中葉之前，中央銀行主要以三種方法增加貨幣：

- **購買債券**（然後以貨幣支付）。這具有直接效果（挹注貨幣）和間接效果（債券價格上漲，利率下跌，鼓勵更多民間借貸）。
- **調降央行對民間銀行的利率**（即重貼現率）。如此鼓勵銀行向央行借款，以便讓他們增加民間放款。
- **調降民間銀行的存款準備率規定**。降低準備率可讓民間銀行增加放款。

古爾德和幽靈黃金

有些人有錢到喪失所有人性。我就是要這麼有錢。

——美國喜劇演員麗塔・路德勒（Rita Rudner）

為何一段時期的過度投資會導致崩盤而非平順的修正，其原因很難斷定，不過1847年英國崩盤的關鍵因素似乎是鐵路股票的分期付款。當時很流行用這種方式賣股票，投資人只需付頭期款即可，他們或許希望在下一次付款前就能獲利了結。1847年1月，有總額約650萬英鎊的新發行股票分期付款日即將到期，可是很多人都付不出錢。到了夏天，危機全面爆發。8月份有二十二家英國公司無法償債，9月四十七家，10月時達八十二家。沒多久危機便蔓延至英國境外，擴及荷蘭、比利時、紐約和德國。

卡爾・馬克思

1847年對一位名為卡爾・馬克思（Karl Heinrich Marx）的年輕紳士而言，是值得紀念的一年。馬克思於1818年5月5日出生在一個普魯士的小鎮特里爾（Trier）。他成長於傳統中的產階級環境，後來努力進入有名望的柏林大學就讀。他在大學專攻哲學，離開柏林後在耶拿大學（Jena University）取得博士學位。1842年，在他二十四歲時便獲得《萊茵日報》（*Rheinische Zeitung*）編輯的工作。原本一切都很順遂，直到五個月後這份報紙被政府查禁。在職業生涯起點的挫敗後，馬克思前往巴黎，為數家雜誌擔任記者，直到兩年後被法國驅逐出境。這位曾在世界一流大學研讀哲學的年輕人，想要寫出他的想法，卻不見容於社會！

他變得憤憤不平，嚴厲批判宗教、黑人和猶太人（儘管他本身就是猶太人），尤其是資本家和資本主義社會。後來，他加入共產主義同盟的組織，一個鼓吹勞工控制企業和國家的激進運動。馬克思想要證明資本主義經濟不公平，而且有嚴重缺陷，應該用社會主義／共產主義制度加以取代。所以，工人們應該盡快動員起來，待時機成熟時出擊並取得掌控權。

問題是如何判斷何時才是成熟的時機，1847年的崩盤正好派上用場，因為它引發了一些騷動。歐洲各地發生數起共產主義起義，雖然全部遭到鎮壓，卻給了他一個啟示：很顯然是經濟危機導致革命，將來或許會有新的危機可能引發下一次起義。他採取大膽的方法：他不但要證明資本主義有缺陷，且共產主義更理想；他還想提供一份經濟危機如何引發變革的路徑圖。因此，他決定分析為何市場經濟時常發生經濟危機。

正當他思索這個問題之際，經濟又開始過熱。1850年代帶來新一波鐵路股票、小麥（英國）、土地（美國）以及重工業（歐洲大陸）的投機浪潮。1857年，距離上一次危機正好十年，俄亥俄壽險信託紐約分公司暫停付款。連鎖反應隨即發生，鐵路股價直線下墜。

這個事件讓馬克思迸發出無比的活力。終於又發生了！他得趕快寫下他的理論，然後出版！六個月後他寫出第一批書稿，後來成為他的經典著作《資本論》（*Das Kapital*）。他在這套著作中說明他所謂的「現代政治經濟學最重要定律的各個層面」。他說明的程序可摘要如下：

- 繁榮通常是由技術創新造成的。
- 技術創新的效果，是因為資本家在生產過程中運用更多資本（機器等）並減少人力（工人）。

- 創造價值的雖是人們，但是因為人力相對資本投入的比率下降，獲利率也跟著下降。

他的結論指出：「獲利率下降不是因為工人被剝削的程度減緩，而是因為相對於運用的資本，所用的勞力減少之故。」後來的經驗證明其實正好相反，但他接著說獲利率下降將導致負債增加，直到最後崩盤，共產主義接掌一切。後面這個部分他說對了。共產主義確實在之後的世紀統治大部分的世界。

馬克思仍被視為對景氣循環學說有所貢獻，但並非因為他對循環的結論或預測（他的預測大多沒有意義），而是因為他處理問題的方法。他是第一批試圖為資本主義經濟如何形成危機及不景氣提供系統性理論的作者之一。

黃金機會

1864年法國爆發一場新危機，兩年後擴散到英國和義大利。這回的投機標的是羊毛、航運和各種新企業。然而，這和隨後將至的夢魘相較之下，根本不算什麼——十九世紀最嚴重的國際蕭條。陷入大蕭條之前的金融崩盤於1873年開始，約翰・史都華・密爾在那一年過世。

很難斷定1873年崩盤的前兆為何，但若我們從1869年說起，就不會錯這個精采故事的各個環節。當時紐約證交所（New York Stock Exchange, NYSE）黃金室的交易非常活絡，人們說交易員在這個房間裡交易黃金，可是黃金是主要國際貨幣（當時歐洲國家大多都採取金本位），所以真正交易的是美元：如果你買黃金，你用美元支付。如果金價（以美元計價）上漲，其實表示國際美元價格下跌。

黃金室裡最活躍的兩名交易員是杰・古爾德（Jay Gould）和吉姆・菲斯克（Jim Fisk）。菲斯克是個肥胖、快樂、迷人又能幹的推銷員，可是他行事魯莽，像頭闖進瓷器店的公牛。古爾德則是個機敏又憤世嫉俗的投機客，曾任職於伊利湖（Erie Lake）鐵路公司，因而結識菲斯克。古爾德靠著大漲的鐵路股賺了一大筆錢（他仍然持有股票），並非善類。他曾說過：

> 「在共和黨區，我是個共和黨員。在民主黨區，我是個民主黨員。在懷疑者的地區，我就是個懷疑者。可是，我永遠都支持伊利湖鐵路。」

也曾說過：

> 「我可以雇用一半的勞工階級去殺掉另一半。」

現在，他決定執行一項不可思議的計畫，更進一步增加自己的財富：他要炒高黃金打壓美元匯率。但不只是一些黃金，而是鉅額黃金。美元貶值以後，美國出口也將增加（鐵路公司增加業務），

圖5.1 杰・古爾德是美國證交所史上最可恨的交易員之一。

並可刺激美國通膨，減輕他的鐵路公司的債務負擔。

當時，美國約有價值1.15億美元的黃金，其中一億美元的黃金鎖在財政部的金庫裡。由於保證金規定極為鬆散，古爾德只需出資5萬美元就能買進1,000萬美元的黃金期貨合約，只要大家相信他的信用即可。但在他動手之前，他得採取一些預防措施，以防格蘭特總統拋售財政部的黃金而造成金價下跌。他的手段是與格蘭特前妻的哥哥葛賓（Abel Gorbin）建立情誼，以便介紹總統與他認識。他們最後在菲斯克的蒸汽船上碰面，古爾德試探格蘭特對於金價上漲的反應。可是這次碰面不如古爾德預期，因為格蘭特顯然不清楚自己對金價狂飆會做何反應。

9月16日，古爾德詢問葛賓他是否可以寄一封信為總統解說為何不應該在穀物收成出口之前賣掉黃金。寫好信之後，他們派信差搭火車到匹茲堡。信差在午夜後抵達，再雇馬匹連夜騎到華盛頓，最後找到在草坪上玩紙牌的格蘭特總統。信差把信交給他，詢問是否有回信。總統回答：「沒有，沒事」，信差便回到匹茲堡拍了一封電報，簡訊如下：

送達無誤（Delivered all right）。

但是發報時發生錯誤。古爾德與葛賓收到的電報內文完全不同。電報說：

送達。如悉（Delivered. All right）。

看到電報後，古爾德決定行動。在答應葛賓150萬美元的免費交易額度之後，他開始買進黃金。他在自由市場以135美元買進，價格開始逐漸上漲。9月22日，菲斯克在交易室裡發動攻擊，價格收在141.5。當晚古爾德去拜會葛賓，後者帶來惱人的消息：他剛收到格蘭特的一封信，信中表達總統本人對美元跌價的不滿，暗示他可能開始拋售財政部的黃金。

透過葛賓的協助，古爾德再次晉見總統，這次是在一項公開宴會，大家都會看到他們交談。古爾德企圖說服總統美元匯率上揚將重創出口，若要拋售財政部的黃金，至少應該等到大型出口訂單履行之後。在這次簡短晤談後，古爾德開始讓大家相信總統會挺他到底。然後，他又繼續買進黃金。

大突襲

古爾德把大部分的業務交給經紀商亨利・史密斯（Henry Smith），接著古爾德又延攬一批人，加上史密斯另外找來的人，總共有五、六十位。他們一起買進黃金，幾乎將市場上的黃金搜刮一空。現貨搜光之後，接著買進遠期合約，直到他持有價值4,000萬美元的黃金遠期合約，外加1,500萬美元的黃金現貨為止。在這個過程中，金價漲到146美元，亦即他一個人就讓美元匯率貶值8%。

此時，奇怪的事情發生了。不知為什麼，金價卡在146美元，好像是有人在這個價位大量拋售，或者是有人知道財政部即將開始脫手。透過期貨合約，古爾德已經買光所有黃金現貨。這是一個強大的優勢，因為當賣方必須交貨時而找不到黃金時，他們要跟誰買？當然是跟古爾德，然後他便可以操縱價格。那麼為何價格停在146美元？難道是因為格蘭特要賣出？

幸好，總統不久就要跟葛賓見面，葛賓說服格蘭特應該袖手旁觀。受到這個消息的鼓舞，古爾德告訴他的老朋友菲斯克可以加入這場大奇襲，史上最大的突襲，上至總統下至國會門房都支持的突襲。古爾德告訴菲斯克他可以負責買進黃金，以及散布謠言給黃金室裡的交易員。菲斯克雀躍不已，開始在自己的帳戶透過遠期合約買進「幽靈黃金」，亦即根本不存在的黃金。賣方拋空遠期合約，希望財政部會釋出黃金，屆時他們即可低價回補。古爾德告訴菲斯克，格蘭特想要看到黃金漲到1,000美元，菲斯克立即將這個小道消息散播給交易員。

此時（如同密爾所預測的）民間開始加入。沒多久，全國各地的牙醫、商人、甚至農民都在搶購黃金，預期價格進一步上漲。新一波的買單威力之強大，嚇壞拋空的短線交易員，金價破146美元關卡之後，空頭開始不計代價搶補平倉。這時古爾德也不再買進，他知道紙包不住火，事實上已開始賣出黃金。菲斯克被瞞在鼓裡，還不斷以自己的帳戶叫進，事實上他買的正是古爾德賣出的黃金。最後，該來的真的來了。格蘭特寄給葛賓一封信，警告他財政部將開始拋售。葛賓堅持古爾德立即關閉帳戶，並將利潤結算給他。古爾德說，假如葛賓不提那封信的話，他就照辦。古爾德知道大難就要臨頭了，他仍持有黃金現貨和價值3,500萬美元的期貨合約，想要脫手好比牽著一頭大象走過公共餐廳而不引人側目。而且他可能只有幾天，甚至是翌日早晨數小時的時間就得把事情辦完。

他的第一個決定是不管菲斯克的死活。要把一頭大象偷偷牽出去或許可以，但兩頭大象絕不可能。所以，翌日早晨，他慫恿菲斯克繼續買進，自己則趕緊祕密賣出。神奇的是，金價還是照漲不誤，因為民眾持續買進。金價爆量續漲。古爾德不停賣出，直到完全脫手。可是，他還繼續賣出，不斷拋空期貨合約。《紐約先驅報》的一名記者報導如下：

> 狂怒印地安人的復仇叫戰聲，瘋人院發出的恐怖嘶吼，都比不上黃金室裡投機客的高聲喊叫。

民眾繼續買進，金價繼續上漲，氣氛凝重。金價果真會突破1,000美元嗎？格蘭特有沒有參與其中？財政部會拋售嗎？然後，在12時7分，金價才剛漲到165美元，消息就發布：財政部要賣出了。

估計古爾德在接下來的十四分鐘內賺進150萬美元。在這十四分鐘裡，金價由165美元跌到133美元，多頭原先的帳面獲利被一掃而空。空頭獲得拯救，古爾德的陰謀得逞。結果，古爾德成了華爾街最痛恨的人，如同菲斯克所說的：「除了一堆衣服和一雙眼睛之外，什麼也沒有。」

繁榮時期結束

古爾德將獲利全數投入鐵路股票。此時民眾對於鐵路股票的興趣高漲。事實上，太多公司為了爭奪市佔率而過度開發產能（密爾所說的「競爭性投資」）。1868年之後，新鐵路哩程的每年鋪設量大增，現在已能感受到壓力。古爾德控制著伊利湖鐵路，其競爭對手是范德比爾特（Cornelius Vanderbilt）的紐約中央線，范德比爾特最近才把每節車廂載貨的價格由125美元調降為100美元。古爾德決定削減價格到75美元以奪回市佔率。范德比爾特又降到50美元。古爾德於是降到25美元。然後，范德比爾特降到1美元，遠低於生產成本。最後，范德比爾特搶到所有的生意。事實上，他的生意多到接不完，因為古爾德開始收購水牛城的肉牛，利用紐約中央線來運送。

這場價格戰說明當時的情況。繁榮時期已經持續太久，人們已投資太多無法賺回報酬的事業。1872年，89家鐵路公司的債券無法償債，包括古爾德的伊利湖鐵路。364家上市鐵路公司裡，有260家發不出股利。那一年底，愈來愈多鐵路股票跌價，市場氛圍愈來愈謹慎。歐洲的情況也差不多。經過多年熱衷於投資建築用地、商品和鐵路股票之後，行情已是岌岌可危，信心也開始滑落。

全面崩盤

有時，恐慌爆發於最意想不到的地方。這次在奧地利爆發，就在1873年5月1日維也納萬國博覽會開幕之後，突然發生一波恐懼。許多奧地利銀行滿手鐵路股票，融資投機客失利，銀行也被拖下水。不久，恐慌蔓延到德國，再到比利時、義大利、瑞士和荷蘭。1873年9月8日，擴散到華爾街。那一天，紐約倉儲及保全公司無法履行償債。事情一發不可收拾：

9月13日：肯揚考克斯銀行無法履行償債
9月17日：潘德摩尼姆公司無法履行償債
9月18日：杰庫克公司無法履行償債

9月19日早上還算平靜，但到下午，鐵路股突然開始全面下跌。有人懷疑是古爾德在搞鬼，因為他可能已經搶先賣光所有鐵路股。這波跌勢立即演變成全面性恐慌。翌日早晨，證交所大門深鎖，總統、財政部長、數名官員與企業人士召開緊急會議，其中包括海軍准將范德比爾特。這個問題只有一個解決辦法，不像七十六年前的英國金塊委員會，這群人只花了數小時就有了決定：

「增加貨幣供給！」

財政部釋出1,300萬美元買回公債，十天後，交易所重新開門。但這不表示危機已經解除，這波恐慌是大蕭條的開端，嚴重的程度是美國前所未見的。紐約失業率上升到30%，接著40%，最後到達50%。新動工的鐵路哩程由1872年的5,870英里減少到1873年的4,097英里，1874年又減為2,117英里。1875年觸及谷底，只新增了1,711英里。密爾說對了：信心很重要，投機也很重要。即使沒有增加貨幣或受到外部刺激，也可能產生繁榮時期，只要人們減少儲蓄、貨幣周轉率加速，或者因為競爭性投資就可能產生。繁榮之後就可能帶來蕭條。在約翰・勞的計畫失敗一百五十四年之後，愈來愈能明顯地看出，不穩定似乎是資本主義經濟的天生特徵。或許真有一隻看不見的手，而且迫切需要一隻看不見的手在貪婪與恐懼的浪潮之後恢復平衡：人類畢竟是凡人。

七位先驅

我有兩次被問及：「請問巴貝奇先生，如果您在機器裡輸入錯誤的數據，會出現正確的答案嗎？」我無法理解是何種混亂的觀念才能引發這種問題。

——巴貝奇（Charles Babbage）

在大學新生中，總會有一位或數位特別聰穎及富創造力。1810年，劍橋大學三一學院迎接一群充滿希望的年輕人時也是如此。其中一名新生，十九歲的查爾斯·巴貝奇（譯註：1792-1871，電腦先驅，近代第一位提出計算機構想的學者），正符合上述描述。聰穎？是的。富創造力？的確是！

這名年輕人決定研習化學和數學，但他隨即發現自己非常喜歡後者。他很擅長數學，事實上，沒多久他就認為他懂得比老師更多。他與一群朋友創立「分析社」，宗旨之一就是提倡這個領域的新發展。

這個學科很有趣，只不過必須計算對數表。計算對數只有一個方法：要有兩個人分開用手計算整個對數表，然後一個人唸出他的數值，另一人再檢查自己的。有一天在大學，巴貝奇坐在分析社的教室裡，拿著一份對數表，另一名社員過來問他在做什麼。巴貝奇抬頭給他一個意外的答案：他在思考是否有可能製造一部機器自動進行計算。

嵌齒輪、蒸汽、打孔卡

他的人生從那時起就改變了。當他的腦海一閃過這個念頭，便著手進行。不久，他建造出一個簡單的機械裝置，可以協助計算對數表。他在操作這台小型機器時，腦海裡又開始胡思亂想。人類或許可能更進一步？或許你可以打造一部機器解答各種數學問題，從而加速人類認知的發展？或許人類有朝一日能打造出一部會思考的機器？

1822年6月14日，他提出一篇論文，題目為《應用機器於數學表運算之觀察》（*Observations on the Application of Machinery to the computation of mathenatical Tables*）。論文描述一部由蒸汽引擎和落錘系統驅動的先進數學機器。這個構想引發相當大的興趣，隔年由大不列顛政府資助的最大型計畫於焉展開。巴貝奇預期他在兩到三年內便可以完成這部機器。結果大錯特錯，因為儀器生產商負責製造機器，巴貝奇則負責設計其規格。每當他的團隊完成一部分，巴貝奇便改良設計，所有的嵌齒輪又得全部拆開，重組一遍。這個情況一再發生，把每個人都逼瘋了，他的首席工具製造商在十年後不幹了，整個計畫也宣告觸礁。

巴貝奇對這項挫敗的反應很奇特，非但沒有放棄，反而將眼光放得更加遠大，他開始設計一部更加精密的機器，但這次只在紙上設計。它是龐然大物，由六台蒸汽機驅動，它將用打孔卡設計程式，而且每一秒鐘就可執行一項運算。

另一位法國醫師

當巴貝奇展開他的新計畫之時，一位年僅二十四歲的法國人克雷門・朱格拉（Clement Juglar），仍在大學研習醫藥。朱格拉於1819年10月15日出生於巴黎，父親是名醫師，來自法國東南部上普羅旺斯阿爾卑斯省（Basses-Alpes），母親來自諾曼地（Normandie）。

三年後他畢業成為醫師（和魁奈一樣），但他始終無法專注於這個職業。他的興趣是社會和經濟適應的問題，尤其是經濟環境改變的過程。二十九歲時，他開始進行社會研究，兩年後在《經濟學人期刊》（*Journal des Economists*）發表一些文章，討論法國生育、婚姻和死亡人口的波動；這些文章同時探究法國繁榮的改變，這點後來成為他最大的興趣。

1862年對巴貝奇和朱格拉來說都是重要的一年。那一年，巴貝奇第一部簡單的計算機器在倫敦的科學博物館展示，他花了許多時間在那裡向觀眾解說他已完成藍圖，但尚未打造的「計算機」。那一年，已經四十三歲的朱格拉出版他對於經濟波動過程的結論：《法國、英國和美國的商業危機及其週期》（*Les Crises commerciales et leur retour periodique en France, en Angleterre et aux Etats Unis*）。雖然一開始沒什麼人注意這本書（或許是因為書名之故？），但它卻是一本革命性的著作。

朱格拉發現古典經濟學家疏忽的一件事。桑頓曾提及欺騙性的貨幣過度供給，密爾曾描述競爭性過度投資，歐佛史東亦專注在一般商業波動，但並未多加解說。先前的作者已發現許多先天不穩定的跡象，以及造成穩定的先天因素。他們考慮過貨幣因素，包括貨幣供給、利率和貨幣周轉率；以及實際因素，包括隨機的混亂、投資、儲蓄、消費（不足）和生產（過度）。但如同務實的生意人，他們也記得加入一些超現實的因素，例如民間信心、愚蠢和恐慌。但奇怪的是，這些巨擘都不曾試著寫出一套連貫一致的學說來說明景氣循環。何以如此？

因為，他們沒有發現景氣循環。當你在閱讀他們的書籍和文章時，你會發現有多處提及「危機」（crises），雖然配第（William Petty）在他1662年出版的《賦稅論》（*Treatise of Taxes and Contributions*）中曾使用「循環」（cycle）一詞，但沒有人了解即便沒有任何事情引發，這個現象還是可能發生。他們都認為繁榮與危機是由特定現象造成的，像是外部震驚或出錯。例如在某些時候，密爾發現可能由一種極端變成另一極端的現象。但沒有人把這些現象視為資本主義經濟固有的一種基本、波狀運動的階段。由於他們沒有從此角度觀察，也就沒有十分專注於說明及計算系統動能的可能性。

朱格拉的新書與先前有關危機的著作完全不同。他率先了解到經常性的危機不單純是一些獨立的意外，而是重複、週期性顯現經濟有機體的先天不穩定。在察覺到這點以後，他接著將這個週期性運動的不同階段加以分類，他寫到「繁榮」、「危機」和「清算」階段。為了分類，他蒐集和分析統計時間序列，盡可能涵蓋最長的時期。研究這段長時期，他相信他可以發現一個九到十年的平均週期。朱格拉亦顯現出他了解這種不穩定是天生的，而寫道：

> 蕭條的唯一成因是繁榮。

他認為，蕭條之所以發生不是因為什麼事情出錯了，而是因為進行得太順利了。這個觀念與以往主流的「出錯」看法恰好相反——危機發生是因為有人不負責任地發行紙幣、獨佔特許權、濫用海關特權、貿易壁壘、收成不好等。不是的，危機發生是因為繁榮！

朱格拉的書後來又出了兩版修訂版，他終其一生都在研究景氣循環。除了第一本書（及後來的修訂版），他沒有更多貢獻；除了與信用循環的關聯，他再也沒有對景氣循環做出更詳盡的解釋。可是他一個人的貢獻就已經夠偉大了。

在科學上時常有作者多次描述重要的事實和觀念，卻未真正了解自己做出這種描述的重要性。唯有真正了解事件的完整意義，我們才能真的說它被「發現了」。在朱格拉的著作之前，許多人曾說明經濟不穩定的要素，但他們並不明白循環的概念。在朱格拉之後，科學家很少再說他們研究「危機」，他們會說研究「貿易循環」。正如熊彼得日後所說的：

正是他發現大陸；而其他作者過去發現的只是附近的島嶼。

即使在朱格拉逝世前不久，你仍然可以看到86歲的朱格拉埋首於成堆的統計資料，至死都在研究。巴貝奇也是熱中研究到最後，在1862年的展覽後，他繼續他的計畫，晚年的訪客發現他仍熱切地展示他的工作室。和朱格拉一樣，他了解他作品的重要性，一直到最後他相信人類有朝一日將建造出他的計算機，並且改變科學運作的方式。可是，這兩位思想家無從知道的是，巴貝奇構想的機器終將揭開這些幾乎難以置信的循環祕密。不過，如果沒有相關的方程式，巴貝奇的機器對經濟學家也沒什麼用處。硬體需要軟體，有人必須發展出連貫經濟行為的數學模型。

數學模型

現在登場的是工程師里昂・華拉（Leon Walras），1834年出生於法國諾曼第。他的父親是位經濟學家，里昂得到他的真傳，包括經濟學是有關擴大效用（utility）的觀點。他想唸高等綜合理工學院，但申請了兩次都沒通過，只得退而求其次就讀高等礦業學院，但是沒多久便放棄學業。

這對學術生涯而言並非好的開始，不過，他決定過著比較波希米亞式的生活，在文學和新聞界工作，同時自行研讀經濟學。有一度他寫了一本羅曼史，另外一段時間在鐵路公司擔任辦事員、記者，然後是講師。接著他寫作兩本有關哲學的書。1870年，他申請洛桑大學政治經濟學第一講座的教職。排隊的候選人極為驚訝，因為校董會以極小的差距投票通過讓這位有些可疑的人士獲得教職。

洛桑位於面向日內瓦湖的山丘上，可以眺望瑞士與法國阿爾卑斯山的優美景色。華拉必然是喜歡這個地方或這份工作（或者兩者皆是），因為他在此任職了二十二年，並嚐到他人生中首次的成功滋味。1874年，他撰寫一篇以數學解答經濟問題的文章，〈交易之數學原理與理論〉（Principe d'une theorie mathematique de l'echange）。華拉不斷建立他的同儕經濟學家網絡，時常書信往返。1889年，他出版第一版的《純粹經濟學要義》（*Elements of Pure Economics*），之後若干年間不斷修訂。該書首先說明理論和應用經濟學——可說是最頂級的履歷表。接著他指出，經濟學必須以數學用語加以說明，才能使用邊際分析。之後的章節詳盡說明數學原則如何用以說明及分析一個又一個的經濟問題。他的主要方法是說明一般均衡（general equilibrium）理論，即全體市場參與者（代理人）的活動加總起來將創造穩定的情況。接著，他導引讀者到一個完整的模型。首先，他提出一個非常簡單的狀況，只有兩個代理人在以物易物經濟裡交易商品。然後他加入多方交易、多產品交易、生產性勞務的生產與市場、儲蓄、資本資訊、貨幣，最後是信用。這整個結構根據不同的簡化假設，包括有完美的競爭、完美的行動性及完美的價格彈性。在每一種狀況下，他會說明均衡是如何產生的，他同時也提到有可能產生數種其他形式的均衡。

華拉以數學方法研究經濟學，令人想起物理學家仿製機器的行為。這並非巧合，華拉受到牛頓與法國數學家拉普拉斯（Pierre-Simon de Laplace）很大的影響。他亦受到龐索（Louis Poinsot）（譯註：1777-1859，法國力學家、數學家）一本靜力學著作的啟發，事實上，這本是他數十年的床頭書。

傑逢斯先生與太陽

當華拉研究分析經濟學的方法時，有些人士也開始解釋朱格拉的週期。傑逢斯（William Stanley Jevons）就是一個好例子。他1835年出生於利物浦，就讀倫敦的大學學院（University College）。不過1847年的大崩盤導致他的父親生意失敗，傑逢斯被迫中斷課業開始工作，他至少花了十二年的時間，才賺到足夠的錢回校完成學業。傑逢斯的一生對經濟思想有數項重大貢獻。1871年，就在大崩盤的前一年，他出版《政治經濟學理論》(*Theory of Political Economy*)，對於邊際分析做出重要的說明，並且首度提出「理性人」(rational man) 的觀念，即在經濟架構中只會做出理性決定的人。他說明理性的消費者如何試圖擴大其效用，並且不會花錢在某種產品上，假如他們認為把錢花在其他產品，可獲得更大邊際效益的話。

接著是太陽的問題。傑逢斯的親身經歷讓他體會到經濟蕭條的痛苦，或許是受到1873年崩盤的啟發，他開始寫作一系列有關景氣循環的文章（於1875年至1882年間陸續發表）。他的靈感來源之一是密爾的《政治經濟學原理》，傑逢斯注意到密爾相當重視民眾信心的波動，但他認為密爾的假設不足以解釋一再發生的繁榮與蕭條，傑逢斯認為後兩者是很有規律的。什麼程序能夠解釋何以人們在一段規律的時期後，變得貪婪及受到驚嚇？密爾完全沒有解答這個問題。所以傑逢斯四處探究，找尋一些可以刺激這些大幅波動的經濟外部因素，他研究大量的統計資料做出各種猜想。他的第一個基本結論是，農業（收成）構成經濟很重要的一部分，所以答案可能是農場上發生的事。但會是什麼呢？農作物病蟲害嗎？

最後他提出的解釋是日照強弱的波動──由「太陽黑子」的定期出現所造成（亦即太陽表面每隔一陣子就會出現的大火球）。他的第一篇文章在大崩盤的1875年發表，說明英國的穀物收成由1254至1400年間呈現一個11.1年的週期，與太陽黑子的活動週期十分貼近，當時的天文學家宣稱其週期為11.1年。太陽黑子活動增加會增加日照、刺激植物成長，進而造成較理想的收成。問題解決了！

嗯，或許還沒有。天文學家不久之後便將太陽黑子週期的長度修正為10.45年，這和傑逢斯的模型不太搭調。於是，傑逢斯重新分析收成統計資料，結論指出實際的週期長度是10.45年，而非先前所說的11.1年。所以，不要擔心，這個理論仍是合理的。

可是，問題並未就此解決。新的英國作物報告並不符合他的模型，他被迫再度進行修正。他的新說法是太陽黑子導致其他國家的作物波動，這些波動對英國的貿易與製造產生間接衝擊。這表示太陽黑子和英國景氣循環之間沒有嚴格的直接關係，而是強烈的間接關係。這種間接效果的成因包括農產品價格、數量和生產的改變，以及商人對太陽黑子的預期（今日此學說名稱的由來）：他們會把太陽黑子的波動納入決策考量。因此，光是太陽黑子的預期心理便可形成景氣循環，即便太陽黑子沒有在預期的時間出現。當然，這是以創新又出色的方法來解釋理論預測與實際資料間的不一致，可是沒什麼人相信。他的當代同儕沒什麼人真的相信太陽黑子是景氣波動的主要原因，或者有任何關聯（現在的科學家也不相信）。

傑逢斯的太陽黑子理論（以及馬克思的許多理論）並非錯誤，而是分析方法有誤。現代經濟學家時常使用「太陽黑子」一詞，他們所指的不是太陽火焰的迸發，而是指現象本身並不影響經濟，卻改變大眾的想法，因而間接影響經濟的情況。傑逢斯的方法還是留存下來了。

貨幣數量論

傑逢斯的作品沒有被遺忘的原因之一是他與許多經濟學家密切往來，並獲得許多評論。例如他的著作《政治經濟學理論》獲得美國知名天文學家賽門・紐康（Simon Newcomb）的評論。天文學家？為什麼天文學家要評論一本經濟學書籍？

這是一則很奇怪的故事，尤其紐康原本不打算成為一名天文學家，紐康學的是草藥。我們還是從頭說起吧。紐康從未到學校接受教育，而是在家由父親教導。當他十六歲時，他在一位自稱是「醫師」的草藥師身邊工作，但是紐康不久便明白他是個江湖郎中，他的處方根據完全是亂猜與迷信。紐康最後決定出走，走到一百九十公里外的加萊港，說服一名船長帶他上船當船員，然後又回到他父親居住的麻州塞倫（Salem）。

紐康在塞倫找到一份教職，閒暇時則閱讀各類科學文獻。1856年他二十一歲，在華盛頓找到另一份靠近圖書館的工作，他可以閱讀更多科學，甚至他最喜愛的數學書籍。有一天他借了一本拉普拉斯《天體力學》（*Mecanique Celeste*）的譯本，卻很沮喪地發現他看不懂。他決定找一份他可以學到更多的工作。他在1903年的《天文學家回憶錄》寫道：

> 我把自己的生日訂在1875年1月一個寒冷的早晨，我在這一天降生於這個甜美與光明的世界。當時我在麻州劍橋美國天文年鑑局（Nautical Almanac Office）的熾熱爐火前，坐在兩位鼎鼎大名的數學家中間。我來自華盛頓，帶著亨利教授和希爾達先生的信件，想要應徵天文計算員。在我身邊的是主管約瑟夫・溫拉克教授，以及辦公室資深助理約翰・隆克先生。我說我的數學知識僅僅來自淺薄的基礎數學教科書，因此我看不懂拉普拉斯的《天體力學》……
>
> 當時我已22歲，但那是我第一次碰到熟悉《天體力學》的人……我自己的程度連初學者都不如；但數週後我獲聘為試用的計算員，月薪30美元。

在那裡工作時，紐康同時也到哈佛大學就讀，這成為這位學術界新星的新開始。紐康在1862年成為美國海軍天文台（US Naval Observatory）的數學及天文學教授。1877年，他擔任美國天文年鑑局局長、《美國數學期刊》（*American Journal of Mathematics*）編輯、美國天文學會創始會員暨第一任主席，以及美國數學學會主席。

圖6.1　賽門·紐康是一名草藥師、數學家、天文學家和經濟學家，並成為後三個領域的知名領袖。
資料來源：瑪麗伊凡斯圖畫圖書館

今日，他被視為現代天文學之父，著作也備受尊崇，後來他獲得相當多的美國與國際獎項及榮譽會員，要花上兩頁的篇幅才能全部表列出來。他亦出版大量有關天體位置、如何預測其運動，有關運算的數學挑戰等書籍和文章。奇怪的是，他的著作有三分之一無關天文學或理論性數學，而與政治和經濟學有關。其一是1885年的《政治經濟學原理》，他十分清楚地說明流量與存量之間的差別，以及用箭頭圖示說明不同人之間的所得流通，顯示他們之間的金錢往來。不過，這本書最重要的章節是說明一個非常簡單的關係。他稱為「交易方程式」(equation of exchange)，後來由美國經濟學家費雪（Irving Fisher）重新提出，即我們今日所知的「貨幣數量學說」(quantity theory of money)。其方程式如下：

MV＝PQ

而

M ＝ 貨幣供給
V ＝ 貨幣週轉率
P ＝ 商品及勞務價格
Q ＝ 商品及勞務數量

這個模型並非說明經濟動能的學說，而是陳述一個可供許多理論參考的核心關係。我們稍後將加以說明，現在，我們至少知道其出處。

愉悅原子

機器永遠會執行明確設定的目標，像是織布機的紡錘。同理可證於經濟機器——它一定會朝設定好的目標前進。和華拉同一個時代的作家就提出這些目標的定義，他的名字是艾吉渥斯（Francis Ysidro Edgeworth）。艾吉渥斯出生於愛爾蘭，但從未到學校受教育，而是在家自學。後來他設法進入大學，並成為倫敦三一學院的講師。不過，他在那裡並未得到高度認同，原因有二：第一，他的寫作風格很奇特，充滿希臘語句和古典文學的引述（他的作品艱澀難懂，連其他專業經濟學家也無法看懂他在說些什麼）；第二，他十分謙遜，讀者時常不知道他就是提出原創思想的人。

艾吉渥斯注意到，參與經濟機器的人應該是「理性人」，意圖擴大個人「效用」。問題是如何界定這種效用，以及如何將之分割成最小單位。1881年他提出「愉悅原子」（atoms of pleasure）一詞來加以界定。不過它們很難衡量：

> 愉悅原子不易分辨及識別，它比砂粒連續，但不像液體那麼連續；彷彿勉強可辨識的細胞核，深植在半意識的周圍。

難怪大家覺得他的書深奧艱澀。

華拉的接班人

你可以說，華拉的經濟機器目的是要擴大生產艾吉渥斯的愉悅原子，而華拉的想法得到廣大認同。他是啟發他人的先驅，當他在1892年退休時，大學必須找一名接班人來繼承其衣缽，繼續啟發和領導新運動。中選的是帕瑞托（Wilfredo Pareto），一名出生於巴黎，但長期在義大利生活的工程師。帕瑞托服務於鐵路業，後來成為兩家公司的董事。直到1890年他四十二歲時，才開始研究經濟學，最後在1893年接替華拉在洛桑大學的講座教職。帕瑞托在大學任教七年，後來繼承了一筆財富便決定退休。可是他一直住在瑞士，持續從事經濟學的寫作，直到1923年過世為止。

帕瑞托最大的優勢在於他是位專業工程師，具備長期技術工作經驗。因此，他的數學知識豐富，經常運用在著作裡。他的缺點則和艾吉渥斯一樣，是名很糟的作家，風格近似一名才高八斗但爛醉如泥的人。他時常在同一頁同時提到許多一半的理論，接著便跳到別的地方，等到很後面的地方才把前面的話說完。

帕瑞托的名字常見於現代，像是經濟學家所說的「帕瑞托最適境界」（Pareto optimum）或「帕瑞托均衡」（Pareto equilibrium），意指一種經濟體系的狀態，盡可能生產出最多的艾吉渥斯愉悅原子。帕瑞托和華拉發展出來的方法在開發初期的景氣循環學說時，將被一用再用。

七位先驅最為人紀念之處

巴貝奇

- 發明計算機。
- 首創作業分析。

朱格拉

- 首創使用時間序列，例如利率、價格和央行收支帳，有系統且徹底分析一個明確界定的經濟問題。這個方法成為景氣循環研究及一般經濟學的標準。
- 說明景氣循環的形態（其階段），日後經常被引用。
- 第一個清楚了解蕭條是由之前的繁榮所引起的人。

華拉和帕瑞托

- 運用數學以說明經濟模型。
- 一般均衡模型。

傑逢斯

- 「太陽黑子」，經濟／金融體系只因人們預期它們將改變，便發生改變的效應。

紐康

- 貨幣數量學說，說明貨幣與實際活動之間的關係。

艾吉渥斯

- 愉悅原子的概念。

第二篇

初期的景氣循環理論

如果經濟學家可以設法想像自己如牙醫般謙卑、能幹，就實在太好了。

——凱因斯（John Maynard Keynes）

黃金年代

我可以計算天體的運行，但無法計算人類的瘋狂。

——牛頓

1876年，在朱格拉的書出版十四年以及巴貝奇過世五年後，李嘉圖和密爾曾加入的「政治經濟學俱樂部」舉行「經濟科學基礎」的百年慶祝活動，因為自亞當・史密斯發表《國富論》以來，正好屆滿一百年。主持是次會議的是葛雷史東先生，兩側分別是洛先生（Lowe）和法國財政部長薩伊。在例行的豪華晚餐之後，洛先生起身致詞。他的演說傳遞出的訊息，是他並不認為政治經濟學的未來充滿希望：

「……目前，就敝人看來，我並不樂觀的認為政治經濟學會有很大或任何驚人的發展。」

他認為社會學的進展略有助於推展政治經濟學，但效果不大。因為這門科學的發展已經到頂：

「政治經濟學目前既有的爭議，雖然為本地教員提供一項基本練習，但已不像昔日具有驚人的重要性；偉大的作品都已經問世了。」

當時英語世界的經濟學確實是這種氛圍。自《國富論》以來發生了許多事，出現許多傑出的經濟學家，包括桑頓、薩伊、李嘉圖、密爾、馬克思、白芝浩、傑逢斯、朱格拉、艾吉渥斯、華拉、帕瑞托等等（更別提在亞當・史密斯之前的約翰・勞、肯狄隆和魁奈），應該沒什麼可以再提的角色。

文字轉成方程式

但是，洛先生錯了。他演說之後的那段期間被後世稱為景氣循環研究的黃金年代，因為這段時期有許多重要的概念被提出，其中一名後起之秀是英國經濟學家馬歇爾（Alfred Marshall）。

馬歇爾在洛先生發表致詞那年三十四歲，在劍橋大學教授道德科學。他是位數學家，原本到劍橋大學也是要教授數學。可是，他對其他事物亦感興趣，特別是如何解決貧窮。但在他開始提出自己的解決方案之後，卻受到同僚和友人的嘲笑：「他根本不能討論這個主題……除非他受過商業或政治經濟學的基本訓練。」於是他不甘願地去閱讀一些基本的經濟書籍。他讀的第一本書是密爾的《政治經濟學原理》，之後又看了李嘉圖等人的多部著作。不過，他讀這些書的方法很特別。他拿筆把每個重要概念轉換成數學等式。這只供他自己參考，確保他真正了解。

後來，他迷上經濟學，展開一段新的研究生涯，並且提出許多出色的理論，足以讓洛先生後悔講了那段致詞。馬歇爾習慣延後他的著作出版，因為他求好心切，但最後還是都出版了。他的第一個貢獻是1879年的《經濟學原理》（*Principle of Economics*），其中提出景氣循環的新學說。以下是他對價格的說法：

> 當價格可能上漲時，人們搶著借錢購買商品，因而助長價格上漲；企業開始膨脹，管理粗略而浪費；靠著借貸資本營運的公司所償還的實質資本少於他們的借貸，富了他們自己，卻犧牲了社會大眾。當信用動搖，價格開始下跌，大家都想拋出商品，持有急速增值的貨幣；讓信用更加速下滑，進一步的下滑致使信用更加萎縮；因此有一段長時間價格下跌，因為價格已在下跌。

如同他認為價格可能「因為價格已下跌而下跌」，他在《貨幣、信用與商業》（*Money, Credit and Commerce*，1923）中說明股票交易亦有相似效應：

> 一些投機客必須賣掉商品才能償還債務，如此一來，他們抑制了價格上漲。這種抑制讓其他的投機客焦急，他們便搶著拋售。

馬歇爾試著解決經濟學的謎團，他覺得許多以前的假設根本不可能正確。例如1803年的薩伊定律，他很聰明地將之簡化為：

> 供給等於需求。

不過，這裡少了很重要的細節，因為經歷過十九世紀蕭條的企業人士都會問說：「薩伊怎麼可能靠著提出這種說法就出名？因為這個定律的說法不正確。每當發生危機，而且還時常發生，你什麼都賣不掉，事實就是如此！」所以，在經濟衰退時，定律應該如下：

> 很多供給。但是，該死的需求到哪去了？

薩伊定律在討論很長一段時間的總和時是合理的，但不適用於短期，因為很顯然在經濟衰退時，供給與需求同步流失。

努特・魏克賽爾

密爾首先指出儲蓄率可能波動，朱格拉將他的景氣循環連結到信用循環。如果像薩伊所假設的，人們馬上把剛賺到的錢都花掉，怎麼會有信用循環？瑞典經濟學家努特・魏克賽爾（Knut Wicksell）率先偏離薩伊的學說。

魏克賽爾1851年出生於斯德哥爾摩，是一名富商兼房地產仲介商之子。十五歲時便已父母雙亡，他繼承了財產，可以沒有後顧之憂的學習數學和物理。接著幾年，他的興趣慢慢轉向社會科學和經濟學，因此他決定應徵烏普沙拉大學（University of Uppsala）經濟學教師的工作。不過因為經濟學在法學院上課，所以教師都得有法律學位，而一般來說需要四年才能取得學位，不過魏克賽爾兩年就拿到了。他本來就很聰明，更具有不服輸的個性。雖然他很早就符合教授資格，卻等到五十二歲才拿到；因為他拒絕簽署規定的國王申請書，上頭寫著：「最順從陛下的僕役」。他才不是什麼陛下的僕役！還有一次他在牢裡被關了兩個月，只因為他在某堂課上發表不敬神祇的言論。

魏克賽爾的靈感來自許多前輩，他最喜歡的是李嘉圖。他尤其喜歡這名經濟學家的〈金塊的高價為銀行紙幣跌價的證據〉一文，啟發了魏克賽爾最重要的學說貢獻，即「自然利率」的概念。他在1898年的《利率與價格》（*Interest and Prices*）一書所闡述的觀念核心如下：

- 我們知道低利率刺激商業，而高利率加以抑制。但何謂「低」，何謂「高」？
- 我們要回答這個問題，不妨考慮如果企業投資的話可以獲得什麼。例如他們的新投資可以獲得平均6%的報酬率，我們稱之為「自然利率」。
- 現在，我們假設他們可以用2%的利率融資。我們稱之為「實質利率」。在這種情況下，企業可以用借來的錢賺到4%的利潤，所以就去借錢投資。
- 但若銀行利率是10%，企業就會虧損4%，所以他們不會借錢去投資（除非他們是笨蛋）。經濟將陷入遲緩或萎縮。

這種「實質利率」與「自然利率」的概念很簡單，但成為今日許多學說的基石。

約翰・霍布森

在薩伊定律遭到質疑之後，沒多久便遭到另一波攻擊。那是來自一名中學教師以及在倫敦和牛津兼課的講師霍布森（John Hobson）。他認為缺乏需求才是景氣循環的關鍵問題，因為人們把部分所得存起來，然後投資於新產能。或許不是受薪者存了太多錢，而是有錢的資本家存下太多金錢，才導致過度投資。

霍布森在1889年出版的著作《工業機能》（*Physiology of Industry*）中首次解釋這個觀點，之後也在許多出版品中繼續說明，直到1910年。他亦提出一個激進的解決方案：對公司課重稅或者收歸國有，利用收益來提升需求。

但這種論調無法在商界或學界引起共鳴。1889年霍布森出版第一本書之後不久，他失去兩個大學教職，並且經常在《經濟期刊》（*Economic Journal*）被嘲弄，而且無法加入政治經濟學俱樂部。這位可憐的仁兄再也得不到任何教職，但成為所謂消費不足（underconsumption）學說的先驅。

耗盡自由資本

在霍布森的第一本書出版五年後，有人提出不同的方法。烏克蘭經濟學家杜岡－巴拉諾夫斯基（Mikhail Tugan-Baranovsky）發表《英國工業危機》（*The Industrial Crises in England*），其所根據的核心假設是：

- 貨幣賺得與花用之間，可能有很大的時間落差……
- ……貨幣儲蓄與投資之間，也可能有很大的時間落差

杜岡－巴拉諾夫斯基時常把經濟比喻成一部蒸汽機。每天人們都會存錢，他稱為「自由資本」，就像鍋爐裡的蒸汽不斷累積。當蒸汽日積月累之後，活塞的壓力會升高，最後終被推開。貨幣也是同樣的道理，儲蓄者想要獲得理想的報酬，隨著時間過去，他們會

失去耐心，想要找尋較高的收益，所以自由資本被投資在「固定資本」（機器、工廠等）。這個程序會在整個經濟體創造收入和財富。然而，到了一個時間，自由資本所剩不多（就像蒸汽機裡的蒸汽用光了），隨著固定資金成長的速度放緩，經濟將會反轉，讓大多新產能閒置不用。

杜岡－巴拉諾夫斯基本質上是個馬克思主義者，雖然他的分析基礎來自馬克思思想，但他並不認同馬克思資本主義經濟終將崩潰的說法，他認為這只是景氣循環，也因此讓他樹立了一些左派敵人。

科技創新的觸發

另一名「黃金年代」的貢獻者是斯庇托夫（Arthur Spiethoff），一位擅長景氣循環的德國教授。他認同杜岡－巴拉諾夫斯基所說的經濟具有週期性，但他在1902年及1903年所出版的兩本書中指出，杜岡－巴拉諾夫斯基的模型並未解釋為什麼自由資本轉變成固定資本會發生週期。為什麼不會保持平順？

斯庇托夫表示，答案是新科技的開發。科技創新創造新的商業機會，為了追求新機會而使得先前閒置的資金被釋放出來。以魏克賽爾的話來說，就是把自然利率調升到高於實質利率，而引發投資熱潮。接著，隨著新的企業進展，整個進程停止並開始反轉，一如杜岡－巴拉諾夫斯基所描述的。

眼前的問題

斯庇托夫的書出版時，經濟環境非常好。事實上，好到彷彿景氣循環已不復存在。天下太平，美國的報紙讀者對當地醜聞和運動版面的興趣遠高於任何重大經濟事件，例如鐵路大亨古爾德離婚了，元配要求每年25萬美元的贍養費。多麼有趣的醜聞啊！不過，大家對金融版面也有興趣，因為股價已經大漲了好幾年。

理由很充足。美國經濟自1897年以來一直快速成長，只有短暫的疲軟時間。美國出口在1897到1907年的十年間幾乎增加一倍，貨幣供給也是，金融機構的總資產由91億美元成長到210億美元。真是美好的年代，無怪乎羅斯福（Teddy Roosevelt）總統在1906年12月向國會報告說：「我們仍繼續享有空前的繁榮。」然而，景氣循環的學生有一些值得擔心的理由。記得1816年的大崩盤嗎？1826年的？1837年的？1847年的？1857年的？以及1866年的？每次之間都相隔十年。在那之後的間隔甚至更短，可是或許十年週期的理論還有些價值？上一次的蕭條發生在1895年，英國和歐陸均因黃金和礦業股票而引發危機。或許，時間已經再度迫近了？

貨幣緊絀

或許是因為貨幣利率有點小問題。十九世紀後期的黃金產量一直落後經濟成長，貨幣愈來愈緊絀，因為大家都想借錢及投資，而且資金十分緊絀。英國的貨幣利率在1906年底由4%成長到6%，美國的貨幣拆款利率則大幅波動，由3%飆升到至少30%。不少鐵路大亨都開始感受到這個問題，1907年初他們想要展延債務，卻發現無法賣掉長期債券，只好改賣一至三年期債券。控制大北方鐵路公司的詹姆士・希爾（James J. Hill）警告說，美國經濟需要至少10億美元的新流動資金才能避免「商業癱瘓」，但是目前的情況卻非如此。

美國的多頭市場在3月13日崩盤，股價暴跌，許多藍籌股下挫25%之後才溫和反彈。但是這是假性反彈，因為流動性不足的問題每況愈下，股票和商品價格在春、夏不斷下跌，五月時陷入蕭條。這些問題並非只發生在美國。日本股市在當地發生一連串無法償債的事件之後開始重挫，歐洲亦出現恐懼跡象，因為法國和英國買主從美國進口愈來愈多的黃金，同時拋售股票。八月時，波士頓市想要發行債券，但總額400萬美元的債券，認購額卻只有20萬美元。接著在1907年10月，形勢有如雪上加霜。兩名大膽的賭徒，奧圖・亨茲（Otto Heinze）和查爾斯・摩斯（Charles Morse），取得一些小型銀行和信託公司的控制權，他們非法運用他們的資金企圖發動聯合銅業公司的空頭回補。他們的計畫是：買下大量股票及認購選擇權，以迫使空頭回補，這些空頭人士就必須不斷在高檔買入股票。在大盤下跌時發動軋空並不容易控制，結果一敗塗地。10月份，消息傳了開來，亨茲與摩斯公司的客戶緊張之餘開始撤資。結果引發連鎖反應，波及其他銀行和信託公司。

救星

大家驚慌地呼叫一位領導者，在擠兌四天後有人出面了。這個志願負責的人已是七十高齡，還得了重感冒，但他的個性剛強。如果有人可以力挽狂瀾，一定非他莫屬。他就是摩根（J.P. Morgan），一個龐大工業與金融帝國的領導人。

這份差事簡直是為他量身打造。隨後數週，摩根遭遇一波又一波的災難，全都需要果決的行動。有時，問題格外急迫。10月23日，林肯信託在短短數小時內被提領1,400萬美元的存款，來自美國信託公司的公告亦在當天發出。下午一點，該公司的現金部位為120萬美元，二十分鐘後減少為80萬美元；下午二點十五分，只剩18萬美元，就在資金只夠支撐數分鐘時，摩根想到辦法了。翌日，證交所主席跑到摩根的辦公室跟他說，除非有人肯借錢給券商，不然就要發生連鎖倒閉了。摩根與一些銀行總裁召開會議，會議一開始，他詢問證交所代表到底需要多少錢？他們回答：「2,500萬美元。」什麼時候要？「十五分鐘內。」各家銀行開始調度資金，在五分鐘內籌集2,700萬美元。摩根又過了一關。

他不斷借錢給最頹弱的金融機構，並鼓勵他人跟進。有一度，他怎麼也籌不到需要的資金，於是他設計出一種新錢：「借條」。

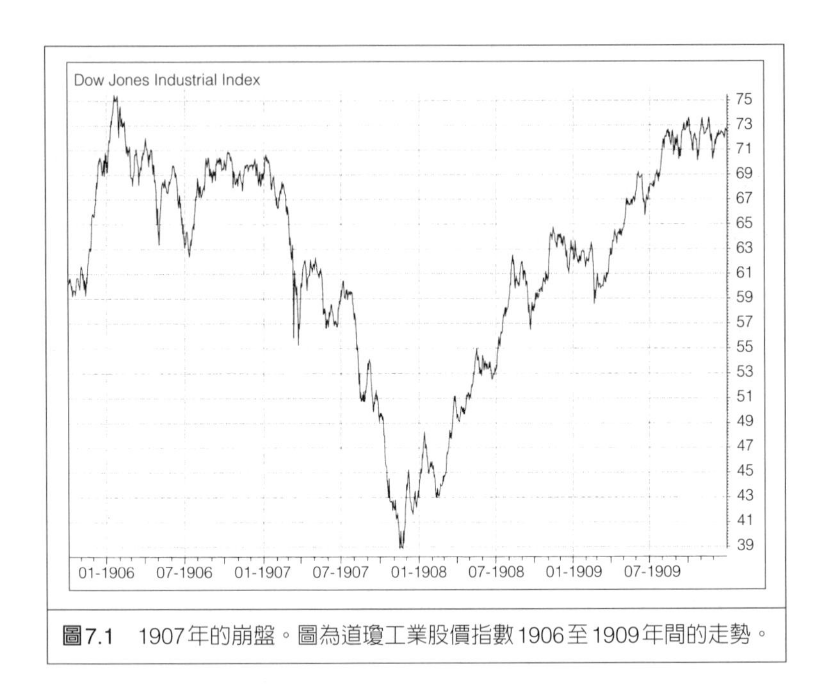

圖7.1 1907年的崩盤。圖為道瓊工業股價指數1906至1909年間的走勢。

發行人保證在有能力時將之兌換成真的錢。他並且設法說服財政部長將3,500萬元的公帑存入各家銀行，銀行隨即匯給瀕臨破產邊緣的信託公司。最重要的是，紐約市長於10月28日出現在他的辦公室，宣布紐約市籌不出錢來償債。摩根的解決方法是安排清算公司接受紐約市的債券，但以借條支付。市長因此把帳冊交給摩根，摩根後來有一陣子成為紐約市的守護者。

摩根的策略終於奏效：金融恐慌在年底前結束，道瓊工業指數在10月21日觸及谷底，自三月的高峰下跌了39%。可是，自1907年開始的蕭條一直延續到1908年，因為公司的產品無人購買，失業率升高三倍，由3%上升到10%。有產品，卻沒有需求。大家都在攢錢，亞當・史密斯「看不見的手」，或是薩伊定律似乎都不管用了。

利率的角色

美國在1907至1908年的蕭條之後，分別又在1910至1912年及1913至1914年發生。景氣循環似乎沒完沒了，大家仍在找尋解答。此時，瑞典教授古斯塔夫・卡賽爾（Gustav Kassel）登場。這名經濟學家在學術界並不受歡迎，因為他從不註明引述文章的出處，讀者會以為這名作者發明了所有的經濟學說。他不受歡迎的另一個原因是他長期與魏克賽爾敵對，而後者廣受愛戴。但卡賽爾確實提出一些新思想，最為人知的是儲蓄、投資和利率之間的互動可能在景氣循環扮演重要角色：

- 假設我們處在繁榮時期，或許是因為新技術的關係，如同斯庇托夫所說。
- 隨著繁榮時期的延續，我們看到杜岡－巴拉諾夫斯基的「自由資本」轉變成「固定資本」。
- 到這裡都還很清楚。但在這個階段，我們看到自由資本花在投資上的速度快過新資本補充的速度，其結果是儲蓄減少。
- 重點來了：儲蓄不足導致利率升高。
- 利率升高打亂許多企業的算盤。原本應該賺錢的事業突然虧損，因為財務成本升高。
- 至此，企業家停止投資，經濟急轉直下。

所以，根據卡賽爾的說法，高利率往往是觸發蕭條的關鍵。

產能建構部門的所得

兩位美國經濟學家則有不同見解。瓦迪爾・卡欽斯（Waddill Catchings）及威廉・福斯特（William Foster）兩人都畢業自哈佛大學，卡欽斯成為銀行家，福斯特則成為大學行政人員。卡欽斯對於哈佛大學的經濟學課程極為不滿，因為他覺得太過重視長期，而忽略短期波動。所以，他的夢想是要進行及支持對於短期波動的研究。可是，他得先發財才行。

等到他四十歲確實很有錢時，他決定實現夢想。他辭掉工作，創立波拉克經濟研究基金會。接著，他與福斯特合寫數本書。第一本是1923年出版的《貨幣》（*Money*），接著是1925年出版的《利潤》（*Profits*），以及1927年出版的《沒有買家的商業》（*Business without a Buyer*）。他們的核心理論是現代經濟在體系上會偏於消費不足的傾向，原因如下：

- 景氣擴張有一部分是建造新機器、工廠等的投資案件。只要工程持續下去，受雇建構新產能的人就有薪水花用。
- 然而，等到原定的新產能完成後，這些人就沒有工作了。
- 這個時間點真是很不湊巧，因為新產能生產出許多新產品，可是建造產能的人卻沒有工作。需求無法跟上新的供給。

卡欽斯與福斯特在他們的小冊《富饒之路》（*Road to Plenty*）中說明：

> 為了讓人們可以購買目前的設施所生產的產品，我們必須建造新設施；然後，為了讓人們可以購買新設施所生產的產品，我們又得建造更多新設施。

因此，為了避免消費不足，就必須以不斷加快速度擴大產能，而這顯然不切實際。所以，他們建議聯邦準備理事會（Federal Reserve, Fed）應設法保持4%的穩定貨幣供給年增率，政府應該設立一個委員會仔細觀察經濟，每當經濟出現消費不足的跡象時，便啟動公共支出及投資計畫。換言之，是被動的貨幣政策與主動的財政政策。

卡欽斯和福斯特充分掌握景氣的現實狀況（或者說至少卡欽斯是的），他們用簡潔明瞭的方式表達。他們推銷自己的手法也很高明：有一次他們懸賞5,000美元給付他們的著作《利潤》的最佳負面批評。他們收到至少435人的回應，其中有許多來自學術界。但這兩名作者的回答是，雖然他們收到的批評很多都有價值，但沒有一個能夠推翻他們的基本假設。

庇古：心理驅動的週期

霍布森、杜岡－巴拉諾夫斯基、斯庇托夫、卡欽斯和福斯特的景氣循環理論都有一個共同點：他們都很機械化。他們沒留下什麼不理性行為的空間。密爾的方法則不同，因為他一直強調人類的情感，例如他曾說過人們在價格上漲時，會有股衝動想多買一些。

庇古（Arthur Cecil Pigou）也是如此。他在1877年出生於懷特島，父親是一名退休軍官。他在一所尊貴的公立學校取得獎學金，並於1896年，在他十九歲時進入劍橋大學。他是名資優生，劍橋大學在他畢業後提供他一份講座教職。庇古成為一名好老師，而且生產力極高。這位年輕人在教職生涯的頭五年至少出版了三本書。他的主要靈感來自馬歇爾，馬歇爾在同一所大學教經濟學，他時常跟學生說：「一切盡在馬歇爾。」不過當時馬歇爾年事已高，在1908年宣布退休。這是庇古的機會：他知道自己還很年輕，而且尚未受到肯定，不過他或許可以接替他的講座教職？他的夢想實現了，在三十歲那年，他由大師手中接下這份尊崇的教職！

庇古持續寫作，老實說他的前三本書並不特別精彩，但之後就大為不同。最好的一本是1927年出版的《工業波動》（*Industrial Fluctuations*），他將景氣循環連結到實質因素造成的衝擊，以及心理性與自律性經濟因素。他認為樂觀心理的錯誤造成後續的悲觀心理錯誤，他又指出破產鮮少摧毀資本（當一家公司倒閉時，資本性設備只是由新的公司接手），可是破產造成恐懼，這才是重要的效應。資本以機械化過程換手，但投資新資本的意願卻是情緒性的，但人們看到破產時意願便下降。

他不完全相信有一隻看不見的手可恢復頹弱經濟的均衡。理由之一是價格在景氣循環裡改變的方式，以及造成商業計畫的混亂。如果企業想要按照原訂計畫進行之時，價格被嚴格管控，又會發生另一個問題。嚴格的管控可能讓市場無法清算（讓交易無法順利進行）。庇古試著量化估計造成景氣循環的重要因素，包括這種價格僵固性（price rigidity）。以下是他估計每項因素對整個循環的影響比例：

作物波動：二分之一。
薪資僵固性：八分之一。
價格僵固性：十六分之一。

他提出在必要時可使用一些措施來恢復市場均衡，其中最重要的三項是提供更好的經濟統計資料、穩定價格以及實施主動的貨幣政策。

庇古在劍橋大學認識另一名傑出的經濟學家，名為約翰・凱因斯。庇古不知道的是，這名同僚後來曲解他的倡議並加以嘲弄，同時又剽竊一些他的最佳創意。例如凱因斯讓人以為庇古建議以減薪做為解決不景氣的優先手段，以及庇古忽略了預期心理在失業問題中所扮演的角色；但事實並非如此。此外，庇古曾提過一些概念，後來凱因斯宣稱是他自創的。但凱因斯的剽竊手法十分高明，我們稍後將會說明。

資本投資

景氣循環理論最重要的一個發現是「加速」（acceleration）的概念。這個概念最早出現於美國經濟學家約翰・克拉克（John M. Clark）在1917年的一篇文章——〈商業加速及需求法則〉（*Business Acceleration and the Law of Demand*）。文章說明投資支出如何變得不穩定，因為需要擴充產能的企業會訂購資本設備，此舉可創造需求，進而誘使他們訂購更多資本設備。等到加速進程趨緩之後，便會自動導致衰退。

克拉克很傑出，如同我們所提過的馬歇爾、庇古和其他經濟學家，但他們都不被視為這個領域的領袖，當時的真正大師是丹尼斯・羅伯森（Dennis Robertson）。羅伯森於1890年出生於英國洛斯托夫托小鎮（Lowestoft），十二歲進入伊頓公學就讀，接著進入劍橋大學三一學院研習古典文學。他在這些領域表現十分出色，但之後仍決定轉攻經濟學。他在1915年出版第一本書《工業波動之研究》（*A Study of Industrial Fluctuations*），之後於1922年出版《貨幣》（*Money*），然後在1926年出版《金融政策與價格水準》（*Banking Policy and the Price Level*）。他的第一本書是景氣循環文獻的重要著作，其中一個概念指出，經濟不穩定的首要原因是資本財需求的變化。說明如下：

- 資本投資增加是因為設備需要更換或因為創新……
- 新的資本將可增加投資報酬……
- 同時，貨幣數量增加與流通速度（周轉）加快，造成價格上升，讓企業受到吸引。但這種情況無法持久。
- 利率也上升，但落後一段時間，所以企業界無法及時警覺。
- 其結果是累積的擴張遠大於初始的刺激。
- 等利率趕上及價格開始下跌時，擴張便停止，因為這兩個因素都不利於商業。

羅伯森認為，這純粹是魏克賽爾的自然利率在改變，原因是創新及更換性投資的浪潮，而導致不穩定。他認為經濟基本上是不穩定的，波動會因貨幣供給及貨幣周轉率改變而增強（但不是波動的成因）。他被視為景氣循環第一把交椅長達半世紀，理由很充分，資本投資、實質利率、價格、貨幣供給和利率，至今仍十分受到重視。

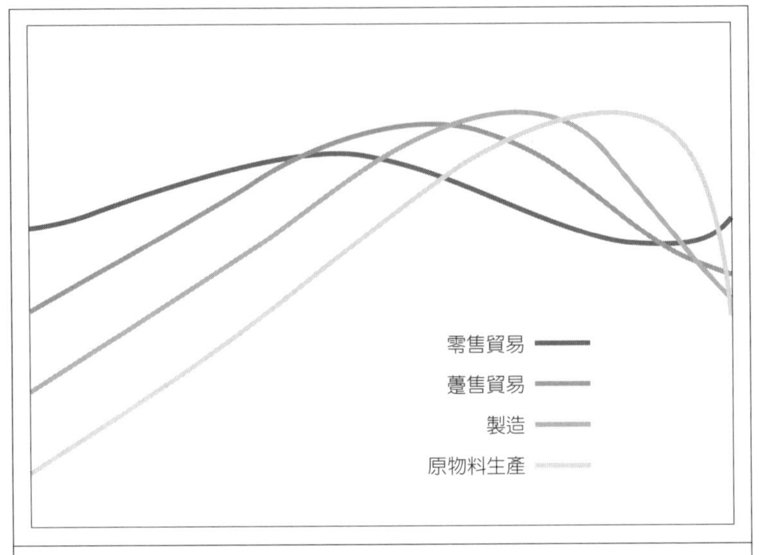

圖7.2 基於加速原理，零售額的小幅振幅造成躉售、製造品與原物料的大幅振幅。

過度投資和消費不足

肯狄隆、薩伊和魏克賽爾等作者所說的其實不能稱為「景氣循環理論」，因為他們沒有提到完整的循環過程。馬歇爾、霍布森、杜岡－巴拉諾夫斯基、斯庇托夫、卡賽爾、卡欽斯、福斯特、庇古、克拉克和羅伯森的模型則更加深入，有的十分完整。這十位黃金年代的經濟學家各自陳述何以薩伊定律及史密斯的看不見的手不適用於短期，以及為何可能造成週期波動，供給在繁榮時間短缺（或許造成通貨膨脹），而需求在衰退時間不振（導致失業）。

在這十位經濟學家當中，有人在診斷中怪罪供給面，有人則怪罪於需求面。至於解決方法，則有三人特別突出：霍布森、卡欽斯和福斯特，他們建議干預需求面，因而在日後被歸類於「消費不足」學派。

另外七人則被歸類於「過度投資」學派。有趣的是，雖然這十名經濟學家的模型各自強調不同的層面，但你可以將他們相互重疊而得出一個更為複雜的系統，並且相當一致。

過度投資和消費不足學派都很重要，但日後將新增更多學派，他們只是其中兩個而已。第三個是「貨幣」學派，由一位在很多貨幣流動的地方工作的紳士首創，他工作的地方是倫敦市金融區和英國財政部，這位紳士的名字是霍特里（Ralph George Hawtrey）。

霍特里：貨幣觀點

霍特里於1904年進入財政部，並於1913年出版第一本有關貨幣和景氣循環的書：《好貿易與壞貿易》（*Good and Bad Trade*）。該書主要將景氣循環歸諸於貨幣供給，霍特里指出，經常出現的景氣循環可能有兩種不同的演變方式：

- **外部衝擊**。一些外部刺激可能造成連鎖反應，由一個部門蔓延到另一個。一旦最初的衝擊結束，這些波動在一段時日後將減弱並消失。此後這個模型被稱為「實際景氣循環」。
- **天生的貨幣不穩定**。霍特里認為貨幣系統天生就不穩定，因為央行總裁極不可能長時間將實質利率維持在魏克賽爾所提，不易懂又不斷改變的自然利率（或者是霍特里所稱的「獲利率」）。

他認為貨幣不穩定的主因在於銀行準備的角色。金融主管機構要求所有銀行提列一定比例的金融準備。經濟的繁榮創造了信心和投資活動，銀行往往在放款時更加積極。可是到了某個階段，他們將逼近放款上限，屆時他們將開始調升利率以吸引更多存款及減少放款。可是他們要花一段時間才能適應這種新情況，所以銀行會繼續升息一段時間。這表示銀行利率距離可以維持穩定的低檔愈來愈遠。

霍特里最擔心的狀況是他所謂的「信心僵局」，當降息無法再刺激放款時，就會發生此一僵局。當過度限制的信用政策扼殺企業時，也會發生這種狀況。人們常說：「你可以把馬牽到水邊，但你沒辦法叫牠喝水。」這種情況下唯一能做的事就是透過任何手段來刺激貨幣供給。

霍特里在1920年代被視為景氣循環和貨幣政策的領導人物，但他與先前十名思想家有一個相同的問題——有時你不應該再浪費時間去思索事情會如何進展，只要出去看看真實世界的狀況。老實說，景氣循環理論有點太過理論，而脫離了現實面。

「黃金年代」的一些新觀點

有關價格與心理

- 價格上漲招徠投機客，進一步拉抬了價格。〔馬歇爾〕
- 大家在價格下跌時都想賣出。〔馬歇爾〕
- 心理與價格不穩定扮演重要角色。〔庇古〕

有關支出、儲蓄和投資

- 資本家是經濟擴張最大的受益者，但他們也是儲蓄最多的。由於儲蓄之故，支出的金額不足以吸收新產能的生產。〔霍布森〕

有關產能建立

- 當自由資本轉換為固定資本時（產能），就出現經濟擴張。停止擴張是因為耗盡了自由資本。〔杜岡－巴拉諾夫斯基〕
- 新的科技創新觸發經濟擴張，因為創新可增加獲利潛力。〔斯庇托夫〕
- 產能建立的繁榮到頂時，許多建造產能的人便失去工作。如此一來便減弱了新增產能原本要滿足的需求。〔卡欽斯和福斯特〕
- 建立產能的產業增加訂貨，於是在產能建立時期造成暫時性的需求激增。〔克拉克〕

有關利率和貨幣

- 唯有利率相當於新投資的平均獲利率，經濟才能取得均衡。如果實際利率下跌到獲利率以下，經濟便會擴張，反之則萎縮。〔魏克賽爾〕
- 經濟擴張時期耗盡自由資本將導致利率上升。高利率讓投資變得不如企業家預期的那麼有利可圖，於是他們停止投資。〔卡賽爾〕
- 經濟繁榮創造出假性的訂價能力（給了企業信心），利率（可給企業警告）則是太慢才跟上來。〔羅伯森〕
- 銀行在繁榮後期達到放款上限，迫使他們調升利率。企業的長期規畫迫使他們在循環後期找尋信用，所以，利率會停留在高檔一段長時間。此外，企業可能無法利用蕭條時期的低利率，因為他們太衰弱、太害怕了。〔霍特里〕

考古學家

景氣循環持續不斷，已經超過一個世紀以上。它經歷了經濟與社會的大幅變遷；它承受工業、農業、金融、產業關係和公共政策的無數實驗；它讓預測者感到無數次的困惑，「繁榮新時代」的預言一再出現也一再落空，而不斷重現的「長期蕭條」預感也撐不過循環。

——亞瑟·伯恩斯（Arthur F. Burns）

究竟事實的真相如何，令美國經濟學家米契爾（Wesley Mitchell）極為感興趣。米契爾研究新近發現的景氣循環現象，就如同考古學家研究廚房隔熱手套的層次一樣：他測量它們，記錄所能發現的每個細節，找尋線索、軌跡和模式。據他的朋友熊彼得表示，米契爾閱讀大量書籍，並且相當熟悉可能驅動循環的不同理論，但他主要的考量不是要提出理論，而是要整理它們。他似乎這麼想：「如果你不知道它們是如何表現，又怎麼知道該如何加以解釋？」1913年，他出版有關這個主題的第一本書《景氣循環》（*Business Cycles*）。一開始他先簡短說明以前的景氣循環理論，接著如同熊彼得後來所形容的，他以「驚人的超然態度」來說明，彷彿他認為每個理論都一樣的好。米契爾對景氣循環有如下的定義：

景氣循環是一種波動，存在於以商業企業組織為主體的國家整體經濟活動中。循環包括和許多經濟活動同時發生的擴張，接著是類似一般的衰退、萎縮與復甦，然後變成下一個循環的擴張階段；這種改變依序一再發生，但不是定期的。就期間長短而言，景氣循環可分為一年以上到十或十二年；它們不能切割成具有相似特點、振幅較短的循環。

這段定義有兩大重點。第一，波動是集體式的，不論是什麼原因驅動循環，經濟似乎受到很大規模的影響。第二，循環並不定時也不規律。米契爾一再重複這個重要的觀察，唯恐人們誇大波動的定期規律性。

預測工具

米契爾在1920年共同創立國際景氣循環研究中心，設立於紐約的美國國家經濟研究局（National Bureau of Economic Research, NBER）。他在那裡與亞瑟・伯恩斯（Arthur Burns）密切合作，後者之後成為該機構的研究主任與總裁，並於米契爾死後接任為主席。米契爾時常遭人批評其「天真的經驗主義」，但在多年後，人們愈來愈尊敬他的團隊，最後美國國家經濟研究局成為在國際間受到敬重的景氣循環研究中心（迄今仍是）。

美國國家經濟研究局的科學家不久便發現，許多經濟和金融指標可歸類為「領先」循環，其他的則與循環「同步」，還有一些則是「落後」。舉例而言，領先的指標在一般活動增加之前會先行上升，並且在活動趨緩前先行下跌。這些指標經得起時間考驗：它們在設定之後一直很可靠，運用在其他經濟體時亦同樣可靠。

美國人不是唯一試圖整理景氣循環的人。1923年，德國科學家約瑟夫・基欽（Joseph Kitchin）發表一篇文章，分析英國及美國長達三十一年的資料。基欽在其中發現循環，但有一點很奇怪：它的波長不同於朱格拉，事實上是大不相同。基欽發現這些循環平均歷時四十個月，即三年多一點：不到朱格拉觀察期間的一半。基欽並未在文章裡探討這項差異，但其結果仍然重要。一個可能的解釋是經濟行為改變了，另一個比較戲劇性——或許有數個循環現象同時發生……。

賽門・顧志耐（Simon Kuznets）在此處登場。如果說米契爾蒐集眾多數據，顧志耐蒐集的還要更多。他是米契爾的學生，許多研究都是在美國國家經濟研究局的支持下完成，他出版了跟枕頭一樣厚的書，裡頭有數百個圖表，包括艱澀的題目，例如「美國打字機的專利件數」或「伊利運河貨運噸數」。看起來真是鉅細靡遺。

他的主要作品之一是計算國民所得。現在大家把這類數據的取得視為理所當然，但是最初要計算時卻是惡夢一場。顧志耐研究出一個方法，如果沒有這些數據，許多之後發展出來的理論將無法加以驗證。在發展出計算國民所得的方法之後，他把焦點放在它的振動。於是他發現一種循環，並且用比朱格拉或基欽更加徹底的研究來證實它的存在。有趣的事情再度發生了：顧志耐的循環波長既不是基欽所稱的四十個月，也不是朱格拉所說的十年。他的循環平均期限達二十年。多奇怪啊！

話說回來，或許也沒那麼奇怪。我們在有些混亂的時間序列裡所能找到的循環數量取決於我們設定的過濾因素。這三名經濟學家似乎都是對的，不過，他們的循環有著不同的現象。基欽的是存貨循環，朱格拉的與丹尼斯・羅伯森的資本投資有關。顧志耐呢？在他發表二十年的循環後不久，赫莫・霍伊特（Homer Hoyt）提出一些有趣的資料，他發表房地產價格以平均十八年循環波動的理論（第23章將再詳談）。

美國國家經濟研究局人員研究不同的時間序列，他們發現在1855年之前有著明顯的顧志耐和朱格拉循環，不過，期限較短的波動存在頗大的變異，看起來並不像循環，比較像是對突然發生的震撼產生反應。可是在1855年之後，它們的變異大幅減少，基欽的循環便誕生了。

也是巨人？

就像爬到你鞋子上的螞蟻很難察覺牠走在人的身上，人類是否也是某個大到看不見的事物的一環？1910年，一名十八歲的俄國學生認為他發現了這種現象。尼古拉・康德拉季耶夫（Nikolai Kondratieff）研究資本經濟行為，他認為自己發現一種超低頻率的經濟振動，波長超過五十年。九年後，他開始進行此一現象的科學研究。1924年他完成八十頁的報告，結論指出資本經濟已經歷兩個「長波」，平均期間為53.3年，並正渡過第三個。1926年，他在德國《社會科學、社會政策雜誌》（*Archiv fur Sozialwissenshaft*）發表他的研究成果，結論寫著：

> ……我們自十八世紀末葉至今所檢查的序列運動顯示出長期循環。雖然我們使用的統計數學方法相當複雜，但所發現的循環無法視為偶然的結果。

他檢驗過一些時間序列，其中有許多皆符合循環理論，有些則否，其中之一是反循環。我們可以說，第一個循環在亞當・史密斯的蘇格蘭山丘展開，這個巨大的循環受到工業革命的推動：蒸汽引擎、水力紡織機和動力織布機。第二個循環始於鐵路熱潮，起於1843年，結束於杰・古爾德在1887年發動的空頭襲擊。第三個循環則是由發電廠的興建所觸發，後來被汽車、鋼鐵、玻璃、道路和紡織業所增強。它始於1893年，在1926年康德拉季耶夫的文章付梓時，應該正接近其顛峰。

康德拉季耶夫以資本過度投資來解釋這種振動，因為資本過度投資將導致存貨過多，進而產生衰退，直到新科技的發明帶來新一波的投資。然而，新科技的發明並非景氣上升的唯一驅動力量；僅僅是觸發器而已：

> 如果想知道創新的數量多少才算足夠，我們必須緊記在心

的是，只要足以點火就夠了。

他說，只需點火便可以起飛的條件如下：

- 高儲蓄率。
- 以低利率提供相對龐大的流動貸款資本。
- 這些資金累積在有力的企業與金融集團手中。
- 低物價水準。

美國國家經濟研究局所支持的經濟學家對康德拉季耶夫的理論持保留態度。實際上，理論上可以解釋何以克拉克的加速原理，或是資本財部門的「連鎖訂貨」效應（亦即資本財部門依賴自己的產出來擴大其產能），可能造成這種振動，不過批評者很不理智地宣稱前兩次循環以及進行中的第三次循環，根本不足以做為一項理論的證據。

諾貝爾獎和勞改營

朱格拉發現了新大陸，而米契爾、伯恩斯、基欽、顧志耐和康德拉季耶夫則進行了探索的先鋒工作。米契爾因為他的著作和他創立的機構而備受尊崇，朱格拉、基欽、顧志耐和康德拉季耶夫都有以他們為名的循環；其中朱格拉、基欽和顧志耐等三個循環已獲今日大多數的經濟學家認定為事實。伯恩斯於1969年被任命為美國聯邦準備理事會主席，顧志耐則於1971年獲頒諾貝爾獎。

康德拉季耶夫就沒有那麼好運。由於他反對蘇聯五年計畫的要點，慘遭共黨批判。在他寫下一段很不幸的言論之後，衝突更是升到最高點：

> ……每個連續的階段都是先前階段累積過程的結果，只要資本經濟的原理保持不變，每個新循環都會以相同的規律跟隨先前的循環，而出現不同的階段。

你很容易就可以把這段話詮釋為他暗示資本主義將生生不息，但是馬克思在《資本論》裡明明預測每個新危機一定會比前一次嚴重，直到這個系統完全崩潰，奠定共產主義接管的道路。康德拉季耶夫被送到西伯利亞勞改，直到他死於勞改營中為止。他的理論後來在蘇聯百科全書被描述如下：

> 長期循環的理論，資產階級粗鄙的危機與經濟循環理論之一……

費雪與巴布森

對管理不當的國家而言，第一種萬靈丹是貨幣膨脹，第二種是戰爭。兩者皆能帶來短暫的繁榮，兩者皆能帶來永久的毀滅。

——海明威（Ernest Hemingway）

1898年，前途看好的美國經濟學家厄文・費雪（Irving Fisher）在就診後，大為震驚地離開。當時他才三十一歲，年輕力壯，是個從耶魯大學畢業的傑出數學家，還擁有幸福的婚姻，正展開一段光明的生涯。可是現在醫生竟然告訴他，他得了結核病，這無異於宣判死刑。費雪的人生才剛起步就要結束了嗎？

不！費雪決定奮鬥，當時想要治癒這種病只有一種方法：新鮮空氣及健康的生活！於是，他搬到科羅拉多州，那兒有許多病友在養病，其中一人是二十二歲的工程師羅傑・華德・巴布森（Roger Ward Babson）。費雪和巴布森發現他們有許多共同之處，除了結核病之外，兩人都著迷於經濟，尤其是景氣循環問題與貨幣部門的角色。他們都沈迷於股市及股災，他們都饒富創意、好為人師。還有，他們各自發明一種裝置來協助治療他們的疾病。費雪為結核病人設計了一種小型帳篷，後來因而獲頒紐約醫學學會的獎勵。巴布森發明一款電力加熱外套以及附有手套的打字用塑膠小槌子，方便在酷寒的冬天使用。

非比尋常的辦公室

一段時日後，巴布森厭倦了與病人一同生活，想要搬回以前在

圖9.1　「來自威爾斯利丘的預言家」羅傑・華德・巴布森於1898年畢業取得工程學位，不久便從事股票經紀。圖片提供：巴布森學院檔案室。

麻州威爾斯利丘租下的房子。他雇用一名秘書，並設立一間窗戶大開的辦公室，供他分析景氣循環和股市所受的影響。1909年，他出版《用以增加財富的景氣指標》（*Business Barometers Used in the Accumulation of Money*）一書的第一版。書中詳盡分析歷史上的危機，他的主要理論是過度投資與貨幣供給增加一定會導致相反的反應。該書的宗旨如書名所示，是要給股市投機客忠告。他極為強調他的十階段景氣循環標準模式：

1. 貨幣供給率增加
2. 債券價格下跌
3. 股票價格下跌
4. 商品價格下跌
5. 房地產價格下跌
6. 貨幣供給率偏低

7. 債券價格上漲
8. 股票價格上漲
9. 商品價格上漲
10. 房地產價格上漲

巴布森的書馬上成為暢銷書，同時帶動他各種投資通訊刊物的銷售量。這些刊物係根據一些經濟指標繪出的景氣循環模式「波動圖」(swing-charts)。他的方法其實很簡單：他估計長期成長趨勢，再依此計算累計的誤差，一個方向的誤差會以反方向類似幅度的誤差來補償。景氣循環分析變成他的重要收入來源之一。

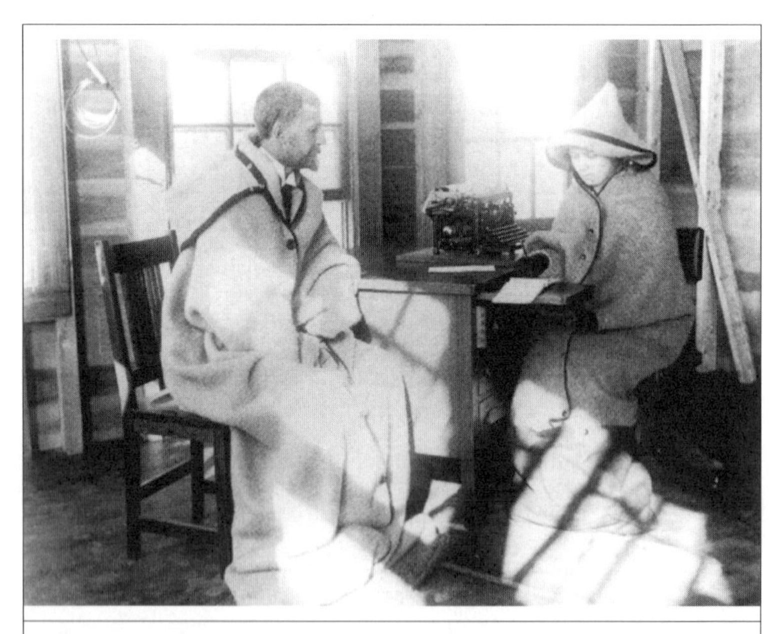

圖9.2 在巴布森得了結核病之後，他設立一間永遠打開所有窗戶的辦公室，並成立了「巴布森統計辦公室」。在新鮮冷冽的空氣中，巴布森穿著一件背上有電力加熱板的外套，他的秘書則戴著手套，使用小橡膠槌來敲擊打字機的鍵。他的公司後來很成功，許多股票交易員都訂購他的預測服務。圖片提供：巴布森學院檔案室。

厄文·費雪的早期作品

費雪奇蹟似地逐漸康復，並在1901年宣布完全治癒。費雪選擇走學術路線，在生病的第一年，他仍認為自己是個數學家，直到1911年他想找個主題寫博士論文時，他最景仰的教授威廉·薩姆納（William Sumner）問他：

「為什麼你不寫數學經濟學？」

費雪回答：

「我從來沒聽說過這個主題。」

薩姆納解釋了華拉和帕瑞托在洛桑發展的技巧，於是費雪決定寫這個題目。1911年，就在巴布森出版《景氣指標》（*Business Barometers*）的一年後，費雪出版《貨幣的購買力》（*The Purchasing Power of Money*）。他的主要理論是通貨膨脹和貨幣供給波動所造成的不穩定效果，這本書寫出天文學家和數學大師紐康1885年等式的普及版：

$$MV = PQ$$

M＝貨幣供給、V＝貨幣速度、P＝商品價格、Q＝商品數量。在費雪解釋其重要性之前，紐康的等式並未被普遍使用（費雪將之命名為「貨幣數量理論」）。費雪的貨幣景氣循環理論指出，貨幣供給增加首先將導致實質（經過通膨調整）利率下降，刺激商品產量成長（這是好事），後來將造成通膨上揚，進而造成實質利率上揚（這是壞事）。換言之，貨幣供給大幅成長會先形成有利效果，後來就是不良的影響。在此值得一提的是，桑頓亦暗示過這些關係。

費雪等人的理論形成前有一個基本觀念，那就是對銀行功能的全新了解。在十九世紀結束前，大多數經濟學者都只把銀行當成貨幣交易者。他們收取存款，再借錢給別人，只是把貨幣換手而已。但如今，經濟學者了解這些機構具有的重要功能，是政府或央行都控制不了的重要活動。銀行不只交易貨幣，甚至刺激流通速度進而創造貨幣。因此，費雪景氣循環理論的重點之一可以有如下的描述：

- 景氣循環的關鍵在於銀行的信用，因為在現代經濟中，是銀行在創造貨幣。
- 在成長開始之初，銷售者看到庫存減少，於是增加訂購。
- 於是，生產增加，根據薩伊定律，進一步刺激了需求……
- ……這表示，儘管訂單增加，庫存不會增加，所以，有一段時間，是商人不斷訂購。
- 當生產商無法滿足增加的需求，可能會配給出貨，促使銷售者訂購超過他們真正需要的數量。
- 此時，貨幣數量擴張，因為銀行提供信用給增加的商業活動。貨幣供給擴張的初期效果是貼現率下跌，導致活動進一步成長。
- 當一些銀行增加放款，其他銀行的準備金則上升（資產價格上漲，人們存進更多錢），刺激他們也增加放款。與此同時，貨幣流通速度加快，因為企業開始動用閒置準備。
- 可是薩伊定律不是永恆運動。供給增加所創造的額外收入會被儲蓄起來。此時，銷售者看到庫存回升到正常水位，便減少訂單……。
- ……這表示，他們現在可以開始償還銀行的債務。如此一來，貨幣供給開始慢慢縮減，最後造成萎縮。
- 當貨幣供給縮減，房地產和庫存等資產價格開始下跌，由於清償債務的速度跟不上價格下跌，償債變得愈來愈困難。

- 這表示大家想要減輕負債反而增加負擔，因為群眾償還債務的效果膨脹了每一元債務的購買力。

於是貨幣體系變得不穩定，他如此表示：

> 債務人付得愈多，就欠得愈多。經濟大船愈傾斜，就愈可能翻覆。

他認為，如果你想要穩定經濟（以Q表示），首要之務就是穩定物價（P）：

> ……在經濟上，絕對有可能阻止或預防這種衰退，只需將物價水準提高到未清償債務縮小時的平均水準，然後維持在那個水準。

1920年費雪出版《穩定美元》（*Stabilizing the Dollar*）一書，並要求出版商在每本書中夾帶一張卡片，如果讀者有興趣成立一個穩定物價與貨幣供給的組織，就把卡片寄回。那一年的除夕夜，他舉辦一場可容納兩百五十四人的晚宴（費雪可是很氣派的），並宣布已經有一百人有興趣加入這項計畫，並決定成立「穩定貨幣聯盟」。穩定物價顯然必須透過不同的方法，像是讓貨幣可以兌換成黃金（李嘉圖的學說），或者經由央行操作穩定貨幣數量（桑頓的學說）。另一個較不傳統的方法，即部分聯盟會員所主張的，稱為「美元補償計畫」，亦即物價每上漲1%美元就要升值1%，物價每下跌1%美元就要貶值1%。

德國超級通膨

費雪的第二本書在1922年出版，這本書又臭又長，書名為《指數數字的組成》（*The Making of Index Numbers*），結果卻出乎他本人意料之外，成為暢銷書。後來他到歐洲，在倫敦經濟學院教授

民間銀行如何創造貨幣

假設費雪繼承了10萬元，並存在當地銀行（事實上，他並沒有，不過他的老婆很有錢）。把錢存進銀行當然不會改變他對自己擁有多少錢的觀感。但是，銀行會怎麼做呢？假設金融法規規定銀行保留10%的準備金，他們就會急著把9萬元借給別人，俾以獲取最大的利益。借這筆錢的人必然是有打算，而且會把錢用掉，就等於把錢給了別人。拿到這筆錢的那個人會把錢存進他的銀行，然後再被借出九成（81,000元）。以此類推，直到最初存入的10萬元增加到100萬元。換言之：當費雪的銀行拿到10萬元時，就等於替金融體系創造了90萬元的信用！而信用就等於貨幣，因為兩者都可供人們花用。所以說，貨幣供給大多掌握在民間銀行手上，而不只是中央銀行。

一門「景氣衰退與貨幣不穩定」的課程，同時研究德國經濟一個很怪異的情況。在第一次世界大戰爆發的前一年，1美元可兌換4德國馬克。但在戰爭爆發後，德國人紛紛將馬克兌換成黃金，德國被迫放棄金本位。戰爭持續的時間與經費遠遠超乎預期，為了籌措戰費，政府開始瘋狂地發行公債，結果白費力氣；德國於1918年戰敗，背負鉅額的戰爭賠償。戰爭期間，馬克兌美元貶值50%，戰後更加速貶值，正如同桑頓所預期。起初跌勢還算溫和，可是後來加速直到失控的暴跌。1920年2月，1美元可兌換100德國馬克，相當於戰前匯率的二十五倍。由於貨幣供給不斷增加，馬克匯率不停貶值。對存錢的人來說，通貨膨脹無疑是個災難。但在許多方面，通膨加速其實是件好事：失業人口急速減少，在1922年跌到1%以下，同年夏天已沒有失業人口。

這些錢似乎孕育出許多活動，但如同費雪和他的同僚羅曼教授所發現，這些活動都是出於全然的幻想。費雪和羅曼認為，德國什麼東西都好便宜，因為馬克兌美元的匯率很低；但在德國人眼中，什麼東西都貴得離譜。這兩名教授詢問兩名女店東有關高價的問題，她們的答案是盟國的封鎖、工會要求調薪、運費，以及無能的政府。當費雪問她們有沒有可能是因為政府印了太多鈔票，女店東顯然一頭霧水。費雪的結論指出，德國人認為商品和美國金元正在上漲，但德國馬克還是沒變。他把這種對本國貨幣充滿信心，無視於數量的荒謬傾向稱為「貨幣幻覺」（Money Illusion）。

怎麼會這樣……

然而，德國馬克不停地下跌。1923年春天，國會委員會奉命調查馬克匯率在當年的第一個月就由1美元兌換18,000馬克跌到30,000馬克的原因。該委員會在六月中旬舉行首次會議時，又得修改問題。現在，馬克已貶值到1美元可兌換152,000德國馬克。七月時，問題更改為：

為什麼馬克的匯率在六個多月內，由18,000馬克兑1美元跌到1,000,000馬克？

有沒有可能是因為政府只有3%的支出是透過稅收籌措，其餘97%都是藉由發行公債？

1923年時雞蛋的價格漲到1918年戰爭結束時的五億倍。那一年，員工每天領兩次薪水是正常的。發薪水的時候，通常是卡車載滿鈔票開到工廠。會計人員爬到鈔票堆上，一邊唱名，一邊把一綑一綑的鈔票丟給員工。員工拿到錢就衝出去搶購任何東西。一份報紙2,000億馬克，一杯咖啡要……算了，這重要嗎？到了此時，事情非同小可。失業率回升，街頭發生暴動。費雪效應開始露出猙獰面目。他離開歐洲，回到家鄉繼續研究，同時寫作一本與世界和平有關的書。

這些年費雪累積了不少財富，因為他發明的指數機器開始賺大錢，而且他的瑞明頓蘭德公司股票大漲。在他的個人財富達到數百萬美元之後，他在1925年買了一部林肯轎車，還請了司機，這對大學教授來說可是奢華的享受。

費雪決定在1928年返回歐洲，部分原因是他想見墨索里尼（Benito Mussolini），並給他一些忠告。當時，費雪已是全美最知名的經濟學家，並以指點股票交易員而聞名。

奇怪的會面

墨索里尼一點也不帥。他禿頭、肥臉，兩顆門牙間的縫隙還分得老遠。但他活力四射，讓許多訪客印象深刻。如果這還不足以讓人尊敬，不妨想想他身後那塊壁毯，據說那裏躲著一排士兵拿著機關槍。在與費雪約定見面的那天，墨索里尼已會晤數批訪客，一大群學生、一群運動員和大約一百名小兵。在下午五點半，費雪教授進來了。墨索里尼用以下的問題開始談話：

「是費雪教授嗎？」

費雪回答：

「是的，是墨索里尼先生嗎？」

墨索里尼顯然被這個問題弄迷糊了，所以他接下來開始胡言亂語：

「是的。你不說英語嗎？」

在這番奇怪的對話後，費雪開始切入主題：

「您是世上少數對通貨膨脹和緊縮、貨幣穩定與不穩定感興趣的傑出人士。」

「啊！穩定！您對此有特殊研究？」

「是的，研究二十年了。我四月時寫信要求這次會面。有一件事我想建議，但您已經做了——阻止通貨緊縮。我想那很明智，我很高興您阻止了通貨緊縮。但我還想提出其他建議……」

費雪針對義大利經濟提出多項建議，以及對當前形勢的書面分析。墨索里尼數年後竟然決定對費雪的祖國宣戰，假如費雪還活著的話必然會感到百思不解。

在這次奇怪的會面之後，費雪搭船前往紐約。當他抵達時，他發現他的秘書站在碼頭上並告訴他，由於股市急跌，她只好動用她經紀商帳戶裡的10萬美元償還銀行貸款。此後一連串事件將改變費雪的人生，這只是初期預警……。

凱因斯及奧地利學派

貨幣體系就像是人體器官：運作正常時你不太會想到它，但萬一出錯時就會特別注意。

——羅伯森（D.H. Robertson）

犯錯與重蹈覆轍是不一樣的。奧地利學派經濟學者路德維希・馮・米塞斯（Ludwig von Mises）可以理解為何奧爾良公爵犯錯，但他想不透為何人們永遠無法從歷史學到教訓。已經出現那麼多次衰退了，為何政府或央行不一勞永逸地找出根本錯誤，來預防它再次發生？事實上，他有一套自己的解釋：政客和央行總裁太容易受誘惑了。

看不見的通膨

米塞斯對於循環一再發生的解釋是，政客與央行總裁在復甦時期往往把利率調降到低於魏克賽爾的「自然利率」，銀行資金充沛，而且想要擴展他們的業務。這表示，他們一而再、再而三地放任過度投資的發展，終究導致信用緊縮及危機。

可是米塞斯認為，魏克賽爾忽略了一個重點。挹注流動性到經濟體系最初會造成資本財產業的通膨，因為那是初期擴張發生之處，而此時消費者物價可能仍在下跌。然後整個程序會反轉，於是消費財價格上漲，而資本財的價格下跌。所以，實質利率很有可能會低於自然利率，卻不會造成明顯的通膨，直到想要反應已經為時太晚。換言之，他認為魏克賽爾和費雪的理論都太過簡單。

1920年代，米塞斯認為這種現象正在發生。費雪說1920年代的擴張可以持久，因為沒有引發消費者物價通膨；米塞斯則說經濟將崩潰，原因是急遽的信用擴張，或稱信用通膨。紐康等式的左邊變得很不安，即將因為貨幣體系天生的不穩定而發生修正。等到發生修正時，等式右邊也會遭到波及。或者，如米塞斯所說：

> 信用擴張所帶來的繁榮將無法避免最終的崩潰。唯一的差別是危機因為自動放棄進一步的信用擴張而提早發生，或是因為涉及的貨幣最後完全崩潰而延後發生。

自1924年起的每周三下午，米塞斯都會與經濟學者佛雷茲・馬契立普（Fritz Machlup）見面，一起走過維也納的信貸銀行（Kreditanstalt）。每當他們經過這家銀行，米塞斯就會說：

> 「那會是個爛攤子。」

財政部觀點

這些年間，英國一直在爭論政府應不應該在衰退時刺激經濟，佔多數的反對派遵守所謂的「財政部觀點」。範例之一是英國政府在1929年發表的白皮書，裡面寫著：

> 除了其財政影響之外，國家補貼公共工程的大型計畫對一般產業產生干擾的效果。如果是一項長期計畫，人員保證會持續有工作，便能吸引原本會找正常產業工作的勞工，只是工作或許沒那麼固定。

根據這種看法，政府支出幫不上忙。可是假如失業率很高，前述看法顯然站不住腳。同年自由黨公布的一本小冊提出一個建議，它的名稱是《勞合・喬治辦得到嗎？》（*Can Lloyd George do it?*），這本小冊旨在倡議增加政府支出以打擊失業，其中指出政府的支出可以減少失業：

> 許多現在失業的勞工將可以領到薪水，而不是失業救濟。這就等於提升實質購買力，從而刺激交易，交易活動一旦增加之後就會創造更多交易活動。因為繁榮的力量就如同衰退的力量，具有累進效果。

這份小冊接著對持財政部觀點人士的反對理由提供一個解答：

> 英國首相勞合・喬治計畫所運用的儲蓄並非挪用自其他資本財的融資，而是部分挪用自(1)失業救濟，(2)另一部分挪用自現時因缺乏足夠信用而被閒置的儲蓄，(3)新政策所帶來的繁榮，(4)減少國外放款便可達成平衡。

換言之，它是說財政支出在很高的程度可以達到自行融資，刺激效益遠高於初期效果。每多花一英鎊不但具有實質效益，而且有一部分可自行負擔。

香檳與貨幣

這本小冊有兩位作者。一位是休伯特・亨德森（Hubert Henderson），另一位是鼎鼎大名的經濟學者凱因斯。凱因斯認為資本主義經濟有一些天生的不穩定，這種看法已在大量的景氣循環新文獻得到廣泛認同。他亦認為經濟可能陷入永久的失業均衡，這項看法相當獨特。

這本小冊發表時，四十六歲的凱因斯積極參與時政議論。他過去就讀於伊頓中學和劍橋大學，在印度事務部工作，後來成為記者、講師、保險公司經理以及大英帝國財政部高階官員。他在數個場合擔任政府顧問，並在一次大戰後參與和戰敗國德國的協商，與羅斯福總統和邱吉爾首相成為朋友。凱因斯四歲時，就對利率的意義感到好奇；六歲，他猜想腦子是如何運作的。幼稚園時，他雇用一名「奴隸」替他拿書，凱因斯會替他寫作業做為回報。接著上了伊頓和劍橋，他不久就和著名經濟學者馬歇爾定期共進早餐。接著他參加公職考試，在所有學員裡以第二名畢業。他在該項考試裡拿最高分的科目是經濟學，後來他解釋說：

「我對這個科目的知識顯然多於主考官。」

他是位音樂鑑賞家，是畢卡索的朋友，是當代藝術的收藏家。他自己成立了一間附設餐廳的劇院，並對規畫菜單極有興趣。他擔任數家大型機構的董事。一如之前的亞當・史密斯，凱因斯是位演講大師；如同約翰・勞，喜歡玩牌；一如桑頓，有許多可以信任的好友。他娶了一名俄國芭蕾舞者，甜美、漂亮且風趣（她曾說過：「我不喜歡在八月時到鄉間，因為我的腿被律師叮咬」）。如果這些還不夠，他還愛喝香檳。

當然，還有股市。如同肯狄隆，凱因斯熱衷於投資股票、貨幣和商品，這類活動讓他更加了解經濟的不穩定。他以早上在床上做出投資決策聞名，雖然他的投資研究有些懶散，但本人的個性絕非如此。他積極又大膽。他最愛貨幣市場，他自信過去在財政部的經歷讓他掌握競爭優勢。

但是，他未必事事看得透澈。1920年4月，在費雪前往德國研究超級通膨的前兩年，凱因斯嗅出機會而拋空英鎊。在他賣出時，英鎊確實是在下跌趨勢，但後來短暫反彈，他本人虧損13,125英鎊，跟隨他的投資人虧損8,498英鎊。當他收到經紀商發出7,000英鎊的融資催繳時付不出來，只得申請兩筆貸款才免於破產。那次的經驗並沒有嚇到他。1924年，他獲聘為國王學院的第一出納，並說服校董會成立投資基金，由他操盤。

不同的意見

在凱因斯的看法愈來愈普及之際，奧地利學派的勢力也愈來愈

圖10.1 凱因斯並不謙遜，常常說自己是世上最偉大的經濟學者。在出版《一般理論》之前，他認為他的書在十年內將「改革」世人對於經濟觀念的想法，事實確是如此。他是優秀的觀念整合者與倡導者，成功扭轉了市場經濟總是會自行修正的一般看法。
圖片來源：Getty Images。

龐大，因為維也納大學的學生後來陸續擔任要職。其中之一是索馬利（Felix Somary），他受教於米塞斯。在唸書時，索馬利對景氣循環理論特別感興趣，1901年因一篇有關朱格拉理論及經濟危機的論文而獲獎，後來在蘇黎世擔任投資銀行家。1926年9月10日他在維也納大學演說，他的一些聽眾覺得很奇怪，因為當時經濟繁榮，一切都很美好，但索馬利卻預測繁榮將結束：「政府將破產，銀行將倒閉。」1927年他遇到凱因斯，凱因斯問索馬利對他的客戶有何建議。索馬利回答：

「對即將降臨的全球危機做好萬全的防護，不要進場。」

可是，凱因斯是個大多頭人士，便回答：

「我們現在不會再崩盤了。」

然後，他詢問索馬利對於數支個股的看法，接著說：

「我覺得股市現在很不錯，而且價格很低。哪來的危機呢？」

「來自預期和現實之間的差異。我從未見過這等烏雲鋪天蓋地而來。」

不過，股市持續上漲。1928年，凱因斯不是很滿意他自己的投資績效。當時英國大盤指數上漲7.9%，可是他的基金卻下跌3.4%。來年如果他能有更好的績效就再好不過。許多跡象顯示有此可能。首先，華爾街股市正處於穩健的多頭走勢，股價自1924年以來便維持上漲。其次，經濟形勢理想。拜美國國家經濟研究局的考古學家之賜，凱因斯有一些很不錯的統計表格可以參考。表10.1即為一些重要數據。

在那七年間，工業生產上升40%、耐久財消費增加56%、非耐久的消費品成長17%。通貨膨脹很低，物價在後幾年甚至下跌。約翰・福特將薩伊定律付諸實行，以工人們自己的產出(譯註：汽車)

表10.1　1922-1928年美國的重要數據（1922=100）

年度	工業生產	耐久消費財	非耐久消費財	消費者物價指數
1922	100	100	100	100
1923	120	146	116	103
1924	113	130	102	100
1925	127	176	113	104
1926	133	143	116	104
1927	133	143	117	98
1928	140	156	117	99

折抵部分工資。紐約的股票經紀人也把錢配置到最強勁的股票。事實上，股票交易從未如此風行。之前幾年，遠洋客輪都安裝了股價報價機、股價看板和經紀服務，電台開始播報股價。有一家工廠每隔一小時就在黑板抄寫股價，好討工人們歡心。有個誇大的傳說，一名富裕的經紀商曾抱怨，他為了留住一名好廚子，得在食品貯藏室裝上股價報價機，他的男僕拒絕在股市收盤以前來上班，而華爾街的清道夫只肯撿財經報紙。事實上，由於股票不停地上漲，股票交易被視為穩賺不賠。有個流行的笑話指出，一名男子打電話給證券公司的經理，問道：

> 「威廉・瓊斯在你們這裡有帳戶嗎？」
>
> 「你為什麼這麼問呢？」
>
> 「我是律師，也是威廉・瓊斯的監護人。他現在人在瘋人院。」
>
> 「他的帳戶裡有18萬美元的獲利。」

好了，不開玩笑。如果人們曾經懷疑資本主義經濟的好處，此時疑慮也一掃而空了。你可以粗暴地對待這個體系，如同一次大戰後的德國人，或者太陽王時期及之後的法國人，那麼經濟就會崩潰。但若你像美國人一般遵守它的規則，就會有神奇功效。憑著底特律及華爾街這兩大支柱，資本主義體系似乎無比的堅固。所以，凱因斯如同費雪般非常看好股市，經濟的穩健性是無庸置疑的。

大家似乎都同意。唯獨「來自威爾斯利丘的預言家」巴布森，有一段時間他一直警告他的客戶即將發生崩盤；當然，還有一直持懷疑態度的奧地利學派。其中，索馬利曾在1928年對一群經濟學者演說，警告他們利率水準和股票報酬率偏低之間的嚴重失衡，並稱之為「崩盤的確切徵兆」。後來他表示，他很訝異在場的經濟學者沒有一人相信他的預測，儘管他們提出「至少十二項理論」。在二月號的奧地利經濟研究中心經濟期刊，米塞斯發表新的預測，表

奧地利學派

經濟學的「奧地利學派」幾乎反對任何的政府干預，包括總體經濟任何微調措施。米塞斯和他的學生弗里德里希・海耶克（Friedrich August von Hayek）是這個學派的主要倡導者。海耶克在一些書籍和文章裡闡述米塞斯的理論，他認為問題的根源在於金融部門面對貨幣需求增加時製造了更多信用，而不是維持一定的貨幣供給及調高利率。他的主要結論如下：

- 不穩定的種子或許是實質利率調低於自然利率，從而刺激了無法持久的繁榮……。
- ……或是新的商業機會調高了自然利率，而實質利率維持不變。
- 貨幣供給在繁榮時期通常會急速增加，初期並不會製造通膨，但是在停止成長之後，就會浮現通膨。
- 況且，如果利率太低，就不會有足夠的儲蓄可供融通投資。

換句話說：中央銀行可能錯誤地放任貨幣供給在繁榮時期過度成長，因為沒有出現任何立即的警告信號。因此，他們任由儲蓄減少，並且營造出日後通膨上升的條件（事實上，桑頓在1802年也做出相同的結論）。

海耶克所提出的奧地利學派景氣循環理論的另一個重點是，低利率將鼓動許多「大陰謀」，或者是現代經濟學者所說的「資本結構深化」。到最後利率上升，這些計謀就變得無利可圖，被迫放棄，而且付出慘重代價。在1920年代後期，海耶克相信這個程序又再次展開，崩潰已無可避免。

示美國即將爆發危機。

沒有人會聽他們兩人的話，可是當索馬利八月底正由法國前往西班牙渡假的途中，他接到維也納的馬特納博士打來的緊急電話，代表羅斯柴爾德男爵尋求他的建議。他的問題是奧地利最大的金融機構——波登信貸銀行（Bodenkreditanstalt）有了大麻煩，奧地利政府堅持要信貸銀行和該銀行合併以避免破產一途。馬特納問索馬利有什麼辦法。

> 「如果合併，信貸銀行必然毀滅。」
>
> 「我也是這麼想，但政府堅持合併，如果我們拒絕，萬一將來我們需要援助，政府一定會袖手旁觀。」
>
> 「把波登信貸銀行的問題留給政府吧！你們幫不上忙的，政府的援助可能會要你們的命，況且你們現在已是自身難保。」

1929年夏天，信貸銀行提供米塞斯一份報酬優渥的工作，讓他的女友（後來的妻子）欣喜若狂。可是米塞斯沒有上鉤，女友大失所望。後來她問他為什麼不接受那份工作，他回答：

> 「大崩潰即將發生，我不希望被捲入這場風暴。」

米塞斯和索馬利發現有些事不太對勁。很不對勁……

大蕭條

本人預估股市在幾個月內將遠高於今日的水準。

——厄文・費雪

如果事情出錯了，不要盲目跟隨。

——巴布森

傑西・李佛摩（Jesse Livermore）住在第五大道赫克夏大樓的頂樓。訪客得先通過門房，而門房一律否認他的辦公室在那裡，除非你能證明你已經事先約好了。如果這樣，你會被帶去搭電梯到十八樓，一名愛爾蘭的魁梧保鑣會先搜身，然後才讓你進入。進門後，你會看到大約二十名辦事員和三十名統計人員，協助李佛摩搜集及分析來自世界各地的市場情報。李佛摩利用這些資訊來操作他自己的資金，他的財富在三十八年間由3.12美元增加到3,000萬美元。1929年的夏天，助理們告知李佛摩，雖然道瓊工業指數（由數支大型股組成）仍表現理想，但他們追蹤的1,002檔股票中有614檔自開年以來便一直下跌。李佛摩將這種「停止呼吸」視為一項警訊。他是否該準備發動空頭襲擊？他需要更多線索。

決定、決定……

9月4日下午，李佛摩有了線索。他的一個線民說，英格蘭銀行一名「高官」當天午餐時告訴友人「美國的泡沫已經破滅了」，英格蘭銀行總裁蒙塔古・諾曼（Montagu Norman）打算在月底前調升利率。李佛摩在辦公室一直待到半夜，企圖想通究竟怎麼回事。

然後他回家，睡了幾個小時，翌日早晨員工還沒到班，他就進了辦公室。當天早晨，他打電話給可以想到的每個人討論情況。

早晨八點，波士頓一名友人提醒他即將舉行的全國企業大會的演講人是厄文・費雪的朋友巴布森。李佛摩知道這是什麼意思，根據巴布森的「波動圖」，自二〇年代初期展開的繁榮已大幅偏離長期成長趨勢。大家都知道巴布森甚為擔憂，他對利率調升亦感到憂慮。直到最近，紐約聯邦準備銀行的決定一直由史壯（Benjamin Strong）主導，他強力反對緊縮貨幣政策以冷卻股市，因為他認為這會造成不必要的經濟傷害。可是他在1928年死於結核病，控制權落入想要冷卻股市的人士手裡。他們起初只是威脅那些放款給融資投機客的券商，但發現沒有效用後，便在1928年開始升息，即便通膨仍為負值，而且經濟甫脫離短暫的衰退。1929年3月，貨幣市場利率上升到14%，當月26日又漲到20%。20%的利率一出現在電子告示板，保險絲便燒斷，引起一陣哄堂大笑。雖然股價已經反彈回升，巴布森認為利率狂飆是另一項明確的警訊。

李佛摩確信巴布森會在演講時談及他的憂慮。倒不是他在意巴布森的分析技巧，他在意的是聽眾對巴布森演講的反應。李佛摩請秘書拿巴布森的檔案來，看過後放在一旁；然後他請人拿報紙來。他看報的方式與眾不同，他可以感受到記者的心理。本能地，他知道記者何時會改變立場。一旦他們改變態度，他們可能突然換邊站，帶領讀者一起改變。李佛摩覺得這種情況就要發生了：報上沒什麼新聞，大家已經厭倦經濟成功的故事。媒體可能會報導巴布森，而大家可能會注意聽。李佛摩於是放空30萬美元的股票。

他是對的。在會議還沒舉行前，就凝聚一股緊繃氣氛。記者們去電巴布森索取演講摘要或書面內容，但巴布森拒絕提供。報紙編輯因而認定這場演說很重要，《先驅論壇報》（*Herald Tribune*）打電話給費雪，要求他務必發表評論。9月5日中午，美聯社發出新聞快報：

經濟學者預測股市將崩跌60到80大點。

電台及晚報加以大幅報導。《先驅論壇報》訪問費雪，他否認即將崩盤。在翌日的報紙，巴布森的演說和費雪的評論刊登在同一版面。此時，李佛摩打電話給他的經紀商要求增加空頭部位。

崩盤

這就是1929年大崩盤的開端。儘管費雪在10月15日發表利多評論（「本人預估股市在幾個月內將遠高於今日的水準」），股市卻不斷下跌。10月21日，李佛摩暴跳如雷，因為他看到《紐約時報》（*The New York Times*）新聞標題寫著：

據說李佛摩率軍打壓高價股。

他確實是在放空股票，但除此之外該篇報導幾乎都是錯的。可是他非但沒有抨擊該報，還決定要好好利用這個情勢。他打電話給《紐約時報》的一名編輯，表示他要舉行一場記者會「釐清事實」。可是他並未告訴那位編輯，他沒有邀請別人來參加這場記者會。早上十點，記者出現在他的辦公室。記者一落座便開始記錄他所觀察到的：

猶如獅身人面，沈著、嚴厲……李佛摩伸手去接放在左邊架上的電話，小心翼翼地用細細的手指遮住話筒，開始與金融區的某人低聲地下單。

講完電話後李佛摩才看到記者在場，便友善地向他笑一笑。記者詢問李佛摩是否可以證實他在領導一個空頭集團，李佛摩遞給他一個書面聲明，否認這項指控。接著記者又問他為什麼股價下跌，李佛摩回答股票有一段長時間「漲到荒謬的高價」。記者說費雪宣稱股價很便宜，聞言，李佛摩坐在椅子上猛的一拍說：

The New York Times.

FRIDAY, OCTOBER 25, 1929. TWO CENTS

WORST STOCK CRASH STEMMED BY BANKS; 12,894,650-SHARE DAY SWAMPS MARKET; LEADERS CONFER, FIND CONDITIONS SOUND

FINANCIERS EASE TENSION

Five Wall Street Bankers Hold Two Meetings at Morgan Office.

CALL BREAK 'TECHNICAL'

Lamont Lays It to 'Air Holes' —Says Low Prices Do Not Depict Situation Fairly.

FINDS MARGINS BEING MET

Wall Street Optimistic After Stormy Day; Clerical Work May Force Holiday Tomorrow

Confidence in the soundness of the stock market structure, notwithstanding the upheaval of the last few days, was voiced last night by bankers and other financial leaders. Sentiment as expressed by the heads of some of the largest banking institutions and by industrial executives as well was distinctly cheerful and the feeling was general that the worst had been seen. Wall Street ended the day in an optimistic frame of mind.

The opinion of brokers was unanimous that the selling had got out of hand not because of any inherent weakness in the market but because the public had become alarmed over the steady liquidation of the last few weeks. Over their private wires these brokers counseled their customers against further thoughtless selling at sacrifice prices.

Charles E. Mitchell, chairman of the National City Bank, declared that fundamentals remained unimpaired after the declines of the last few days. "I am still of the opinion," he added, "that this reaction has badly overrun itself."

Lewis E. Pierson, chairman of the board of the Irving Trust Company, issued last night the following statement:

"Severe disturbances in the stock market are nothing new in American experience. The pendulum always swings widely and it would seem as though the long-expected break should bring about an equilibrium.

"The position of the Federal Reserve Bank is unusually strong and the borrowings of member banks are moderate.

"Considering the record-breaking earnings in many industries, we may well remember that whenever fundamental values are lost sight of by the unthinking majority it is time for courage on the part of those investors who have a real sense of basic worth."

Because the clerical facilities of brokerage houses are overtaxed as a result of the recent phenomenally heavy trading, an agitation was started yesterday in favor of a suspension of trading on the New York Stock Exchange tomorrow.

It is thought possible that the governing committee will take action today, without waiting for a petition from the membership. In many brokerage houses the posting of books has fallen far behind and some relief will have to be afforded according to brokers unless the market quiets down shortly.

LOSSES RECOVERED IN PART

Upward Trend Start With 200,000-Share Order for Steel.

TICKERS LAG FOUR HOURS

Thousands of Accounts Wiped Out, With Traders in Dark as to Events on Exchange.

SALES ON CURB 6,337,415

Prices on Markets in Other Cities Also Slump and Rally —Wheat Values Hard Hit.

圖11.1　《紐約時報》1929年10月25日的頭版。崩盤之初，媒體報導還一直很樂觀。標題指稱大銀行已聯手穩住跌勢，情況趨於平靜。

「一個教授對投機或股市懂些什麼？難道他在做融資交易嗎？他有投入一毛錢在這些他說很便宜的股票裡嗎？要提防內幕消息，所有的內幕消息。他怎麼可能依賴來自教室的消息？我告訴你，市場絕不會靜止不動。它就像海洋一樣，波浪累積和分布其中。」

當然，他這麼說費雪是有失公允。事實上，費雪在股市裡也投入不少個人資金。10月24日，恐慌爆發，美國股市出現前所未見的暴跌。對於那段日子，一名券商職員有如下的形容：

「處理我們市外業務的電報作業員時常不眠不休工作三十到三十五個小時，每隔兩小時就遞來三明治和咖啡的托盤。在最糟的時候，沒有一個辦事員回家。我的弟弟有二十七個小時沒睡覺，他每天工作十八個小時達數週之久，而他只是數百名員工之一。計算機和打字機部門的女孩有人在工作時昏倒。在一家零股交易商，有一個下午有三十四個人因體力不支而昏倒。另一個下午，有十九人被送回家……」

一家公司董事會的觀察家寫道：

我看見他們賣出，數十人、數百人。當經紀人告知客戶這個新聞時，我看著他們的臉。我看到男人的頭髮真的變白了。我看見一個女人昏死過去，還把她抬了出去。我聽見一名中年醫師說：我兒子的教育費沒了。

1920年代很盛行集資操作股票，最有名的集資人士就是李佛摩。他尤其喜愛發動空頭襲擊，在1929年的崩盤大有斬獲，1931年初他的個人財產大約有3,000萬美元。可是他失去了準頭，或許是因為他的酒鬼老婆跟戒酒導護人員有了外遇。1934年3月，他申請破產。

崩盤成真了，不久便蔓延到歐洲股市。英國股市那一年下跌6.6%，凱因斯的基金在1929年才小賺0.8%。至於費雪，他賠掉大約1,000萬美元，相當於他發明歸檔機（filing machine）和股票投資賺到的所有錢。

有人見過看不見的手嗎？

1929年的股市崩盤只是個開端。在1930年春天短暫反彈後，股市又恢復下跌，並陷入惡性循環，直到1933年已跌掉85%的市值。此時人們開始開玩笑，凡買入高盛股票附贈手槍一把。或是當

圖11.2 1920年代很盛行集資操作股票，最有名的集資人士就是傑西・李佛摩。他尤其喜愛發動空頭襲擊，在1929年的崩盤大有斬獲，1931年初他的個人財產大約有3,000萬美元。可是，他失去了準頭，或許是因為他的酒鬼老婆跟戒酒導護人員有了外遇。1934年3月，他申請破產。

你預訂高樓層的飯店房間時，櫃台人員會問：「睡覺或跳樓？」經濟隨著股市一同沈淪了。在這三年間，整個資本主義市場似乎分崩離析，工業產值暴跌三分之一、耐久財銷售大跌75%、住宅大樓建築活動減少95%、白領階級減薪40%，藍領減薪60%。這真是太驚人了。

在蕭條開始時，許多家庭努力要保住財產，但隨著情況惡化，他們開始變賣一切東西，任何價位都好。例子之一是雀斯特・強森美術館破產後在1934年11月舉行大拍賣，畢卡索的《晚宴》（*Supper Party*）賣了400美元，胡安・葛利斯（Juan Gris）的畫作17.5美元。最能描述崩盤嚴重性的不是人們賤價出售資產，而是食品等非耐久財的銷售減少了一半。

許多人怪罪銀行，因為他們愈來愈不願意放款。政府官員敦促銀行放寬信用政策，例如民主黨籍參議院波米里恩（Atlee Pomerene）在1932年11月日致函給不情願的銀行家：

> 「……流動性在75%以上，但在對方提供適當的擔保下仍拒絕貸款的銀行，以目前的情勢來看，是社會的寄生蟲。」

不管大家怎麼說，銀行就是不為所動；現在整個世界都需要，銀行卻不肯創造貨幣。八萬五千家公司倒閉，九百萬個儲蓄帳戶被撤銷。不久，媒體開始稱他們為「銀行惡棍」，李維（Clifford Reeves）更過分，他在《美國信使》（*American Mercury*）雜誌寫著：

> 銀行家的頭銜以往在美國被視為尊貴的象徵，如今幾已成為不名譽的名詞……有朝一日，罵人是「銀行家養的」（son-of-a-banker）甚至可能被視為犯下人身攻擊的正當理由。

隨著貨幣供給緊縮，聯邦準備理事會坐視銀行倒閉，最後企業還不出債，許多人凍死或餓死。1932年時，失業人口由150萬人增加到1,300萬人，相當於勞動力的25%。1933年時，國民所得已由1929年的870億美元減少到390億美元，又回到20年前的水準。在赫德遜河岸，遊民們用硬紙板和錫板搭建寮屋，只求遮風避雨。難

圖11.3　當巴布森在1929年9月5日警告股市即將崩盤時，大多數人都嘲笑他。但真的崩盤了，而且比巴布森預期的還要嚴重。股市在三年間重挫了大約85%。本圖顯示巴布森、費雪和胡佛總統發表評論的時間點。

道這真是資本主義的末路嗎？許多人是這麼想的。大家都知道，馬克思曾預言資本主義國家的蕭條將愈來愈嚴重，直到這個體系全然崩潰。

凱因斯反擊

但凱因斯不是他們其中一份子。由他和索馬利的對話即可知道，他完全沒看出大蕭條即將來臨；如今蕭條已經發生，他要弄懂為什麼。他認為政客在管理這個原本有效率的體系時必定是發生技術性疏失，而這種疏失是可以矯正的。可是，哪裡有疏失？他開始層層檢視經濟理論，想找出錯誤的假設，他跟這個問題奮鬥了好幾年。在這段期間，他亦擔任教師、麥克米蘭金融工業委員會委員，並就許多其他題目發表論述。1936年，牛頓的一些手稿被拍賣，凱因斯和他哥哥一同買下許多手稿，而這可能是史上最划算的交易之一（整組拍賣品才賣到9030英鎊）。他仔細研讀手稿，並利用它們寫作一篇有關牛頓的論文。同時，他還忙於管理基督學院的基金。1930年該檔基金虧損32%，1931年又虧損25%。後來，基金上了軌道，1933年該檔基金獲利45%，1934年又獲利35%。雖然凱因斯的基金在那一年表現穩健，總體經濟卻不是這樣，人們如今開始變得絕望。這場危機難道永遠不會結束嗎？亞當・史密斯的「看不見的手」何時才會出來恢復秩序？這個體系出了什麼問題？大蕭條到現在已持續四年了，數字可說明一切，如表11.1所示。

儘管凱因斯尚未發展出完整的理論，他想要傳達他的訊息。當時許多理論家過去曾嘲笑他，如今他們不得不聽！他設法安排與羅斯福總統會晤，企圖說服他。但是會面不甚成功，事後兩人都懷疑對方腦筋有問題。於是，凱因斯回家寫作和研究，做好他的工作和管理他的基金。他的基金現在已經很成功了，1935年報酬率達33%，1936年又賺了44%。

表11.1	1928-33年間美國重要數據（1922=100）				
年度	工業生產	耐久消費財	非耐久消費財	消費者物價指數	貨幣供給（M2）
1928	140	156	117	99	144
1929	153	185	119	98	145
1930	127	143	97	91	143
1931	100	86	78	80	137
1932	80	47	56	73	113
1933	100	50	60	73	101

解決方法

凱因斯的書在1936年出版，他相信自己發現問題所在。《就業、利率及貨幣的一般理論》（*The General Theory of Employment, Interest and Money*）全書共四百頁，他擅長以優雅與風趣的散文方式寫作。然而內容卻很難理解，有部分原因是內容獨特，部分原因則是有些觀念籠統。但此書出版時，正值資本主義經濟瓦解，且似乎沒有人（除了奧地利學派之外）可以提出答案。

該書出名主要有三個理由。一是它介紹一些分析經濟的新方法；二是它抨擊傳統認為經濟蕭條會自動矯正的看法，凱因斯認為古典經濟學家就是在這裡犯下最嚴重的錯誤；第三個有名的理由是它建議執政者積極使用國家預算，將優先事項由穩定物價改為直接穩定就業和總所得。該書的核心主題可摘要如下：

- 把一個國家的投資和消費支出加總起來，就是「國民所得」。如果生產力成長高於此一平均所得，就會產生失業人口。
- 國民所得的消費部分跟隨投資。如果投資增加，消費便增加，因為投資過程創造就業與薪資。此處有薩伊定律的影子。
- 可是，其間的關係並不單純。投資的資金會持續流通與換手，每一名收受者會儲蓄一部分，再把其餘的流通出去，直到全部被儲蓄起來。每多投資一元的擴大效應稱為「乘數」，因此投資與消費之間的關係是由這個乘數的規模來決定。

- 如果人們的儲蓄多於社會的投資，這個系統會失去平衡。假如說人們把20%的所得儲蓄起來，他們的所得就必須是投資的五倍。換句話說，所得、投資與消費之間存在一種關係，可能平衡，也可能不平衡。
- 現在假設投資已低於人們以目前的所得做的儲蓄。如此一來，所得將開始減少，因為所得受到乘數效果的拖累。
- 當消費者的所得因而減少時，他們發現自己無法再像以前存下那麼多錢。這意味著儲蓄將減少，直到趕上已經下降的投資水準。
- 換言之，社會陷入一種失業均衡……。
- ……這種情況可能持續好多年，因為基於既有生產設備（資本）的耐久度以及累進效果，公司想要減少存貨。

在《一般理論》出版後所寫的每一本書幾乎都有別於過往的文獻。對決策者來說，該書最重要的層面是彈性財政政策。在古典經濟學，節省一直被視為美德，但凱因斯建議利用公共支出做為有效的穩定器，就像一項工具，相當於桑頓在一百三十四年前提出的貨幣工具的財政版本。不過，他不是沒有受到挑戰。每一位古典經濟學者都會立即反駁這項理論，或許會有如下的討論：

古典經濟學者：

> 「這項議論的結尾部分完全錯誤。假如投資下跌，那麼會有三種現象可以終結蕭條。」

凱因斯：

> 「本人洗耳恭聽。」

古典經濟學者：

「首先是利率下跌，因為太多人儲蓄、卻太少人投資。利率下降促進新投資，減少儲蓄的吸引力。這是讓體系恢復運轉的一個方法。」

凱因斯：

「是的，你或許是對的。」

古典經濟學者：

「那麼你同意嘍？嗯，那麼我就接著說下去。第二個穩定效果是蕭條時期薪資下跌，讓新的企業更容易獲利。這也可刺激新的投資。」

凱因斯：

「你或許又說對了。」

古典經濟學者：

「第三，房地產、消費品、資本財等的價格下跌，表示貨幣存量的實質購買力增加。這將誘使人們再度恢復消費。」

凱因斯：

「我也可以同意這點。有許多次短暫的衰退，無需政府干預便很快結束了。這點需要解釋，而你或許正好解釋了其原因。那麼，你對政府的角色有何建議？」

古典經濟學者：

「只要保持平衡預算以維持財政穩定，俾以維持信心，直到修正降臨，它總是會來的。」

凱因斯：

「這點你必須謹慎才行，因為一旦蕭條嚴重惡化，經濟動能可能和你的預期不一樣。」

古典經濟學者：

「或許復甦只是晚一點來臨而已？」

凱因斯：

「很晚才會來臨，在這段長時間裡，我們全死了。不，容我解釋我看到的第一個問題，就是有關儲蓄。你預期儲蓄在蕭條時間會增加。是的，有此可能，但是請看看美國在1929年崩盤後的情況。公司能夠儲蓄嗎？不行，因為雖然他們在1929年扣除繳稅和股利之後淨利達26億美元，他們在1932年虧損了60億美元。其中八萬五千家倒閉。公司虧損或破產的話就無法儲蓄。那麼，消費者能儲蓄嗎？不能，他們不能，因為他們的總所得腰斬一半。數據顯示一般消費者在1932及1933年幾乎毫無儲蓄。一毛也沒有。我想他們也很想儲蓄，因為對未來感到恐懼，可是實在沒有多餘的錢。股東可以儲蓄嗎？嗯，他們的股票不僅價格下跌85%，股利在1929到1932年間也減少了57%。」

古典經濟學者（現在開始口氣微慍了）：

「所以，假如情況真的很糟，你認為儲蓄會不增反減？那麼你其他的重點是什麼？」

凱因斯：

「跟你的一項論點有關，你認為經濟若是略為衰退，企業人士或許會把閒置資金和勞工視為投資機會。我的看法是，當情況像1929年崩盤那麼嚴重時，他們的反應會截然不同。事實上，正好相反。潛在投資人會因此感到震驚。動物本能油然而生，因為受到驚嚇而推測趨勢。他們不敢逢低進場，因為他們先前認為的谷底後來又再破底。一直跌到一切穩定因素都失效的地步。因此，企業界產生我所謂的流動性偏愛，因為他們認為資本的邊際效益已經下跌。數據證明這點。企業擴張活動在1929到1932年間減少了94%。請注意：儲蓄減少及恐懼上升加總起來，會在不確定的時期推升利率走高，而非下跌。」

古典經濟學者：

「不對。利率在1929到1932年間下跌，這是我們的重點。聯邦準備理事會在崩盤後，於1929年11月1日將貼現率由6%調降到5%，1931年中降到了1.5%。這段時間內，五年期公營事業債券平均利率由1929年的10.1%跌到1930年的9.3%。」

凱因斯：

「這些債券利率在1931年持續跌到8.9%，然後在1932年回升到10%，1933年又升到11%。你猜結果如何：消費者物價在同期內下跌了25%左右。實質商業利率經過通膨調整後，高且上揚，而不是低且下跌。這點很合理，因為沒有人能夠儲蓄。所以，經濟陷入流動性陷阱，一個新的、恐怖的，但穩定的平衡。提醒你，這是一種平衡。別管亞當・史密斯那隻看不見的手，因為很遺憾地，一旦經濟陷入這個黑洞將十分穩定。」

凱因斯《一般理論》最重要的創新分析

《一般理論》有四項分析觀念尤其重要：

- 「消費的傾向」和「儲蓄的傾向」，視所得水準而定。
- 「乘數」。
- 人類的投資決定受到「流動性偏好」，以及「動物本能」（如凱因斯所說）和不確定的影響。
- 經濟陷入流動性陷阱，不論挹注多少資金，利率跌到一定水準之後就不會再下跌，因為人們害怕，且看空債券。

地面上的洞

凱因斯握有一項辯論的優勢：經濟已經崩潰，人們卻不明白為何發生。如果亞當・史密斯和他的追隨者真有那麼聰明，為什麼美國人不再富裕。凱因斯的解決之道和霍布森、福斯特和卡欽斯過去所提的類似：增加政府支出以彌補投資缺口。不管手段有無意義都好。比較有意義的措施可以透過下列手段來對抗衰退：

- 減稅。
- 增加轉移支付（譯註：例如失業救濟、老人年金）。
- 增加或加速公共投資及維護工程的支出。

凱因斯指出，即便政府的計畫愚蠢可笑，他的方法也有用；政府可以在瓶裡裝滿錢，埋在地下，把挖掘權賣給公司。基於乘數效果，如此將創造就業的累進效果，遠大於初期效果。

凱因斯這本書造成巨大的衝擊。他強調短期經濟管理，這種看法與自由放任的觀念有天壤之別。同等重要的是，他以運算及可證實的方式來分析總數的整體方法。他的理論可供你測試它的許多定理和量化它的參數。以邊際消費傾向舉例說明，使用顧志耐計算的美國資料，他算出此一數值大約為60%至70%。再以乘數做說明：

再次利用顧志耐的資料，可以算出大約是2.5。

凱因斯從未料到人們竟會把他的書當成經濟聖經拜讀——即使他寫得很好，但他覺得還有很多改進空間。他也沒有想到他的觀念會被奉為圭臬，他自信是個傑出的經濟學家，但並非後無來者。某個晚上，他在華盛頓與一群經濟學家討論，他告訴友人奧斯汀・羅賓森（Austin Robinson）說：「我發現自己是在場唯一的非凱因斯學派。」他認為思想家不能像馬歇爾那樣一直拖延著不出書，最好定期出書，好讓人們可以吸收你的想法及詮釋。假如這是他想要的，他就沒有理由抱怨。鮮少學術著作受到如此廣泛的討論和詳盡的研究，馬歇爾、庇古、羅伯森和霍特里先前所發表的景氣循環論似乎即將為人所遺忘。

愛人、騎師、經濟學家

我出版了一些關於理論重點的其他研究和我的第二本大部頭專書，結果似乎鮮為人知。儘管我曾想過會有這種結局，但這些書旨在解釋新觀念，而且並非不重要。

——熊彼得

1935年的秋天，大蕭條已經持續五年。加拿大籍的研究生羅伯‧布萊斯（Robert Bryce）由倫敦來到美國，他帶到船上的行李包括凱因斯在英國劍橋大學演說的手稿和筆記，雖然凱因斯的書尚未在美國正式出版，但大部分的經濟學家或多或少知道它的內容。有一天在溫莎館（譯註：哈佛大學大學部的學生宿舍）要舉辦一場「凱因斯座談會」，布萊斯將說明新觀念。大夥有機會可以詢問年輕的布萊斯，凱因斯到底想說些什麼。儘管大家對凱因斯頗感興趣，但在場有一個人不滿意座談的內容。事實上，一點也不滿意。

充滿抱負的人

這個人可不是普通人。他曾經立定人生的三大目標：成為維也納最棒的愛人、成為歐洲最佳的騎師，以及全世界最優秀的經濟學家。他或許沒有達成第一個目標，但確實達成了第二個目標，而且他總是自認已經達成第三個目標，所以凱因斯並非最優秀的經濟學家。熊彼得認為，凱因斯錯了，錯在他的結論、錯在他的方法、錯在他對這門學科的態度。腦筋正常的人怎麼可能相信這種玩意？

熊彼得出生於維也納，與凱因斯同年。童年時，他赴格拉茨（Graz）讀書，成績優異，後來獲准進入嚴格的「瑪麗亞泰瑞莎騎士學院」（Maria Theresa Academy of Knights）就讀，不久他便發現自己的無敵記憶力和專注力，讓他領先許多同學。1901年熊彼得進入維也納法學院就讀，1906年2月16日，就在他剛過二十三歲生日後的一星期，他拿到了法律學位。

熊彼得外表看似輕鬆，其實骨子裡是個拚命三郎。他常坐在維也納的咖啡館聊天數小時，好像沒別的事可做，但回家後卻讀書到半夜，急切地想要學習他感興趣的科目，而那個科目正是經濟學。

在分析景氣循環和資本主義的前途時，熊彼得尤其重視企業家的角色。企業家對於每次衰退之後的復甦居功厥偉，遠勝於其他因素。如同馬克思，熊彼得預言資本主義終將衰落，但理由完全不同。企業和國家會愈來愈壯大，屆時，企業家將消失，社會的更新也同時消失。

熊彼得的第一份工作在埃及，他負責研究製糖廠的合理開發。他做的很成功，並且觀察到科技創新如何提升獲利率，這個經歷對他後來理論的成形或許有重要影響。當他結束白天的工作回家後，他會繼續另一份差事。他決定寫一本經濟學的書，而且一定要是足以媲美英國古典作品的德語鉅著。

花了一年半寫作，這本六百五十七頁的鉅著於1908年付梓。熊彼得當時二十五歲，決定放棄商業，跨入學術界。他回到維也納，準備爭取到大學教授政治經濟學的資格。1909年6月，熊彼得在他二十六歲時獲得講師資格，可擔任私人講師。當時，他已發表二十二篇書評及九篇期刊文章，再加上他的著作——他已為進入學術界做好準備了。

不過，學術界或許還沒準備好接受他。大家發現年輕的熊彼得暴躁易怒，還有，他的穿著像個伯爵。另外就是他演說的方式，像個熟練的老教授；他演講總是不打草稿，還帶著優雅的微笑，以及傲慢的態度。所以，這名前途無量的年輕人，他的第一份教職被派到難搞的老教授常去的地方——偏僻的切爾諾維茲（Czernowitz）。

圖12.1　在分析景氣循環和資本主義的前途時，熊彼得尤其重視企業家的角色。企業家對於每次衰退之後的復甦居功厥偉，遠勝於其他因素。如同馬克思，熊彼得預言資本主義終將衰落，但理由完全不同。企業和國家會愈來愈壯大，屆時，企業家將消失，社會的更新也同時消失。

資料來源：Reproduced by permission of Corbis.

切爾諾維茲的年代

熊彼得於1909年9月離開維也納，在抵達切爾諾維茲後不久，學院院長召開第一次教學會議。他們都穿著深色毛料西裝與高領，坐著等候會議開始。但有一張椅子是空的，那是來自維也納的年輕新教授的椅子。最後，門打開了，熊彼得走進來，不是穿著深色西裝，而是靴子、馬褲和獵裝。他解釋說，他遲到是因為會議太接近他每天騎馬的時間，院長下次能不能把會議延後一點，好讓他有時間更衣？他們沒有打發他回家，最後他還在切爾諾維茲交到許多朋友（和女友）。他待了兩年，他的同事沒人忘得了他。有哪個年輕教授會堅持在自己簡陋的住處穿著燕尾服，還打上白領帶用餐？有一回，熊彼得對大學圖書館大為光火，因為館方不准他的學生借閱政治經濟學的書籍。他們後來相互高聲叫罵，最後圖書館員要跟他比劍決鬥。熊彼得接受了，還各自找好助手。熊彼得擅長鬥劍，三、兩下就劃破圖書館員的肩膀，助手立即干預，並結束決鬥。熊彼得與圖書館員都為這整件事道歉，之後學生開始可以借閱政治經濟學的書籍。

創新群聚

不過，在切爾諾維茲那幾年可不是只顧著玩樂，熊彼得也寫作他的第二本書《經濟發展理論》（*The Theory of Economic Development*）。回到維也納後，該書出版時他才二十九歲。這本書有其原創理論，以斯庇托夫提出新科技是繁榮觸發器的觀念為基礎，但熊彼得進一步詮釋斯庇托夫的觀念，強調企業家的行為。他認為在資本主義經濟中，創新成群發生，這種群聚說明了景氣循環。創新不同於科技發現。而是人們將這些發現運用到商業的程序。許多人認為這聽起來不太可能：「為什麼創新是成群發生？為什麼不是前後出現？」熊彼得回答，是衰退的環境助長了創新：

> 我們要特別記住，衰退時期造成的狀態，一向是促成並可部分解釋繁榮的有利環境之一。大家都知道，衰退時通常有大量失業人口，原物料、機器、建築物等的存貨，提供低於成本的生產，而且必然有超低的利率。

這種情況最適合企業家，他們只需用新的、更能獲利的方法把這些生產因素結合在一起，便可開創新市場。因此，在衰退時期會有更多創新，不僅可帶動地方繁榮，亦可創造經濟繁榮。理由之一是創新通常發生在新公司：

> ……興建鐵路的可不是公共馬車的老闆。

> ……絕大部分的新結合並非來自於舊公司，也不能立即取代他們的位置，而是與他們並駕齊驅地展開競爭。

這表示創新不僅將改變活動的本質，亦將增加其總量。創新造成景氣循環的第二個理由是，一旦企業家開闢出新道路，愈來愈多人會跟進：

> ……企業家順利出現後，接著不僅將出現其他人，而且數量會愈來愈多；可是漸漸地，合格的人將愈來愈少。

第三，新產業的發展表示資本、原物料、服務和新的副產品的需求增加，需求將擴及其他產業。最後導致過度投資和壓力，因為創新的主要效果枯竭，舊公司因成本與競爭加劇而被打敗。

創造性毀滅

在《經濟發展理論》中，熊彼得提到一個日後十分出名的名詞。他談到「創造性毀滅」(creative destruction)，描述舊結構被毀滅而將生產資源釋出給新的、更有效率之結構的過程。在景氣循環這些階段，具有新的、更有生產力的創意企業家，利用信用來建立他們的事業。等到他們可以讓新產品上市後，他們將與舊產品的供應商競爭。結果是老式的生產商被打敗，以往舊有結構雇用的工廠廠房、辦公空間和人員，如今都可供企業家使用。如果沒有發生這種毀滅過程，經濟無法急速成長，甚至不會成長。

有一天熊彼得和索馬利及經濟學家韋伯（Max Weber）在維也納的蘭德曼咖啡館見面，不久便討論到社會主義。熊彼得十分反對社會主義，因為他相信這種制度的創新極少，還壓迫人民。他說有關社會主義的辯論現在不再只是紙上談兵，因為蘇聯就是個活生生的例子可供觀察。韋伯也同意，但擔心蘇聯的實驗將導致人類的大災難。熊彼得回答：「很有可能……但那將是我們絕佳的實驗室。」韋伯對他這種譏諷的態度大感驚訝，便開始講了起來，後來愈講愈大聲，其他客人都轉過頭來瞪著他們。最後，韋伯奪門而出，熊彼得對索馬利笑一笑，說：「在咖啡館怎麼能夠吵得那麼大聲呢？」

艱困時代

1919年，奧地利組成新的社會主義內閣，社會民主黨領袖奧圖・梅耶（Otto Mayer）要找一名財政部長。他顯然不知道熊彼得大力支持自由放任政策，而邀他入閣。熊彼得接受了，並立即宣布他的新政策。他將：

- 暫時透過資本課稅減少貨幣供給。
- 採取固定匯率政策。
- 設立地位獨立的中央銀行。
- 重視間接稅。
- 促進自由貿易。

他在維也納的華爾道夫飯店租了一間套房和一棟附馬廄的鄉間城堡，為他人生的重要一戰做好準備。但他根本不可能戰勝，其他的閣員和熊彼得有截然不同的看法，他們的第一個措施就是設立委員會將部分產業收歸國有。熊彼得成功地阻擋許多項目，但在六個月後他就被請下台了，他們發現他根本不是社會主義份子。

失望之餘，他投身民間企業。源由是部分保守派國會議員達成一項協議，給熊彼得銀行特許經營權。他和比德曼銀行（Biedermann Bank）組成聯盟，這家民營銀行需要特許權才能上市。該銀行有錢，而熊彼得有特許經營權，於是他成為合夥人，不僅有誘人的薪水，還有龐大的信用額度。為了快速發達，他立刻投資數個產業；幾年後，他似乎很富裕。但1924年奧地利陷入衰退，他的每項投資幾乎都賠錢。那年還沒結束之前，他失業又負債累累，覺得自己虛度人生。在波昂的大學教書幾年後，1927年他接受哈佛大學的教職，借錢去買船票。結果，七年後，他竟坐在溫莎館聽這個年輕的加拿大學生布萊斯吹噓凱因斯的「天才」理論。

熊彼得覺得凱因斯低估了資本主義固有的穩定性，他把衰退歸咎於儲蓄率太高也是個錯誤。熊彼得認為有了儲蓄，企業家才能創新及創造新成長。他也認為，科學經濟學家只要從事分析即可，把政策事務留給政客。在《一般理論》中，凱因斯不僅提出建議，而且熊彼得覺得他是先決定好建議，才發展理論來佐證它們。

統一的理論

現在，我們知道為什麼熊彼得不欣賞凱因斯，以及1935年他參加布萊斯的「凱因斯座談會」時為什麼那麼生氣了。熊彼得本人當時正在寫一本討論不穩定問題的書，一種景氣循環的「大統一理論」。他在日記裡記載，他在1933年展開這項大工程，並認為可以在1935年前寫完。可是工程愈來愈浩大，1935年凱因斯著作的傳言搶盡鋒頭，熊彼得的書還沒寫完一半（他開始向友人表示他已經變成划槳奴隸）。後來他又持續寫了好幾年，最後才在1939年出版，當時只要不是凱因斯學派的理論幾乎都不受重視。

這本一千零九十五頁的鉅著（分兩冊）很驚人。前二百一十九頁是純理論。首先，他討論平衡理論的行為，然後他說明企業家跟創新的關係，大致上與《經濟發展理論》一樣。創新群聚造成「第一波」——景氣循環的初期運動。接下來說明「第二波」，他寫道：

> 接下來有多少狀況會出現，就無需強調了。第二波的現象在性質上遠比第一波來得重要。它們涵蓋的層面更加廣泛，而且更容易觀察；事實上，它們是首先映入眼簾的，儘管可能不易察覺引燃大火的火把，尤其是個別創新都很微小的話。

第二波將初期的衝擊增強到令人無法忽視的程度。這種增強效果是由其他作者描述的眾多現象造成的，例如債務通縮（debt deflation）、強迫清償、群體迷思等。第一波衝擊抵達後，少數具創業精神的人認為他們可以從企業家所創造的成長中獲取利益——這種想法只在短期內有效。但在長期，第二波所得到的成長都會被抹掉，唯有第一波所創造的利益可以保存下來。所以第一波是「進化」或結構性的，而第二波是這條進化成長的道路引發的顫動。但這些顫動的時間點可以顯示何時會出現創新：第二波的下跌段創造出企業家需要的環境。拜第二波之賜，主要的進化同步發生。

同步的循環

他的第三步是介紹數個同時發生的循環：

> 進化的循環程序不會只產生一個波狀運動。相反地，我們可以預期它會產生無數個波狀運動，同時前進，並在過程中互相交織。

他一開始相信單一循環的假說，但在進一步分析問題之後，他發現必然會有數個循環產生，因為創新有不同的傳播模式。事實上，可能會有無數個同時發生的振盪，但他決定加以簡化，假設有三個主導的循環：康德拉季耶夫、朱格拉，以及基欽的，它們都有很不規律的持續時間（圖12.2）。

自二百二十頁起，該書詳盡分析過去以來的景氣循環。他認為資本主義起源於十二或十三世紀，人類首次採用信用工具的時候。但熊彼得把分析集中在最近三百年，他認為包括約翰‧勞等人都是自行創造信用的企業家。這項分析亦提出一個理論來解釋偶爾發生的嚴重衰退：

> ……顯然地，任何時候這三個循環的對應階段同時發生，都會造成異常強烈的現象，尤其是同時發生的階段是繁榮和衰退。我們的資料所涵蓋的年代裡，三次最嚴重和最漫長的「衰退」：1825-1830年、1873-1878年和1929-1934年，均展現此一特點。

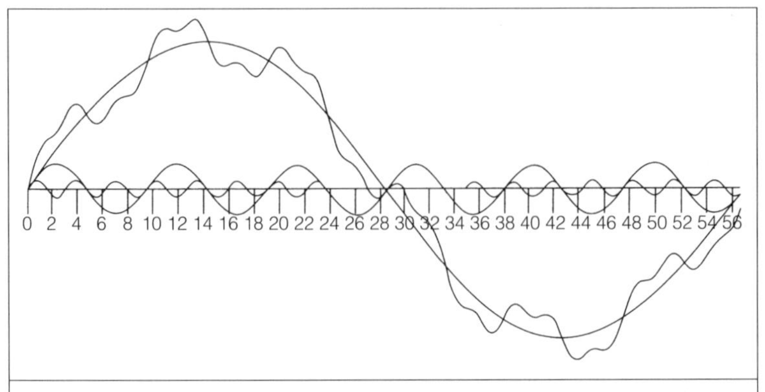

圖12.2 熊彼得的三循環圖解。熊彼得相信許多同步振盪在作用，有些強勁、有些疲弱。他認為當這些振盪同時下降時，就會造成衰退。

這些時期我們之前都談過了。1825-1830年是傑克遜總統和菲利浦・霍恩的日記，1873-1879年的衰退是杰・古爾德做空金價之後的鐵路股票崩盤，1929-1934年是所謂的「大蕭條」。所以，熊彼得的見解是：康德拉季耶夫、朱格拉和基欽的循環同時陷入下跌波段。但大蕭條持續得特別久需要進一步的解釋：為什麼朱格拉循環未能在1935年拉升經濟，如同1879年那般？

他的解釋是反商政策的累積效果。首先，最高級距的直接稅升高。熊彼得認為，此舉被普遍視為「為國家急難所做的犧牲」的中程措施，但後來它被視為創造的永久阻礙。其次，政府對企業的未分配所得課稅，刺激企業立即將所得分配為股利，但熊彼得認為此舉對「企業和投資造成麻痺作用」。他相信公司更願意將現金準備用於投資，如今卻被迫分配：

> 私人企業有效率的原因之一是它不像政客或公務人員，它必須為自己的錯誤付出代價。但是，自行承擔錯誤的後果並不相同，視其擁有資金或去融資，或者虧損只是減少盈餘或直接衝擊到原有的資本而定。

然後又說：

當然，當經濟學家的心思一投入總體理論，就不會再想到這些。

熊彼得指出，復甦未能持續的第三個原因是基本工資上漲，讓產業更難「修復受損的財務結構。」第四個原因是來自國營事業的競爭，第五個原因是新的反壟斷政策。熊彼得認為，這類反商措施「顯然會相互強化。」他是這麼說的：

經濟學家必須明白人類社會的行為不同於動物社會或物理系統，因為人類社會不僅對「騷動」產生反應，還會對騷動的解釋及預期性分析做出反應，不論正確與否。

他相信所有反商措施對商業造成災難性的心理效應。商人不但受到威脅，更感到被威脅。他接著說：

……個人與國家之間關係的任何重大改變，包括國家佔民間營收總額比例的重大改變，都會使受到立即衝擊的人改變他們的基本思考習慣、生活態度與看法。

由於熊彼得認為復甦的關鍵在於企業家，而不是消費者支出，所以他顯然不認為調薪是衰退時期的明智之舉。那麼增加政府支出以做為加稅的正面作用，是否適合？他在寫下列的句子時，你可以明顯感覺到他是在說凱因斯（在熊彼得書中只提到他兩次，另外在七項註解裡提到）：

……作者深信不疑，只要1938年度總額400萬的赤字預算裡的新支出計畫在1938年秋季實施之後，復甦必將取代衰退，但根據它發揮效用的方式，一旦支出減少將再度伴隨著衰退或蕭條的徵兆。對此我們應該感到嫉妒和感激：嫉妒是因為

> 同儕經濟學家會很高興他們的看法得到證實；感激是因為在其他領域中，例如醫學方面我們並非這麼想，否則我們現在都已嗎啡上癮了。

在該書出版時，熊彼得就知道已經太遲了。全世界都已倒向凱因斯，大家重視的只是財政穩定措施。在出版後十八個月，熊彼得的書只賣掉一千零七十五本。只有兩位美國教授指定他的書做為教科書，而且只指定了一年。學術界對熊彼得的個體經濟學興趣缺缺。

1920-1939年間在貨幣議題和景氣循環最常被引述的總體經濟學家

經濟學家的成功有時可以他們被引用的次數來衡量。德意徹（Patric Deutscher）搜尋經濟期刊目錄標題為「總體與貨幣理論及循環……」以及「貨幣、信用與金融」的所有文章，而列出表12.1的數據。本表可以清楚看出凱因斯佔了多數，且在這段期間內一直穩定增加（在1920-1930年代，凱因斯、費雪和米契爾並列第十名）。而熊彼得排名第十七名與第十八名。

表12.1　在貨幣議題和景氣循環最常被引用的總體經濟學

排名	姓名	引述的次數
1	凱因斯	200
2	羅伯森	104
3	費雪	73
4	庇古	72
5	霍特里	66
6	海耶克	58
7	馬歇爾	43
8	卡塞爾	42
9	米契爾	40
10	希克斯	35
11	哈洛德	35
12	哈伯拉（G. Haberlar）	34
13	韓森	32
14	魏克賽爾	31
15	克拉克	25
16	傑逢斯	23
17	史奈德	22
18	熊彼得	22
19	羅賓森	20
20	顧志耐	19

錢的問題

金錢不是萬能，不過它能確保你與子女的關係。

——美國石油鉅子保羅・蓋帝（J. Paul Getty）

海曼・明斯基（Hyman Minsky）1919年出生於美國，父母是忠貞的社會主義分子，他跟隨家庭傳統加入社會黨。接著他進入芝加哥大學就讀，獲得數學學士學位。不過，他很快便明白純數學不是他的專業重點；他對社會與經濟學更有興趣。1942年，他進入哈佛利特爾管理學院就讀，可是只唸了一個學期便去從軍。1945年底，他被派遣到海外；首先到英國紐波特，接著到巴黎、法蘭克福，最後到了柏林。駐紮在柏林這段時期，對明斯基日後的研究產生顯著的影響。他被指派到人力司報告及規劃隊工作，上級長官是大衛・沙伯斯（David Saposs）。沙伯斯是一名勞工經濟學家，擁有威斯康辛博士學位，他是反共的左派領導人士。許多和他一同工作的人政治立場都和他相同，明斯基也一樣。明斯基後來表示，和沙伯斯一同工作的經驗使他相信抽象模型有助於培養想法和分析，但抽象模型不是最後的目標。最後的目標是要得到以實際情況與事件為基礎的實際結論。和熊彼得一樣，他認為唯有了解整個機構和相關的歷史架構，才能辦到這點。

戰後明斯基回到美國，他決定到哈佛大學深造，而非芝加哥大學。可是唸了一段時間後，他開始對一些課程內容產生疑問。例如他的老師——凱因斯的大弟子——韓森（Alvin Hansen），對財政政策的教法。明斯基發現韓森在教授傳統與逆景氣循環（counter-cyclical）財政政策原理時，使用非常傳統的凱因斯課程。此外，明斯基認為韓森詮釋凱因斯的方法非常機械式。韓森並未談到不確定性，而據明斯基了解，那是凱因斯思想的核心因素；還有，這位教授幾乎不談貨幣及金融市場。

明斯基在哈佛大學讀到1949年，直到獲得一份布朗大學的教職，1949-1955年他都任職於布朗大學，並寫完他的博士論文。韓森以為明斯基會追隨他研究，但當時明斯基已遇見熊彼得，所以決定追隨熊彼得。他要探討的主題是市場結構、金融、總體需求決定因素和景氣循環之間的關係。明斯基對經濟學的態度愈來愈趨近於當初沙伯斯給他的啟發：經濟學必須實際及實用，沒有實際狀況做為根基的純理論架構根本沒有價值。

明斯基是一名優秀的作者，作品豐富。他第一篇真正重要的文章是〈央行業務和貨幣市場變化〉（Central Banking and Money Market Changes），發表於1957年。在此，他提出兩個流動性觀念之間的差異：

- 中央銀行可以直接控制流動性，即債券和貨幣市場。
- 驅動其他資產市場的現金流量，例如股票和不動產市場。

他進一步提出兩個價格觀念之間的差異：

- 經常產出的價格，例如食品、汽車和假期，主要由勞動成本來決定。
- 資本與金融資產的價格，例如股票、債券和藝品，涉及不確定性，視收益率而定。因為收益率代表著未來的現金流量，所以其價值視未來預期的收入而定。

明斯基一直以凱因斯的理論做為立論參考，他的重要著作之一正是1975年出版的《凱因斯》（*John Maynard Keynes*）。可是他對於大多數經濟學家所詮釋的凱因斯頗不以為然，在某種程度上，他甚至不同意凱因斯本人的看法。

天生的金融不穩定性

和凱因斯一樣（但不同於新古典學派），明斯基認為資本主義先天具有重大的不穩定性。他認為，驅動經濟的主力是民間投資，這些投資波動的程度遠高於其他經濟組成因素，因為它們是由投資人對未來的主觀評估而決定。凱因斯在寫到投資人的短期焦點時曾考慮到這個層面（「要談長期的話，我們都已經死了」）、他們的「動物精神」和他們在衰退與不景氣時緊抱現金的傾向（「流動性偏好」），但是明斯基發現凱因斯的信徒大多忽視這些層面。他說，金融部門是資本主義經濟不穩定性的主要來源，因為這個部門不僅受科技和市場利率影響，還有許多其他影響因素，而這些因素都會導致不穩定性。他認為自己是「金融凱因斯學派」的說明者，他還談到「華爾街觀點」和「貨幣經理人資本主義」，以強調金融部門造成的問題。他所描述的程序很常見：

- 以舉債為主的擴張性公共政策奠定民間投資熱潮的基礎，例如增加聯邦債務將增加民間的低風險金融資產總額，以及降低民間資產負債表上的風險……。
- ……如此將導致景氣熱絡和過度投資。
- 政府最後將干預，以避免可能出現的崩盤……。
- ……這種干預意味著金融部門不會承受他們先前不負責任地擴張信用的全部後果。

明斯基認為，這種由政府出手拯救的不負責任金融行為不斷出現，致使金融部門愈來愈脆弱。他說，有關投資的決策是由董事會決定，而他們時常考慮的一項主要因素是融資的整體情況，而非投資案健全與否。在繁榮時期提高資產價格是其中一項重要因素，因為資產可做為貸款擔保。如此將造成相當的不穩定性，增加資產價格就會加速創造貨幣（例如金融資產被做為貸款擔保時）。當每個人（「代理人」）理性地去擴大他們的利得時，這一切都可能發生；他們甚至可能被迫跟隨潮流以求生存。他表示，景氣循環的每個階段都會造成金融環境的改變而導致下一個階段。

明斯基的「華爾街範例」迥異於大多數經濟學家使用的主流派「以物易物範例」（排除金融部門），他向新古典學派宣戰，而提出三項非正統說法：

- 單是以市場僵固性無法解釋持續的就業。假設薪水確實在衰退時期下降，如同新古典學派所預期的，其結果將是價格同步下跌，公司因而延宕投資。此外，公司也會受到償債成本升高的打擊（費雪的債務通縮理論）。
- 金融市場的大幅波動是相關的。新古典學派忽視金融部門，基本上假設它是有效率的。但事實並非如此。中央銀行可以控制一些債券及利率的價格，可是他們無法直接控制任何其他投資資產的價格。
- 失業不是市場僵固性所造成。而是來自於企業主管對未來感到不確定，這種不確定性反應在投資的波動上。

金融部門的無效率可能是重大經濟災難的主謀，例如1930年代的大蕭條。

查爾斯・金德伯格

明斯基有個盟友，名叫查爾斯・金德伯格（Charles Kindleberger），此人於1930年代任職於紐約聯邦準備銀行，親身感受過振興癱瘓的經濟是多麼艱鉅的任務。金德伯格後來離開紐約聯邦準備銀行，轉赴國務院工作，在那兒參與了二次大戰後的馬歇爾計畫。1948年，三十八歲的他決定完全離開公職，投身學術界，專職研究經濟崩潰和恐慌。他由歷史著手，並開始閱讀大量的危機史料以找出共同因素，將研究結果出版成一系列的書籍，在其中列舉無數的例子，顯示金融市場完全失去理性，這股瘋狂之後就接著深陷衰退。他說明金融瘋狂有如下典型的階段：

- 投機
- 金融風暴
- 危機
- 恐慌
- 崩潰

金德伯格的著作之一，1986年出版的《蕭條中的世界》（*The World in Depression*, 1929-1939），分析他親身經歷的可怕事件。他說貨幣供給崩潰不足以解釋大蕭條的發生，因為貨幣供給下降的速度比物價下跌還慢。這表示，1929-1931年間的貨幣實際購買力其實是升高了。其次，他無法認同任何理論把經濟崩潰怪罪於股市崩盤及其帶來的負面財富效應——早在股市崩盤之前，生產便已崩潰。金德伯格最著名的一本書是1978年出版的《瘋狂、恐慌與崩盤》（*Manias, Panics, and Crashes*，寰宇出版中譯本）。這本經典論著相當老式，他在書中完全沒有提到任何一則數學等式。以下是他在2000年版中所寫的：

> 有一位同事要提供我一個數學模型來裝飾這本書。這對某些讀者或許有用，對我則不然。有人告訴我，計算自高處跌落等事件的災難數學是這個學科的新支派，尚未證實其實用價值。我最好觀望一下……在我看來，那不僅會讓論點無法進展，還會浪費許多力氣在額外的工作上，卻得不到什麼好處。

傅利曼和芝加哥大學

另一名主張貨幣因素為主要不穩定來源的科學家是密爾頓·傅利曼（Milton Friedman）。他出身於一個貧窮的布魯克林家庭，父母由奧匈帝國移民到美國。傅利曼十五歲自高中畢業，十六歲生日一過就進入紐澤西州立羅格斯大學（Rutgers University），此後便自立生活。唸大學時，他想攻讀數學，日後做個精算師，可是在他看到大蕭條的影響之後，便對經濟學產生興趣。因此當他申請到兩份獎學金時，他選擇到芝加哥大學讀經濟學。他的老師之一是顧志耐，日後還將提供事實與數據做為傅利曼分析研究之用。

二次大戰期間，傅利曼在不同的州部門工作，從而對經濟預測和政府干預經濟的效率產生長期的懷疑，並相信經濟應該盡可能自由。例如他說：

> 自由市場最重要的單一核心事實是，除非雙方皆可獲利，否則不會有交易進行。

1948年他進入美國國家經濟研究局，其職責是接續米契爾進行貨幣研究。逐漸地，傅利曼成為局裡的理論家。接著在1976年，他獲頒諾貝爾獎，因為他引領當代經濟思想一個最重要的發展：貨幣學派革命（Monetarist Revolution）。

自四〇年代以來，設定貨幣成長率的觀念便一直是芝加哥大學的正統；但這些年來，傅利曼對於如何解決景氣循環的問題已經更有主見，社會應該藉由確保一致的貨幣存貨成長，來管理景氣循環

經濟學的偉大整合者兼倡導者

許多經濟學家發展出重要的理論，卻沒有因此出名；有的人則擅長整合、複述、詮釋和倡導觀念，他們是所謂的「整合者兼倡導者」，也是對社會產生重大影響及得到最多名聲的人。持平而論，我們或許可以說費雪、凱因斯、薩繆森和傅利曼是二十世紀最偉大的經濟整合者兼倡導者。這四名巨星分別發展出新的原創理論，同時也賦予既有理論新的意義，並且經由演講、出版、訪談、雜誌專欄，以及會晤高級政客等方式形成影響力，傅利曼甚至有自己專屬的電視節目。

的問題。未若積極干預主義的倡導者受困於愈來愈複雜的刺激模型，傅利曼仿傚費雪的作法，他採用紐康古老的貨幣等式：

$$MV = PQ$$

我們回想一下，這個等式的左邊是貨幣（M）乘以貨幣周轉率（V）。右邊則是商品價格（P）乘以商品數量（Q）。傅利曼的第一個重點是，想要利用積極的逆景氣循環措施來管理經濟是相當困難的。等到你發現經濟下沉時，財政措施要耗費很久的時間才能發揮作用。等到這類措施終於發揮作用時，很可能已經進入了景氣循環的上升波段，反而加劇了不穩定。此外，有明確的跡象顯示，政府借貸以融資額外的支出將排擠到民間借貸（老式的「財政部觀點」）。重點是，這個等式的兩邊都有天生的不穩定性。左邊（MV）不穩定，是因為天生的自我增強作用，例如利率在貨幣擴張時期下跌，或是銀行部門的競爭等都會造成這種作用。右邊（PQ）不穩定，是因為存貨效應（梅滋勒）、加速器（克拉克）、過度投資（密爾）、創造群聚（熊彼得）等。加總起來，因為貨幣與實際事件之間的正面回饋（明斯基），他們變得更不穩定。當然，你可以穩定任何等式，只要你把其中一邊穩定下來；左邊的貨幣部分，比右邊來得容易穩定。

傅利曼的假定得到愈來愈多研究的支持，顯示貨幣供給與景氣循環之間確實存在緊密的關聯——貨幣供給領導景氣循環。1963年他出版與經濟史論學家安娜・史瓦茲（Anna J. Schwartz）合著的《美國貨幣史》（*A Monetary History of the United States* 1867-1960）。他們的研究顯示，就長期而言，貨幣成長完全反映在通貨膨脹，但沒有反映在成長：

$$MV = \mathbf{P}Q$$

但是，他們一再表示通貨膨脹是「一個純貨幣現象」。但短期內情況就不一樣，在短期內，貨幣波動是景氣循環的主因：

$$MV = PQ$$

美國自1867年以來，在嚴重不景氣之前都會先發生大幅的貨幣緊縮。平均而言，貨幣成長超前經濟高峰大約半年，超前經濟谷底大約一季。1930年代的大蕭條即伴隨著貨幣供給大幅萎縮，聯邦準備理事會原本可以在任何時間點出手阻止這種萎縮，卻始終沒有行動。在1929年的崩盤之後，美國利率已跌到超低水準，可是貨幣供給還是減少了三分之一，當時大部分的觀察家都沒有注意到。聯邦準備理事會大致上假設，在擴張時期調升利率以及在衰退

圖13.1　密爾頓．傅利曼，二十世紀偉大經濟思想家之一，奠定一個重要學派，部分源於奧地利學派。
資料來源：Corbis。

穩定系統

紐康的等式MV=PQ，可作為說明各種解決景氣循環問題之提議的重點架構。表13.1列舉部分解決方案的重點。

表13.1 穩定紐康等式裡的部分因素以解決景氣循環問題的方案

希望穩定的因素	簡介	早期倡議者
PQ	利用央行干預（MV）來穩定總體產出	桑頓
P	採取金本位以確保物價穩定	李嘉圖
P	貨幣重估或貶值以穩定通貨膨脹	費雪
Q	利用財政政策來增加或減少總體產出	凱因斯
MV	利用央行管理工具確保有效貨幣供給穩定且溫和成長，無視於總體產出的波動	傅利曼

時期調降利率便足以穩定經濟。但傅利曼認為，貨幣存貨成長加速刺激了支出，但在支出增加以後，人們愈來愈大意而開始減少貨幣存底。證交所的交易員不久便明白這將導致通膨上升，於是他們打壓債券價格，這表示貨幣供給將持續擴張，即便債券利率上揚。換言之，利率上揚並不保證過度的貨幣成長受到抑制，事實可能正好相反：利率和貨幣供給同步下跌。為了解決這個問題，就必須從利率管理政策（I-regime）轉移到貨幣供給管理政策（M-regime）。管理貨幣供給包括操縱利率，但不局限於此。

對菲利浦曲線的批評

在紐西蘭出生但長期居留英國的經濟學家阿爾班・威廉・菲利浦（Alban William Phillips），在1958年發表一篇名為《1861-1957年間英國失業情況和貨幣薪資變動率之間的關係》（*The Relationship Between Unemployment and the Rate of Change of Money Wages in the UK 1861-1957*）的論文，文中說明何以失業在通膨較高的時期反而

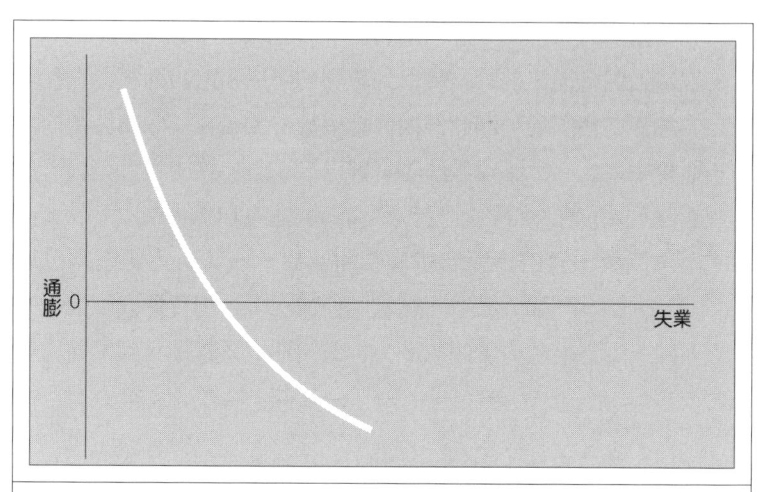

圖13.2　菲利浦曲線。傅利曼認為這條曲線事實上是垂直的。今日，大部分經濟學家都接受「加速主義」的假說，亦即假設通膨加速會降低失業，直到通膨不再成長為止，之後就同時發生通膨與失業。

最低。厄文・費雪事實上也曾提過這個觀點，奧爾良公爵在大量印製鈔票創造（暫時）繁榮時，亦曾親身經歷過。兩大知名經濟學家保羅・薩繆森（Paul Samuelson）和羅伯・梭羅（Robert Solow）也研究這個主題，並使這種關聯性成為主流思想。它被稱為「菲利浦曲線」（Philips curve）（即便它也可以稱為費雪曲線），有一段時間並成為主流思想（圖13.2）。

但傅利曼批評這種理論。他確實同意失業與通膨之間在基欽循環的時間框架裡可能存有某種關聯性，但那只是短期的：

- 社會存在一種自然失業水準，視勞動與商品市場的結構性特點、市場缺陷、蒐集就業與雇用資訊的成本以及行動性的成本而定。當人們已完全適應某種通膨率之後，失業率便會逐漸移向這個結構性水準。
- 強迫失業率低於這個水準的唯一辦法是讓貨幣供給加速成長到

高於預期的通膨。可是，這個程序會造成延後出現的通膨。

- 因為人們會從以前的經驗學到教訓，所以預期的通膨會在實際的通膨之後出現。因此假如你想讓貨幣供給成長率高於預期的通膨率之上，你必須設法讓貨幣供給一再加速成長。結果，通膨會不斷加速，如果你堅持把失業率壓低在自然水準之下⋯⋯。
- ⋯⋯然後，經濟將因超級通膨而崩潰，或者有人決定踩煞車（這是比較可能的情況）。在這兩種情況下，都會造成龐大失業人口，因為總體需求開始減少，而預期的通膨率升到很高的水準。

所以，根據這種「加速」論點，利用通膨來創造工作就像在褲子裡小便一樣：剛開始覺得熱熱的，沒多久就變得很涼。菲利浦曲線只是一種短期現象，一如法國在密西西比泡沫時期和德國在一次大戰後所證明的。

理性預期

在1970年代，資本主義經濟陷入非常嚴重的衰退，部分是石油危機所引發。數個國家的政府（不顧貨幣主義人士的反對）增加了貨幣供給以刺激成長，可是這回絲毫不管用。其結果不是經濟成長及減少失業，反而是通貨膨脹和持續性失業。

這種情況需要解釋，而最為廣泛接受的理論是由芝加哥大學的經濟學家羅伯・盧卡斯（Robert Lucas）所提出。盧卡斯的解釋很簡單，假設大家都預期貨幣供給會加速，政府官員趁機宣布，企業不妨投資及增聘人手，因為貨幣供給增加之後將帶動產出的成長：

$$MV = PQ$$

可是，人民的眼睛是雪亮的。他們由以往的經驗得知，貨幣供給成長最終將導致通貨膨脹。因此，公司立即調漲價格，工會接著要求調高薪水。所以，可悲的是，通貨膨脹上升了，經濟卻沒有成長：

$$MV = \mathbf{P}Q$$

人們會去調適政府的振興措施，終究導致振興措施失敗的論點被稱為「理性預期」理論（rational expectations）。1970年代的事件比較符合傅利曼與盧卡斯的模型，而不符合長期菲利浦曲線抵換（trade off）關係的模型。

政治景氣循環

諾浩思（W. Nordhaus）和杜夫特（Edward R. Tufte）兩人均提出所謂的「政治景氣循環」理論。諾浩思在1975年的文章〈政治景氣循環〉（The Political Business Cycle）中提出這個觀念，杜夫特則接著在1978年出版《經濟的政治控制》（*Political Control of the Economy*）一書。兩人認為，政客總是在選前刺激經濟好讓他們當選連任，這表示你可以預期選前會出現政治刺激的繁榮，選後就陷入衰退。

第三篇
隱藏的世界

在物理學運作良好的原子假說不管用了。我們四處遇到有機統一、離散和不連續性的問題——整體不等於個別加總、數量比較失效、小改變產生大效果，同質連續體的假設則不被接受。

——凱因斯

模擬運算

數學家是法國人的一種；如果你跟他們說什麼事，他們馬上翻譯成自己的語言，而且跟原本完全不一樣。

——德國作家歌德（Johann Wolfgang von Goethe）

經濟學家最大的夢魘就是在發表劃時代新理論的同時，另一個人也這麼做了。這正是發生在亨利・舒茲（Henry Schultz）、簡・丁伯根（Jan Tinbergen）和翁貝托・里奇（Umberto Ricci）身上的事。1930年，這三名經濟學家分別發表他們對同一個理論的看法，後來被稱為「蛛網理論」（Cobweb Theorem）。這三人都以德文發表，而丁伯根和里奇甚至刊登在同一本雜誌的同一期！

蛛網

他們的觀念很簡單。想像一群農夫必須決定他們的田地有多少比例要種植馬鈴薯，如果馬鈴薯的價格有一年很高，大家就會搶種馬鈴薯。到了翌年，他們把堆得跟山一樣高的馬鈴薯送到市場時，供給過剩壓低了價格。失望之餘，他們廢掉許多馬鈴薯田地，結果隔年供給不足，又導致價格上漲。依此類推，他們不斷在調整，但總是找不出合適的方法。

顯然，蛛網理論可以補充亞當・史密斯「看不見的手」理論。亞當・史密斯正確地假設，企業家會很快找出市場上誘人的利基，並加以滿足以取得利潤。但只有兩個因素可以讓整個系統開始振動：其一是投資與生產之間的時間落差（time lag），其二是競爭對手想要怎麼做的「不完整資訊」（incomplete information）。這兩種

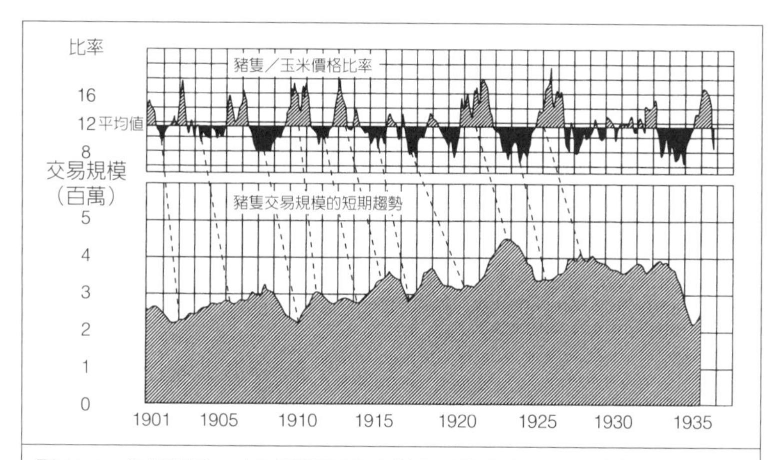

圖14.1　蛛網理論。本圖說明運往市場的豬隻數量如何永遠落後於豬隻／玉米價格比率的上揚。看起來，可憐的農民一再犯錯，任由現在的情況決定未來的供給。

資料來源：Ezekiel, 1938.

假設似乎切合實際，不是嗎？

蛛網被說成是商品市場的一種現象。但如果你想一想，它其實很類似於密爾在1826年所提出的一般經濟理論。如果太多競爭者因為不清楚價格水準，而在同時決定削減生產，就可能發生「經濟蛛網」；或者如果太多公司受到意外高價的誘惑，而決定為這個新市場投資生產設備，這種錯誤稱為「競爭幻象」（competitive illusion，密爾稱之為競爭性過度投資），很顯然會造成生產過量。介紹過蛛網的觀念後，我們可以說一個重要部門的地方性蛛網現象可能拖垮整個經濟，群眾的心理把人們與產業黏在一起，困在一張巨大的蛛網裡。央行甚至也有可能受困於蛛網，正如奧地利學派的經濟學家所言，因為他們一直在調整貨幣供給。

挪威揚帆

蛛網理論的重要層面並不在於知識不足的假設，畢竟這種假設無關緊要，而且普遍見於絕大多數的景氣循環理論（如果每個人都知道每件事，投機客很快就可以藉由套利來消除循環）。重點在於時間落差。蛛網理論說明，即使是一個很簡單的系統中的一些很簡單的時間落差，也可能導致重大的波動。但蛛網並非以簡單的解釋來說明這類天生不穩定的唯一範例。另一個範例是所謂的「史夫包循環」（Sciffbaucycles）。1938年，挪威教授約翰・艾納森（Johan Einarsen）發表了一篇名為〈再投資循環及其顯露於挪威造船業〉（Reinvestment Cycles and their Manifestation in the Norwegian Shipping Industry）的文章，在這篇經典文章裡，艾納森說明他在挪威造船業發現的一個現象：經過一段造船的榮景之後，每隔一段時間造船量似乎就會發生很明顯的「重覆」（echoes），如圖14.2。他刻意選擇挪威造船業做為研究的對象，首先，它擁有詳盡的統計資料；其次，它擁有全球第三大的船隊；第三，挪威在一次大戰損失將近半數的船隻，之後大多數船隊的重建在1920年及1921年兩年內相繼發生。他的曲線顯示：

> 一個明顯的五年循環，顛峰分別發生在1884、1890、1895、1899、1906、1912、1916、1920、1925和1929年。

合理的假設是，這些重覆可能是維修或銷售所造成，在這兩種情況下，時間間隔視造成重大耗損的平均時間而定。為了分辨這些事件，他調查有哪些船隻是被先前才賣掉其他船隻的人所買下的。他把這類投資稱為「更換」（replacement）。在更換這個項目，他發現一個清楚的模式：「更換」投資會在最初購買後的第9年到頂，接著在第19-20年又再次攀高，與朱格拉及顧志耐提出的循環期相同。換句話說，五年的循環可能是因為投資相互重疊所造成的。在此，我們看到投資與再投資之間的時間落差，雖然不同於蛛網現象，但亦能造成系統波動。如同蛛網現象，這種時間落差至少可能是景氣循環轉折點的部分解釋。艾納森寫道：

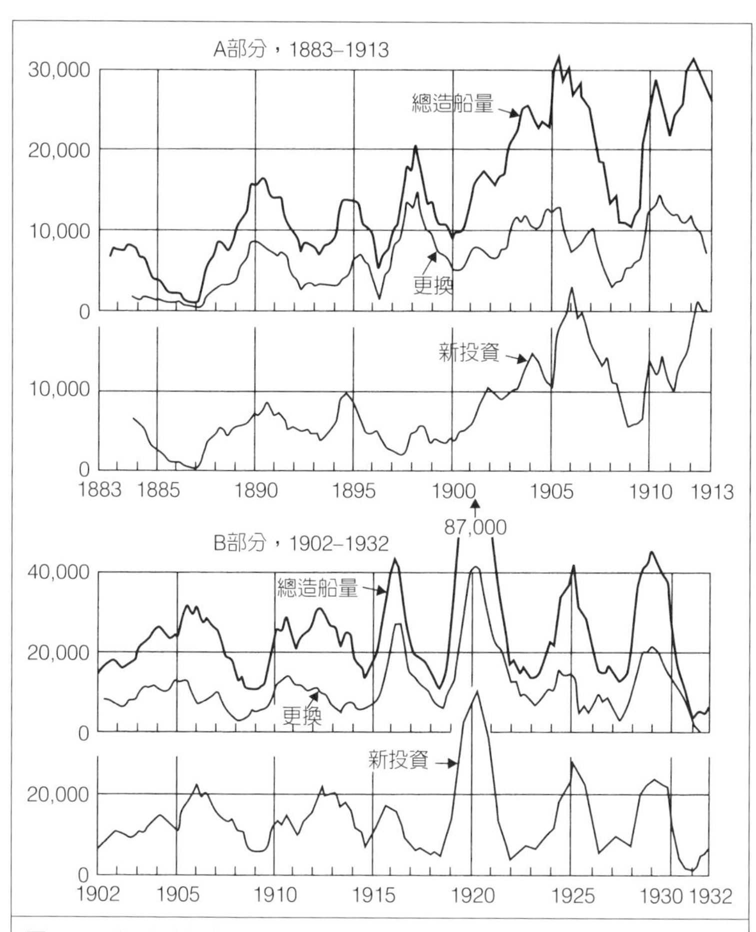

圖14.2 挪威造船業的重覆現象。這些圖型說明挪威造船業的總造船量、更換量和新投資。上圖涵蓋1883-1913年，下圖涵蓋1902-1932年。以人手補充結構來看，似乎存在明顯的五年週期。

資料來源：Einarsen，1938。

本人認為，純粹的再投資循環理論可以是轉折點發生，以及它如何自動發生的滿意解釋。

蛛網與重覆理論提倡之際，正逢景氣循環研究的方法開始轉變的年代。以前，大多數作者都強調米契爾式的轉折點「耗竭」（exhaustion）解釋，亦即經濟受制於自我增強的趨勢，這種趨勢會一直持續，直到被某種耗竭機制阻止。高檔的轉折點是因為缺乏資本（貨幣理論）、缺乏儲蓄（投資不足），或者缺乏生產資源與需求（投資過度）等。低檔的轉折點主要被視為相反的現象，亦即投資與創新變得十分容易及賺錢，人們受到吸引而進場。如今，愈來愈多可能造成轉折點的固有程序被指認描述，而小型數學模擬最能展示這些程序是如何運行的。華拉、帕瑞托、馬歇爾、費雪和許多人過去早已在經濟學探討中結合數學工具，但現在幾乎每位經濟學家三不五時都要使用數學模擬。正是過去這些人為「計量經濟學」（econometrics）舖好了路。

夜班車

計量經濟的整合模擬這種觀念最為人所知的作者是蛛網理論的三位作者之一——荷蘭人簡・丁伯根，以及拉格納・弗里希（Ragnar Frisch）。用丁伯根和弗里希的計量經濟學方法來製作經濟模型時，你首先要說明經濟的規則，不能使用文字，而是以等式來說明每一項規則，就像馬歇爾利用數學等式來加強理解一般。這種等式可以是一個恆等式，你只需定義一個變數，例如你對國民生產毛額（GNP）的定義；或者它可以是一種量化關係，例如國民生產毛額與消費的關係。國民生產毛額的等式可能如下所列：

$$\text{GNP} = C + I + G + X - M$$

其中

C ＝ 個人消費

I ＝ 民間投資

G ＝ 政府採購

X ＝ 出口

M ＝ 進口

在這個等式中，GNP是一個恆等式的值。在你定義好等式之後，下一步就是估算參數的數值。假設你根據既有資料預測下列數值：

民間投資（I）＝1000
政府採購（G）＝1200
出口（X）＝800

但是對於消費和進口，你發現有些棘手，因為它們主要是由GNP決定的，而這正是你想要估算的。所以，你要設定這兩者與GNP的關係。根據你能查到的歷史資料，或你認為相關年份的平均水準，來設定這個關係。假設你研究顧志耐和米契爾的歷史資料（有關美國的），找出的歷史關聯如下：

消費佔GNP的70%，即：C＝GNP × 0.7
進口佔GNP的15%，即：M＝GNP × 0.15

在這兩種關係之下，你實際上總共有三個等式。為了解題，你必須把它們串聯起來，插入參數值。而有如下的列式：

GNP＝GNP × 0.7＋1000＋1200＋800－GNP × 0.15

這表示

GNP＝3000＋0.55 GNP

得出

GNP＝6666.7

真棒！當然，實際情況來得複雜許多。首先經濟等式的數字很龐大，有些有指數、平方根等等。無論如何，在你得到所有數值後，你開始進一步整合，直到得出一個很大的等式。這種簡化運算的過程被稱為「夜車分析」(Night train analysis),因為你時常發現以往從未曝光過的關聯,但它們必然是對的,假如其它部份都是正確的。在你計算數學時,它或許會帶出一些新東西。有時,這些新東西是很棒的,你甚至可以把它們當成一個新理論的基礎。

總之,下一步是要讓它變成動態模型。你要把式子微分,得出另一些代表領先未來情況、或同步、或落後因素的等式。最後再用統計資料測試,以找出一個模式;這正是前述兩位經濟模擬先驅之一的弗里希真正擅長之處。

棍子與木馬

拉格納・弗里希於1895年出生於奧斯陸,父親安東・弗里希是一位金匠,母親名為拉格娜。弗里希原先打算繼承父業,在奧斯陸知名企業大衛安德森(David Andersen)的工坊當學徒。可是,他的母親不久便認為他喜愛追根究柢的腦袋不會滿足於這份工作,堅持要他讀大學。他後來成為一名經濟學家,研究數學,並將華拉和帕瑞托的兩門學科整合。他提議把這個整合而成的學科稱為「計量經濟學」。

1930年,他同意和熊彼得及費雪為這門計量經濟學成立一個論壇,「計量經濟學學會」於焉成立。他們最初的問題之一是找到資金來源,但解決方法出乎意料。有一名股票交易員想要更徹底地了解經濟市場的本質,這個人是阿佛列・考爾斯(Alfred Cowles),他不只是一名股票交易員,也是先驅(Tribune)公司的第二大股東。有數年的時間,他發行一份通訊刊物提供股市預測,但在1931年的某一天,他做了件很不尋常的事:他通知他的訂戶這份刊物即將結束,因為他認為他的預測不準確!但他也不認為有誰可以預測的比他更好,他研究了其他通訊刊物的預測,發現它們都不準確。於是,他決定促進經濟科學的發展。當他正為了市場模型的複雜所苦時,有一天他打電話給在印地安納大學工作的數學家哈洛德・戴維斯（Harold Davis），請教他一個奇怪的問題：戴維斯能否建立一個數學模型，說明一個具有二十四個變數的系統行為？

戴維斯回答，他不明白為何有人需要這種模型，不過原則上他或許幫的上忙。他們決定碰面，並且相談甚歡。他們會談的結果是，富裕的考爾斯打算贊助計量經濟學學會，此外，他還將贊助學會想要出版的一本雜誌，並且設立「考爾斯委員會」，以支持計量經濟學的研究及安排各種科學討論活動。他所贊助的雜誌名為《計量經濟學》（*Econometrica*）雜誌，並由弗里希擔任編輯。

《計量經濟學》雜誌的創刊號在1933年印行。弗里希撰寫創刊社論，他說明雜誌的主要目的是結合抽象理論和觀察，俾使理論不與現實脫節。這本刊物的重點將是一般經濟理論，以及景氣循環理論和統計理論、統計資料，如同先前眾多經濟學家，他花了許多時間研究說明以前的景氣波動圖表。弗里希觀察到，大多數景氣循環圖表似乎都呈現某種程度的規律性，雖然不是規律到你看日曆就可以預測它們，可是比純粹隨機的現象來得有規律。所以，景氣循環顯然不是偶發的，它們是獨立的「事件」，亦即需要另外解釋的現象。令弗里希不解的是，為何它們會呈現出這種相對的規律性，會不會是因為它們具有一種天生的動能會創造出一再發生的循環，抑或經濟在規律的間隔遭受外部衝擊（如同傑逢斯受到懷疑的「太陽黑子」理論）？他對這兩種解釋都不太信服。那麼，如何解釋這種相對的規律性？他試驗數種模型，直到最後他相信自己找到了答案。於是，在1933年的某一天，弗里希坐下來開始寫作一篇文章。

刺激與傳導

這篇〈動態經濟的傳遞問題與刺激問題〉（Propagation Problems and Impulse Problems in Dynamic Economies）後來成為景氣循環理論的經典論文，之所以成為經典，並不是因為內容陳述複雜深奧，而在於它是第一篇清楚陳述一連串隨機衝擊如何刺激產生具有一定規律性的經濟波動。換言之：經濟如何在混亂中產生秩序。他請讀者思考，當你用棍子隨意搖動木馬時會發生什麼狀況：棍子的運動又快又迅速，可是隨之發生的木馬運動卻全然不同，它是週期性的，而且持續時間較長。接著，他又提供了一些簡單的數學模型，以經濟變數說明經濟衝擊（「刺激」）如何產生週期（「傳導」）。弗里希時常向他的學生證明這是如何運作的，他會向他們說明，如何在他的模型加入一系列完全隨機的衝擊。其結果是週期性的運動，跟原先的衝擊非常不同，而且比較有結構。最有趣的觀察是：

- 週期波動的振幅與衝擊有著強烈關係……。
- ……可是每次週期持續時間與先天的傳導機制密切關聯。

弗里希在一個議題上，與當時絕大多數的經濟學家意見不合。他認為經濟本身是穩定的，唯有遭受外部衝擊時，木馬才會搖晃。不用棍子去打它就不會有週期，可是事實上外部衝擊會不斷發生，於是木馬一直以週期性但複雜的模式在搖晃。

滑尺與方格紙

弗里希和丁伯根認為，數學模型的方法具有一些優點：

- 可以發現既有的理論是否完整。
- 可以強迫經濟學家清楚的說明理論。
- 可以提供一個好方法，找出不同理論家之間的思維差異。
- 可以測試任何理論。

丁伯根使用這個方法來建立景氣循環的模型。如果他使用華拉原本的方法，他會需要大量的等式（他的同儕帕瑞托估計，華拉會使用70,699個等式來計算100個人交易700項不同商品的狀況）。丁伯根的優勢是，一些總體經濟關係早已被相當明確地建立；凱因斯也是。這大量減少了所需的等式數量。

丁伯根最初著手的是他本國的經濟。拿出滑尺與方格紙，他開始為荷蘭經濟建立一個數學模擬模型，他明白這不會是簡單的工作。首先，要使用魏克賽爾時間分析，他必須徹底了解其動態關係。例如假設消費依賴所得，那麼它依賴的是過去的所得、現在或預期的未來所得？第二，他不能隨便使用一堆等式，即使它們都正確而且相關。變數的數目必須與等式的數目相同，他才能分離出任何一個參數，進而利用現實數值驗證其模擬效果。可是最大的挑戰在於整體思考不能出錯：如果在某個部分犯了一個大錯，只要一個錯誤，那麼整個架構就會完全錯誤。就像把這門科學放在考試桌上一樣。那麼，經濟學家到底了不了解經濟系統的所有主要層面？計量經濟學可以揭曉答案。

國際聯盟的計畫

由後人看來，他們顯然不了解。丁伯根在1936年發表的結果成為一項科學里程碑，這個系統有二十四個等式，其中八個是恆等式。如果你加入自己估計的參數值，你可以計算整個系統的行為。這引起國際聯盟（League of Nations）的興趣，該組織在六年前展開一個長期研究計畫以找出解決景氣循環問題的答案。國聯請來兩名荷蘭經濟學家擔任這項工作。哈伯勒（Gottfried Von Haberler）受命檢驗及評估所有既有的景氣循環理論，後來在1937年出版的《繁榮與蕭條》（*Prosperity and Depression*，台灣銀行出版中譯本）說明他的結論。之後再由丁伯根用統計方法加以測試，看它們是否符合現實。丁伯根把各種現象加以分類，再測試各類現象的假說。1939年，他在兩篇文章發表他的結論，指出利潤的波動在大多數產業部門中，都是總體投資波動最重要的解釋因素。

凱因斯則被請來評論丁伯根的第一篇文章。他不太想寫，但在他寫完後，便成為科學史上最常被引用的評論之一。摘錄如下：

> 丁伯根教授顯然不想說得太多。假如他被允許繼續說下去，他會在結尾時謙沖為懷的承認，這些結果可能沒有價值。他最糟的一點是他對於接下這份工作比較感興趣，而非花時間去決定這份工作是否值得。他顯然也比較偏好算術迷宮，更勝於邏輯迷宮。我必須請他原諒敝人的批評，因為早在多年前我對統計理論的喜好便正好相反。

他批評這個方法有好些缺點。例如：你必須知道每個重要的參數；實質的結構裡可能隱藏假性的振動；還有他的線性假設或許與事實不符。簡言之，他認為丁伯根的模型，唯有假設循環本身受到其他外來循環的推動才能說得通。為了解釋原有的轉折點，他必須設定非線性關聯。凱因斯的結論是：

> 我的感覺是，丁伯根教授或許同意我的許多批評，可是他的反應將是再加入十位計算士，並把他的悲傷掩埋在算術裡。

丁伯根正是如此。他雇用幾位計算士（真的是用手做計算的人），在1939年發表一個美國的景氣循環模型以分析1919-1932年間的波動。這次他參考明斯基和金德伯格的作法，加入了金融部門，以等式說明債券、股票、貨幣利率和貨幣供給的行為。這個含有四十八個等式的模型（是荷蘭模型的兩倍），在不斷受到刺激之下，會在一個4.8年的週期內搖擺。若不予刺激，它很快就會靜止下來。當然，如果有人要用它來解釋大蕭條，這種論點便很難令人滿意。

凱因斯對此並不沈默。丁伯根在1940年發表回應時，凱因斯雖然對他很客氣，但對計量經濟學則否：

> 因此，就人類特質而言，沒有人可以安心地信任黑魔法。

凱因斯在經濟學的基礎教育並不是非常廣泛。他在劍橋四年主要關注數學本科與其他興趣，他受到他在商業與貨幣管理經驗的影響，可能多過於主流學派的影響。這些經驗使他相信，現實的複雜度根本無法以總體經濟等式系統加以正確模擬。在丁伯根發表他的美國經濟模型的同一年，凱因斯這個論點的含意也出現在一篇論文裏頭。這篇文章的作者是一名二十四歲的哈佛大學研究生。

兩個原理的結合

哈佛大學的一名老教授艾爾文・韓森（Alvin Hansen）在1939年想到一個重要的問題。當時韓森是美國凱因斯學派的領導人物，他很想把凱因斯的思想跟先前的古典學派結合起來。所以，他問他的得意門生保羅・薩繆森能否把凱因斯學派的乘數和古典經濟學的加速原理兩相結合，後者係由克拉克首創，但亦見諸斯庇托夫、羅伯森、米契爾、阿夫塔里昂（Albert Aftalion）、庇古和哈洛德等人的理論。

韓森和他的學生感到好奇的是，原則上加速器與乘數是兩個簡單的觀念，卻沒有人研究過如果把兩者相結合會是如何。例如結合後的動能是否會讓循環減弱？或是加速成長？或是全然不同的東西？它會適合所有的可觀察事實嗎？因為如果不然，你就有了大麻煩了！年輕的薩繆森首先製作一個簡單的表格，結合一個模型經濟裡的兩種效果。他設定如下的規則：

- 政府支出固定為每年「1.00」。
- 消費一定是前一年國民所得的一半（當時，經濟學家已發現「消費傾向」受到先前所得很大的影響）。
- 投資一定是前一年與本年度之間新增消費的一半（這符合凱因斯假設投資人用後照鏡看東西，而非用望遠鏡），消費成長與投資之間的關係可稱為「加速器關係」。

• 總所得等於政府支出加消費加投資。

表14.1說明了這個簡單的模型。

它說明一個固定參數的經濟時光旅程（消費傾向0.5，加速關係為1.0）。在薩繆森所設定的規則中，它顯示國民所得在財政刺激固定不變下，循環可能減弱（循環減弱後，最終趨於停止，與蛛網系統相反）。這些波動的基本理由是薩繆森在等式裡加入時間落差，他設定投資與消費取決於過去，而不是現在。

可是薩繆森並未就此打住。他進行一系列重新演算，計算不同的參數值，也就是消費的邊際傾向和投資關係，稱為「因素分析」（factor analysis），圖14.3說明他的發現。

這名年輕的研究生現在解開教授的疑問了。答案是視兩個參數

表14.1 結合乘數與加速器

時期	政府	消費支出	投資	國民所得
1	1.00	0.0000000	0.0000000	1.000000
2	1.00	0.5000000	0.5000000	2.000000
3	1.00	1.0000000	0.5000000	2.500000
4	1.00	1.2500000	0.2500000	2.500000
5	1.00	1.2500000	0.0000000	2.250000
6	1.00	1.1250000	–0.1250000*	2.000000
7	1.00	1.0000000	–0.1250000	1.875000
8	1.00	0.9375000	–0.0625000	1.875000
9	1.00	0.9375000	0.0000000	1.937500
10	1.00	0.9687500	0.0312500	2.000000
11	1.00	1.0000000	0.0312500	2.031250
12	1.00	1.0156250	0.0156250	2.031250
13	1.00	1.0156250	0.0000000	2.015625
14	1.00	1.0078125	0.0078125	2.000000

以上為薩繆森計算所用的數據。6、7、8三個時期的投資為負數應可解釋為邊際效應，亦即在政府支出每年增加1.00的情況下，若政府不加以刺激，6-8時期的投資將會減少！

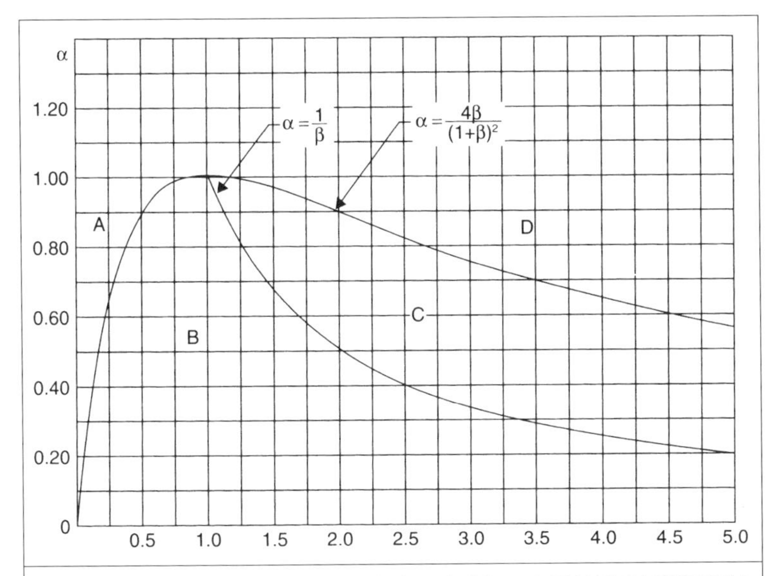

圖14.3　薩繆森的乘數與加速器模擬之因素分析。水平軸代表加速關係的數值，而垂直軸代表消費傾向。圖型說明不同行為之間的因素結合的邊界。A區代表導致穩定的結合，B區代表導致減弱循環的結合，C區是爆炸性循環，D區則是導致極端成長的結合。

資料來源：Samuelson，1939。

的實際數值而定，這個模型社會的所得將呈現：

- 穩定性
- 減弱的循環
- 爆炸性的循環，或
- 極端的成長

新古典綜合學派

薩繆森這篇文章刺激了後人稱為「新古典綜合學派」（neo-classical synthesis）的誕生。這是二十世紀發展出來的一種新學派，提出四種基本的簡單假設：

- 所有人（或所謂代理人）都是理性的。
- 模擬經濟行為的最佳方法是模擬個別代理人擴大自己利得的行為，然後將這些個人行為加總起來以製作總體模型。
- 自由市場機制是達成經濟協調的最佳方案。
- 自由市場基本上是天生穩定的。

新古典模型主要受到古典模型的影響。它的概念是理性的個人（亞當・史密斯的私利），並使他們的愉悅原子（艾吉渥斯）更有效的創造一個自我平衡系統（亞當・史密斯的看不見的手）。經濟模型來自於個人：個人行為的總和創造出總體行為（華拉和帕瑞托）。

此學派具有數項科學和實質優勢。一個明確的優勢是它依據一種典雅的模型手法，模擬其中最小個體行為的任何模型，有可能比約略假設總體水準的模型（例如凱因斯和傅利曼）來得準確和有彈性。其次，系統會自行恢復均衡。你可以改變模型裡的任何參數，他們會在經歷一段調整期之後重新找到均衡。這表示你可以從任何問題得到清楚的答案，例如「如果我們增稅3%會造成何種效果？」它的缺點是，你所做的假設必須十分簡單才能讓模型運作：例如它基本上假設人是理性的、市場是有效率的，但凱因斯並不同意這點。薩繆森在1955年表示，新古典綜合學派經過多年的發展，「除了5%極左與極右的作者以外，它已被全面接受。」

艾羅、德布魯和新古典傳統

諾貝爾獎得主肯尼斯・艾羅（Kenneth Arrow）與吉拉德・德布魯（Gerard Debreu）在1954年發表了一篇著名文章，標題為〈競爭經濟的均衡〉（Existence of an Equilibrium for a Competitive Economy），使新古典傳統達到一個里程碑。這篇文章幾乎提供了亞當・史密斯「看不見的手」存在的證據，可是許多經濟學家後來質疑這種假設的現實性，甚至連艾羅自己也懷疑。

新古典理論假設市場是理性及有效率的，並不表示他們假裝景氣循環不存在。假設人是理性的，市場是有效率的，與在同時觀察景氣循環絕對是並行不悖的。假如這些循環是由一系列的外部衝擊所引起，例如拉格納・弗里希的「棍子」，它的基本假設是來自市場外部的衝擊造成了波動。但新古典學派用不符合自由市場經濟運作的因素來解釋這些波動。

貨幣或實質因素？

如同馬歇爾、魏克賽爾和海耶克，新古典學派起初假設貨幣變動是景氣循環的主因（不過海耶克不算是新古典學派，因為他不相信理性代理人和效率市場）。早期的新古典學派有兩大方向，以貨幣因素來解釋景氣循環：

- **假設相對的價格混亂**。增加貨幣供給，使得所有物價上漲。可是個別生產商誤以為他們擁有特別的價格優勢（相對的價格上漲），但實質的狀況是所有的價格都在上漲。
- **假設「永久－短暫的」混亂**。人們不了解貨幣供給的改變，因而不知道價格上漲是永久的或短暫的。

不過，新古典學派的焦點逐漸轉移到「實質」因素（意指貨幣之外的所有因素）。

新古典學派的「均衡」和景氣循環

新古典學派對景氣循環的研究方法包括原來的波動來源以及傳導機制，後者可能擴大及傳播起初的波動到整個經濟。這些理論所指的「均衡」係指傳導機制，而「貨幣」或「實質」主要是指假設的波動來源。

實質的景氣循環理論

實質景氣循環（real business cycle）並不是什麼新觀念。例如傑逢斯在他失敗的「太陽黑子」景氣循環理論便曾提出這種觀念，斯庇托夫和熊彼得則在他們的創新波動理論中提出過。

新古典實質景氣循環學派的基本假設是，景氣循環的主因是由衝擊造成的，例如科技創新、習慣的改變、戰爭、政治變動，或是自然界（重點在於供給衝擊，像是某個事物的產出變動）。這些模型並非假設經濟對任何的衝擊，或在遭受衝擊時，都做出對應的反應；它假設一些天生的傳播機制將外部衝擊的效應轉換成比較有規律、一再發生的收縮與擴張運動。可是，這個理論方法有一個嶄新而特異的角度：它認為經濟永遠處於均衡，即使它在大幅波動之際！

這個解釋很簡單：市場是有效率的，它們永遠都在追求均衡。實際情況是經濟時常受到衝擊，每次都會經歷一個短暫階段，而它們都代表當時最好、最可能的均衡。因為有一個自然、均衡的傳導機制對衝擊做出回應，所以這種運動是順暢且有「週期性」的。你可以把實質景氣循環理論稱為「流動的華拉均衡」。這種方法的優點是你可以保有新古典均衡模型及他們的個體經濟基礎，又能解釋景氣循環。

1982年11月號《計量經濟學》雜誌中有一篇文章乃首次有人對現代實質景氣循環理論做出重大說明。這篇文章是由匹茲堡卡內基美隆大學教授芬恩・凱德蘭（Finn E. Kydland），以及明尼亞波利斯聯邦銀行研究部及明尼蘇達大學經濟學教授愛德華・普瑞斯考特（Edward Prescott）共同執筆的〈建立與彙總波動的時間〉（Time to Build and Aggregate Fluctuations）。這篇文章說明所謂的實質景氣循環模型——先前拉格納・弗里希所提出的棍子與木馬的模型，指出週期性運動是由外部衝擊所造成，以及週期性運動是由天生的傳播機制將外部衝擊擴大到整個經濟系統所造成的。

風中鼓動

就理論／模型的觀點而言，實質景氣循環模型沒有什麼不好；可是它們卻引發大量的批評文章。一個典型的例子是1986年普瑞斯考特在一場會議上發表一篇有關實質景氣循環理論的文章：〈景氣循環測量前的理論〉（Theory Ahead of Business Cycle Measurement），其中一篇回應是由哈佛大學教授賴瑞・桑默斯（Larry Summers）所寫的〈對於實質景氣循環理論的一些質疑觀察〉（Some Skeptical Observations on Real Business Cycle Theory）。桑默斯於1999年獲任命為美國財政部長，而這可能是全球最強大的經濟職位。桑默斯的回應對實質景氣循環理論表達出很不利的看法：

> 這些理論否認了許多總體經濟學者，以及那些每天預測及控管經濟的所有人士認為不證自明的定理。實質景氣循環理論者斷言貨幣政策對於實質活動沒有效果，又說財政政策只有透過其獎勵效果才能發揮影響，以及經濟波動完全是由供給而非需求衝擊所造成的。

桑默斯接著寫道：

> 如果這些理論是正確的，實質景氣循環理論者就是在暗示凱因斯革命之後發展的總體經濟學應該丟進歷史的垃圾桶裡，並且大多數當代總體經濟學家的工作跟研究占星術一樣不值一提。

桑默斯認為，普瑞斯考特模型的參數不正確：

> 普瑞斯考特的成長模型並非難以想像的現實表述，但要說它的參數源於成長及個體觀察，在我看來是誇大其辭。我的腦

海中浮現一個蓬鬆的大帳篷在風中鼓動的畫面。

他的結論並不是說參數是錯的（以及這整件事令人想起在風中鼓動的蓬鬆大帳篷），而是指出很難找出造成人們所經歷的實際景氣循環的外部衝擊。每個成長年代和每次崩潰或衰退都應該有外部成因，但是通常很難看得出來。在大多數例子中，比較明顯的解釋反而是內部非線性，他說明何以實質景氣循環理論者可能出錯：

- 實質景氣循環理論的擁護者會藉由平均生產力統計資料來衡量技術創新⋯⋯。
- ⋯⋯可是根據與公司訪談的研究顯示，生產力往往在下跌波段下降，不是因為外部衝擊，而是因為公司選擇保留員工俾以為景氣好轉時做好準備。

另一個讓桑默斯無法接受的論點是，他們宣稱受過「測試」，即使他們沒有加入價格資料。價格資料將顯示到底發生了供給或需求衝擊，但沒有這些資料就無從得知。最後他認為衰退時期效率市場交易（如同新古典學派所說）的假設很不切實際：

> 看看美國大蕭條時期任何的生活札記，公司有產品要賣，工人想用勞動來交換，但交易就是沒發生。即便總因素生產力確實下降，但若將1929至1933年發生的科技衰退視為帕瑞托最適狀況，實在太荒謬了。實際上是交易機制失敗所致。

桑默斯提出的解釋是，有確切的證據顯示有些機制時常造成交易機制與信用市場崩潰。

實質景氣循環理論的支持者表示，這種理論最大的好處是它為景氣循環研究奠定個體經濟基礎，而這項基礎符合主流的新古典經濟學。然而，桑默斯等反對者認為他們為了配合模型而設定的抽象和簡化狀況太多且太粗糙，以致結果與現實沒什麼關聯。他們所做的是消除任何可能造成模型固有之不穩定的因素，例如在研究實際事件時可能隨處迸出的正向回饋環路（positive feedback loop）。他們忽略了大多數波動形成的大部分因素。

均衡的問題

薩繆森結合了兩個簡單的現象，並說明它們的共同行為有多麼複雜。不過，重點是迄今所提出的景氣循環理論都至少敘述了五種不同的、非線性的回饋現象種類：

- **正向回饋環路**。惡性循環，一個既有事件刺激了另一個，後者又回過頭來刺激前者。範例包括早期的動能交易理論（密爾、馬歇爾），及自我訂貨（像是克拉克的加速器和梅茲勒的存貨循環，我們將在第15章進一步加以探討）。
- **重覆回響**。耐久資本財（例如船隻）或消費品（例如汽車）的投資群聚，艾納森的造船循環即為此類重覆回響。
- **級聯反應**（cascade reactions）。具有內建擴大器效果的連鎖反應，常見於「群眾心理」理論，我們稍後將再討論。熊彼得說創新群聚的二級效果遠比主要刺激來得強烈，很明顯就是在說這個。
- **時間落差**。指現在發生的行動或事件產生的效果，在稍後時間浮現。蛛網（丁伯根、里奇）以及加速器（克拉克）都是這個現象的例子，以及許多消費不足和過度投資理論（霍布森、杜岡－巴拉諾夫斯基、斯庇托夫、卡欽斯、福斯特、卡賽爾、羅伯森、霍特里、費雪、凱因斯、米塞斯、海耶克）。
- **反抑制**（disinhibitors）。指可能的負向回饋程序被正向回饋程序給暫時阻擋，其中涉及一些心理理論因素，像是動能交易（momentum trading，密爾、馬歇爾、庇古），以及自我訂貨（克拉克、梅茲勒）。

回饋觀念

非線性回饋說明過去與現在之間複雜的統計關聯。長久以來經濟學家提及的許多回饋現象主要分成兩類，「正向」（positive）與「負向」（negative）。正向回饋現象讓系統脫離平順的趨勢運動。相反地，負向回饋現象將經濟帶回平順的趨勢。亞當・史密斯「看不見的手」就是負向回饋的觀念，有關景氣循環轉折點的明顯解釋也是。

總體經濟模型
1980年諾貝爾經濟學獎得主勞倫斯・克萊恩（Lawrence Klein）是最早使用「總體經濟學」（macroeconomics）一詞的人，出現於他1946年所發表的〈總體經濟學及理性行為理論〉（Macroeconomics and the Theory of Rational Behavior）一文中。克萊恩首創以團隊方式來建立總體經濟模型，因此一個有著數千或數萬個等式的大型總體模擬模型，即由許多科學家共同完式。大型的計量經濟模型通常包括至少一百個等式，代表總體經濟行為的不同層面，還有其他等式代表定義、外部投入及限制。他們有各種形式，但一般的現代模型是非線性且複雜的，往往結合新凱因斯模型的因素（假設市場效率）。最知名的景氣循環研究商業模型包括：資料資源公司（Data Resources, Inc）的DRI模型、雷曼兄弟（Lehman Brothers）的西奈－波士頓模型（Sinai-Boston Model）、大通計量經濟（Chase Econometrics）、華頓計量經濟預測合夥人公司（Wharton Econometric Forecasting and Associates）的華頓模型（The Wharton Model），以及勞倫斯梅耶合夥人公司（Lawrence Meyer and Associates）的LHM&A模型。最知名的公共模型包括NBER模型，與結合數個地方模型而建立的國際超模型——LINK計畫。LINK計畫持續擴大，早在1987年就已包含兩萬個以上的等式，內含七十九個總體經濟模型。

問題在於已發現的回饋現象數量驚人：看似正確的理論與原理的數量急速增加。就其動力的複雜性而言，人們怎麼能夠清楚了解整個行為，遑論加以預測？資本主義的選擇程序是否已創造出一個無人可以理解的複雜系統？試著想像，假如環路可以套入連鎖反應，其中一些被擴大而形成級聯，全體都會造成回響，而且整個系統又有多重的時間落差與反抑制！可惡！

現在可以明白看出，在了解景氣循環這方面，堆積大量的經濟數學原理是沒有用的。你需要穿透迷霧，找出真相。一如薩繆森的模擬所顯示，在模擬器的整齊邏輯背後可能隱藏一個非常奇異的世界——一個呼之欲出的世界。但在丁伯根和薩繆森發表文章的那一年，二次世界大戰爆發。愈來愈多傑出的科學家被迫轉移工作焦點，改而投入軍事研究。

鐵腦

他們當初沒有料到，之後又花了七年才使他們相信。

——系統動力學之父佛瑞斯特（Jay Forrester）

二次大戰如火如荼展開，費城摩爾學院（Moore School）的學生議論紛紛。有一間教室被鎖上，裡頭正進行一些奇怪的事。每天都會看到同一批科學家和技術人員，佩戴特殊許可證，在這個房間進進出出。他們到底在裡頭做什麼？

巴貝奇的機器

他們在創造歷史。首次獲准入內的人會看到完全意想不到的東西，完全不同於以往人類所建造的任何東西。它很大、很奇怪，甚至有些男性化。

這是人造的計算設備，如同查爾斯・巴貝奇八十年前的夢想。如今，有非常迫切的需要來建造它。還記得讓巴貝奇和他的友人疲於計算的對數表嗎？軍方現在就需要類似的東西，不但數量龐大而且運算速度要快。他們的問題之一是要計算大砲發射出來的彈道，這需要一再進行複雜計算才能得知模擬彈道。軍方迫切需要一份新的彈道表，因為盟軍舊的彈道表在北非不管用，原因是北非的地面比美國馬里蘭州鬆軟。

起初他們想把它取名為「電子數值積分器」，後來又多加了「計算」二字，縮寫為「ENIAC」（Electronic Numerical Integrator and Computer）。它想要成為史上第一個人工腦、多用途超高速計算機，當然運用的不是蒸汽動力、齒輪和下墜的重量，而是更快更小的東西：電子。第一位提議建造這部機器的是約翰・莫奇利（John W. Mauchly），他是費城附近的烏爾西努斯（Ursinus）學院物理學系主任。1940年，他寫信給他的學生說他希望能夠建造一部電子計算機，在按下按鈕後就能算出所有答案。沒人相信他辦得到，可是他的一名學生普瑞斯柏・艾克特（J. Presper Eckert）立即了解這個願景並予以支持。1943年4月9日，這個計畫正式獲得許可，五十個人受命投入這個計畫，並由莫奇利和艾克特主持。

從某些角度來看，他們想要建造的機器和當初巴貝奇想像的不同。它不是由自己的內部記憶所控制，而是由插接板，亦即機器內部連結以決定如何解答問題的方式。而且它應該要很快速。

1944年4月的某一天，他們找來兩名在微分分析儀工作的女員工，向她們展示ENIAC的突破。他們組裝了兩個加法器，各用了五百顆真空管，莫奇利按下一個按鈕，第一部加法器的第五顆霓虹燈泡亮了起來。幾乎就在同時，第二部加法器第四位數的地方出現了一個「5」的數字。這兩名女性非常訝異，這就是「突破」嗎？這個龐大的科學團隊這麼辛苦的研究，就只有這種成績——只會把一個數字由一台機器移轉到另一台？此時，這兩位男士開口解釋了。第二部加法器第四位數的地方出現的「5」代表著「5000」，這兩部機器剛才運算了「5 × 1,000」。這種機器可以在0.0024秒執行一項乘法，運算速度比巴貝奇的夢想還快四千倍！

兩個月後，一名ENIAC的工程師賀曼・高德史坦（Herman Goldstein）在月台上等著搭火車到費城時，瞧見約翰・馮紐曼（John von Neumann），一個短小粗壯的男人。馮紐曼被許多人視為世上最傑出的數學家，確實他的智慧是無庸置疑的，他可以一字不漏地背誦多年前讀過的書，他可以在數分鐘內用心算解答其他數學家要花上數小時或數日才能算出的數學問題。高德史坦告訴馮紐曼，他參與建造一部電子計算機，不久後，馮紐曼決定加入

ENIAC計畫。

世上最知名的數學家決定支援這個計畫，讓許多決策者相信電子計算機的潛力應該比他們原先預期的高出許多。1945年12月，這個小組終於把整部機器組裝完成。它佔據整個教室，長80英尺，寬8英尺，厚3英尺。它有40個面板，4,000個旋鈕和4,000個紅色霓虹燈管來顯示內部不同零組件的功能。這些零組件包括10,000個電容器、6,000個開關和17,468顆真空管。後來有人說（不過應該只是傳說），這部龐大機器的電源第一次打開時，費城的燈光霎時黯了一下。

ENIAC建造完成之後沒多久，便開始動工打造另一部更為複雜的EDVAC，完成時大約有4,000顆真空管和10,000顆水晶二極真空管。

旋風計畫

大約於此同時，馮紐曼和艾克特接見一位二十七歲的訪客，來自麻省理工學院（Massachusetts Institute of Technology, M.I.T.）的杰・佛瑞斯特。他是電子工程研究生，此行前來是因為他面臨一個重大的任務：他被要求建造一部飛行實況模擬計算機。當時已決定好這部飛行模擬計算機是數位式的，所以佛瑞斯特探訪各種數位運算的研究以蒐集資訊。1946年1月，他的計畫獲得許可，取了個流行的名字「旋風」（Whirlwind）。它成為1940年代後期到1950年代初期規模最大的計算機計畫，有175名雇員。1948年中央主機架設完成，佔地230平方公尺。其速度更快、停機時間較少（每天只有數小時）。佛瑞斯特的旋風計畫十分成功，這項技術後來運用在精密的防空系統。

1956年，麻省理工學院校長找上佛瑞斯特，問他是否有興趣回到母校的史隆（Sloan）管理學院工作。佛瑞斯特同意了，因為他認為新的計算機潛力無窮，能影響許多學科：計算機龐大的能力可

圖15.1　ENIAC計算機重達三十噸，產生大量熱氣以致必須使用特殊的空氣冷卻式冷卻系統。它使用一萬九千顆以上的真空管，大約一千五百個繼電器與數十萬個電阻器、電容器和誘導器。
資料來源：Corbis。

以進行大規模的實驗性模擬。使用計算機測試一個等式，可以略為調整參數多次測試，檢視其結果是否合理。他稱這門新學科為「系統動力」(Systems Dynamics)。

梅茲勒與存貨循環

佛瑞斯特對景氣循環感到興趣，不久他和他的人員便開始建立一個存貨循環的模型。存貨循環最基本的原理可簡述如下：

> **場景1（汽車製造廠）**：經濟成長，老闆史密斯先生預期銷售增加，所以正在增加存貨。可是，過了一陣子，他認為存貨已經夠了，於是減少下一筆存貨訂單。

場景2（汽車零組件供應商）：汽車零組件工廠的老闆瓊斯先生正在等候史密斯先生來電下新訂單。他上次接到的訂單比以前少了些。

場景3（大學演講廳）：經濟學大師凱因斯正在向學生解說，如果一個部門的消費減少，乘數效應會擴大其效應。

場景4（史密斯先生的辦公室）：受到乘數效應的影響，經濟成長趨緩，因此史密斯先生擔心存貨水準，他決定這一陣子不要再訂購任何存貨。

圖15.2　杰．佛瑞斯特在麻省理工學院設計與監製「旋風」一號（Whirlwind I）計算機。它可以說是全球第一部高速計算機。圖中左邊兩人，佛瑞斯特（左方站立者）和諾曼．泰勒（手指計算機者）檢視計算機的電路。

資料來源：MITRE公司。

場景5（瓊斯先生的辦公室）：瓊斯先生正在等候史密斯先生打電話來訂購存貨，但電話鈴聲始終沒有響起。於是瓊斯先生只得解聘一些人手，決定認真檢討自己的存貨。最好減少一些存貨吧……

當時有關存貨循環的文獻很多，佛瑞斯特和他的團隊開始檢視它們，包括梅茲勒的〈存貨循環的本質與穩定性〉（The Nature and Stability of Iventory Cycles），在1941年刊載於《經濟學及統計學評論》（*Review of Economics and Statistics*）。梅茲勒的存貨模型與薩繆森在1939年說明的加速器／乘數模型有許多雷同之處。梅茲勒的模型顯示，存貨波動可能造成一系列對立的參數範圍：

- 阻尼（damped）單調（monotonic）。
- 經常性單調。
- 爆炸性單調。
- 爆炸性振動（oscillation）。
- 經常性振動。
- 阻尼振動。

存貨循環模型

佛瑞斯特與奇異公司（General Electric）的人討論過，該公司的困擾是他們的工廠有時忙到要輪三班制，每周工作七天不能休息，但幾年後又閒得半數停工。他動手模擬這個問題，後來變成一個生產電冰箱的紙板遊戲。

佛瑞斯特的遊戲後來不斷流傳，有人又把它改成啤酒遊戲，玩家使用電子遊戲板，分別扮演啤酒產銷的四個部門：

- 釀酒廠
- 經銷商

- 大盤商
- 零售商

這個遊戲通常需要三到八組的四人隊伍，每組的四個人分別負責其中一個部門。這是簡單的存貨管理遊戲，也許有人以為這太過簡單了。

劇烈振動

但其實不然。這個遊戲剛開始只有麻省理工學院的學生在玩，後來傳到美國其他大學，吸引了數萬人加入，從高中生到大公司執行長，大家的感想都是一致的：人類行為創造了不穩定。多年之後，麻省理工學院史隆管理學院的史特曼（Sterman），發表了四十八局玩四年的戲局。一百九十二名參賽者多為企業主管和麻省理工學院的研究生（MBA）與博士生。在每局遊戲中，他設定相同的消費者需求，而且非常簡單：前四週每週四箱，之後的三十六週每週八箱。四十八局全部產生不穩定和振動。在第二十週及二十五週之間，釀酒廠的平均未交貨訂單為三十五箱，為每週消費增加幅度的九倍以上！其次，不穩定很明顯地被放大了，每週四箱的消費者需求最初的振動在整個系統內被放大。平均而言，等抵達釀酒廠時，最初增加的需求被放大了700%。所以，非但沒有穩定一個暴露在外部衝擊的系統，玩家最後反而擴大了振動。圖15.3說明了這種情況。

經過這種初期的模擬之後，佛瑞斯特和他的團隊開始建立一個美國經濟的動態多部門電腦模型。此一模型根據一些核心原則：

- 每個部門的決定並非依據最適經濟均衡的主流理論，而是依據廣泛觀察到的實際人類行為（類似於啤酒遊戲）。存貨、處理中的貨物、員工庫、銀行收支和未交貨訂單等儲藏庫／緩衝器尤其受到注意。

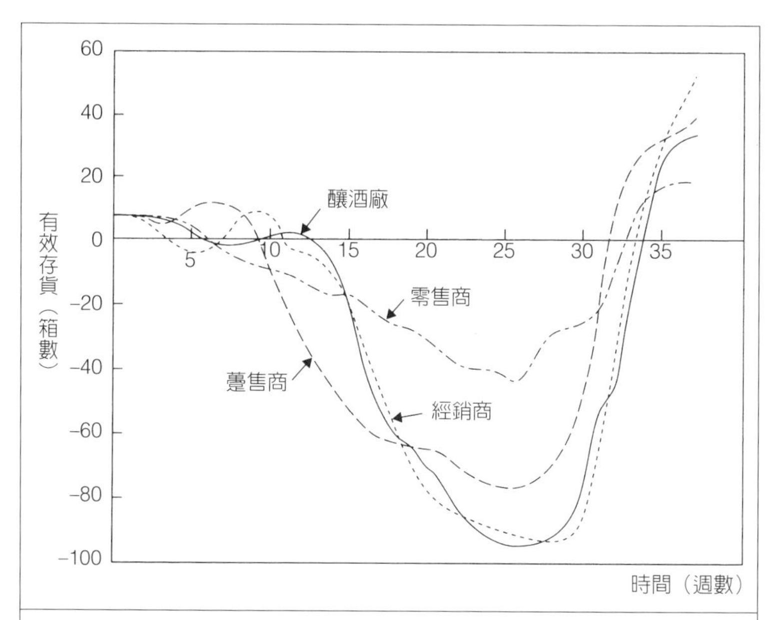

圖15.3　啤酒戲局裡有效存貨的實際表現。可以看出，這三個部門的有效存貨歷經小幅的需求震撼之後，有一段長時間變得非常落後（大量的未交貨訂單），在兩個部門累積的數量相當於十週以上的需求。到了三十二週之後，終於趕上，結果卻又變得太多了。

資料來源：MITRE公司。

- 一些由現實裡得知的非線性關係亦納入。

這個團隊首先單獨調查生產部門，他們保持固定的資本，所以生產只會受到投入勞工數量多寡的影響。

接下來，他們擴大模型，（務實地）允許貨物和資本的波動，導致更多的波動，類似於顧志耐和康德拉季耶夫週期。

佛瑞斯特認為這些結果對了解景氣循環產生重大意義。首先，它們顯示菲利浦曲線可能是錯的。在70年代以前，菲利浦曲線的觀念早已被普遍接受。這個曲線表示失業與通膨之間的簡單權衡。如果你想要低失業，你就得接受合理的高通膨（例如在美國，一直到1970年，主要的計量經濟學模型顯示只要接受4%的通膨率便可達到低失業率)。但佛瑞斯特的模擬證明，實際上經濟可能受到數個景氣振動左右，一如熊彼得在1939年提出的。佛瑞斯特認為，若果真如此，那麼通膨與失業之間的關係或許沒有那麼簡單。反之，經濟很可能同時存在這兩種邪惡，或者二者皆無，端視這三種循環的模式而定：

> 有可能存在三種不同且不相干的動力模式。第一種可能是在薪資變動和失業兩者造成週期性變異的景氣循環，進而產生菲利浦曲線關係；第二種可能是康德拉季耶夫週期，可能自行造成失業大幅增加；第三種可能是貨幣供給與物價之間的尋常關係造成通膨。如果這些不同的模式各自分開，貨幣供給便會影響通膨，而不致產生失業的問題。

佛瑞斯特認為，經濟學家若沒有注意到這些可能的獨立循環現象，他們將有誤解現階段活動之虞。如果他的假設屬實，那麼計量經濟學家在為經濟體建立預測系統時，可能忽略了一些關鍵的重點。

三名經濟學家對於菲利浦曲線的批評

菲利浦曲線說明通膨與失業之間的權衡，這個關係首先由費雪在無意間提起，後來由菲利浦以統計數據加以說明。1960年梭羅與薩繆森合著一篇以此為主題的文章〈抗通膨政策之分析層面〉（Analytical Aspects of Anti-Inflation Policy），才使它成為主流理論。反對此一理論最力者包括杰・佛瑞斯特、密爾頓・傅利曼和羅伯・盧卡斯。他們的反對意見簡述如下：

- **佛瑞斯特**：薪資與就業的波動均為景氣循環動力的後果，因此通膨並不是就業的獨立驅動器。增加貨幣供給可以升高通膨，但不致於影響就業。
- **傅利曼**：經驗顯示通膨並不會降低失業。通膨率成長確實可降低失業，因為通膨率的持續成長很顯然無法持久，抑或不理想。
- **盧卡斯**：人們往往有理性預期。如果你試圖以挹注貨幣來刺激經濟，那麼人們預期將產生通膨，企業提高價格，工會要求加薪以緩和物價上漲。其結果將是「停滯性通膨」（stagflation），亦即增加通膨卻沒有增加成長。

通膨與失業之間的關係並不實際，我們最早可由1720年的密西西比紙幣泡沫看出。七○年代後期大家逐漸認知到這點，因為當時同時存在高通膨與高失業，微調政策受到批評之後，美國、英國、日本和瑞士等央行自此終於採行鎖定年增率區間以追求貨幣擴張的貨幣主義政策（可是日本的政策在九○年代一敗塗地）。

厚尾及其相關事宜

每個人都知道什麼是曲線，但在讀了太多數學之後，你就會對數不盡的可能例外感到困惑。

——克萊恩（Felix Klein）

在「旋風」（Whirlwind）計算機計畫仍屬初期階段，而杰・佛瑞斯特也還沒有開始研究經濟不穩定之際，美國土木工程師協會在1951年4月發表一小篇論文，題目為〈蓄水池的長期儲存量〉（Long Term Storage Capacity of Reservoirs），作者是赫斯特（H. E. Hurst）。這位水文學者自1907年起便參與尼羅河水壩工程，由文章題目來看，應該跟佛瑞斯特後來建立的景氣循環模型沒什麼關係，不過實際上是有關的。赫斯特的主要目標是提出一個方法來衡量水庫的蓄水量。水庫系統的情況與經濟蓄水池的問題有異曲同工之妙，像是佛瑞斯特戲局裡的存貨。

赫斯特的問題並不簡單。最重要的部分是預測每條河流與湖泊的天然排水量。很顯然，其中涉及許多統計問題，包括降雨、流失與支流的排水量等。赫斯特說明了自1904年以來的排水量，可是他如何能夠確定這段有限的期間足以代表未來？萬一水壩淹水了呢？

厚尾問題

大多數有基本統計學知識的人可能會用一個簡單的方法來解決這個問題：

> 自然現象通常屬於高斯分布（Gaussian distribution）模式，即所謂鐘形分布。排水量應該也是如此，經過四十多年的觀察後，你可以輕易計算出平均值和標準誤差，把這些數值填入高斯分布等式，便可計算波動超出任何關鍵水準的可能性。

既簡單又明瞭。可是，赫斯特知道其中有個問題，因為與高斯分布比較之下，許多自然現象通常有個厚尾（fat tail），以及高於預期的頭部。這意味著它們往往朝向極端的結果。

赫斯特相信自然系統通常具有三個特點。第一，它們具有正向回饋，亦即任何初期隨機事件往往會「自我增強」，這說明了何以會朝向極端的結果。第二，還有「機率」的因素。第三，有一些「迴路中斷器」可能干擾趨勢。他設計了一個簡單的紙牌遊戲，展示這樣的行為，而這種牌戲的結果就有厚尾。之後，他決定設計一個數學系統來測試這種行為，他稱為「重標定域」（re-scaled range），他使用三個基本變數和一個常數：

N（number of observation）：觀察的數值，例如天數、年數等。

R（range）：在N的期間內所記錄到的最高值與最低值之間的差距（定域）。

S（standard deviation）：「標準誤差」，每個單一觀察對所有觀察之平均水準的平均差距。

a（a constant）：常數，這個數字是你所調查的天然現象所特有的。

因此，他提出下列的關係：

$$R / S = (a \times N)^H$$

這個等式裡的H將說明系統裡的回饋。一個正常的高斯分布，其H值為0.5。具有極大負向回饋的系統，其H值為1。赫斯特使用他的系統來測試許多自然系統的行為，發現許多的H值都高於0.5。換言之，這些自然系統都有強勁的正向回饋程序，才會出現厚尾。

畢諾特・曼德布洛特

對厚尾極感興趣的另一位科學家是畢諾特・曼德布洛特（Benoit Mandelbrot，譯註：碎形幾何學之父）。當赫斯特在埃及一邊欣賞落日一邊喝著飲料，或許眺望開羅塵埃漫漫的街道，曼德布洛特可能正前往美國紐約州約克城高地（Yorktown Heights）的IBM高科技研究中心。曼德布洛特鑽研各類數學問題，而且正好碰到跟赫斯特一模一樣的現象：他在最意想不到的地方發現了厚尾，例如在哈佛大學亨德里克・霍撒克（Hendrik Houthakker）的辦公室黑板上。曼德布洛特於1960年受邀到哈佛演講，當他進入霍撒克的辦公室時，他看到黑板上有個鐘型圖案，具有兩個厚尾。霍撒克說是棉花價格變化的統計分布圖。

從某個角度來說，棉花很適合做為統計測試，因為每日價格資料正確，又可回溯很久以前的歷史資料。當曼德布洛特結束演講後，他帶回一箱霍撒克的棉花價格資料電腦卡。後來，他向農業部索取更多資料，包括1900年以來的價格波動。分析這些資料後，他發現不論是每日或每月的資料都呈現厚尾分布。

法老王與景氣循環

曼德布洛特提出兩種動態特性的差異：

- 「諾亞效應」（Noah effect）或「無限方差症候群」（infinite variance syndrome），指小幅波動因為騷動而被劇烈、不連續的跳躍給打斷。

- 「約瑟效應」（Joseph Effect）或「H共振譜症候群」（H-spectrum syndrome），如同赫斯特所描述，指物價隨著趨勢波動的天生趨勢。

他在棉花價格觀察到的價格波動必然反映出以上兩者，部分源於偶然、部分出於必然。經濟系統被外部、無法預測的事件給推動時，便產生諾亞效應。至於約瑟效應的產生，則如曼德布洛特所說：「統計相關性的極低衰減」。約瑟效應的意思是，在一段持續的時間，每項觀察都與先前觀察在統計上相關聯，如同赫斯特設計的奇怪牌戲。在為這種症候群特性取名時，曼德布洛特亦從《聖經》尋找靈感：

> 「約瑟效應」一詞當然是受到七個豐年及七個荒年的《聖經》故事所啟發（創世紀6:11-12）。法老王必然清楚，每年尼羅河的水位有高有低，通常維持一段長時間，因此它們展現出強勁的長期相關性及相似的景氣循環，但具有可見或隱藏的正弦分量。

電腦泥淖

曼德布洛特不是唯一探索非線性行為的科學家。在麻省理工學院，美國氣象學家愛德華・羅倫茲（Edward Lorenz）利用真空管計算機模擬並預測氣象。這台名為「皇家馬克比」（Royal Macbee）的計算機做了一件它很擅長的事：進行連鎖計算。首先，輸入某一天的天氣資料，像是風速、氣壓、溫度和濕度。有了這些資料後，馬克比就可以計算隔天的天氣，接著再以此為資料計算第三天，以此類推。馬克比模擬二十四小時的天氣發展，大約只要一分鐘。

1961年的某天，大約是佛瑞斯特在麻省理工學院研究系統動力的五年後，羅倫茲檢視了一項模擬，覺得它太早中斷有些可惜。於是，他決定延續這項模擬，但是讓開頭與前次有些重疊俾以確定延續先前計算。所以他把資料列印出來，再小心地把某一天的數值重新鍵入計算機。接著，讓計算機開始運算，他走到大廳去喝杯咖啡。一個小時後，他發現一件很奇怪的事：在這兩份模擬運算中的「重疊」時期，運算結果卻不一樣。這個系統的每個環節預先都已設定好了：輸入的資料和等式完全由他控制，它們在這兩份計算是一模一樣的。可是，模擬的結果卻不一樣，一開始略顯分歧、後來差距愈來愈大。到底是哪裡出了錯？

問題在於列印紙張的大小，這張紙只能印出小數點第三位數，就無法再印了。實際上原先的程式是以小數點六位數來運算，但他把它簡化為小數點三位數。因此，重疊部分的運算差異是小數點第四位數之後所造成的。他再仔細一想，就覺得更不可思議：顯然，長期的天氣預測是不可能的，除非你能知道小數點四位數以上的溫度。光是知道某地方第一天氣溫是21.563度，或實際上是21.563975度，也還不夠。要找出全球各地所有天氣變數在小數點四位數以後的數值是不可能的。雖然沒什麼名氣，羅倫茲把他的觀察發表在《大氣科學期刊》（*The Journal of Atmospheric Sciences*）上，題目為〈確定性非週期流〉（Deterministic Non-periodic Flow）。

這篇論文當時並未引起注意，之後十年只被其他作者引用不到十次。一直到1972年，一位馬里蘭大學物理學和科學研究中心的科學家讀到它，驚喜不已。他把論文複印，分送給任何有興趣的人。有一天，他把文章送給同在研究中心工作的數學家詹姆士・約克（James Yorke）。約克了解這篇文章的訊息，亦即長期的不可預測性可能是非線性系統的天生特性。1975年，他發表有關這個主題的論文。文章刊登於著名的《美國數學月刊》（*American Mathematical Monthly*），題目是叫人無法忽視的〈第三期出現混沌〉（Period Three Implies Chaos）。

題目裡的「混沌」後來被人們用以形容複雜又不可預測的確定現象。「確定性混沌」（Deterministic Chaos）時常用以形容系統行為，用標準統計方法加以測試時看似隨機，但實際上卻是確定的，因此一點也不隨機。而他的這篇論文後來也成為家喻戶曉的文章。

不要責怪氣象學家

羅倫茲在1979年發表一篇題為《可預測性：巴西蝴蝶振翅動作會引發德州的龍捲風嗎？》（*Predictability: Does the Flap of a Butterfly's Wings in Brazil Set Off a Tornado in Texas?*）的論文，顯然從約克的論文得到很大的啟發。如果以讀者數量作為成功的標準，這篇文章極為成功。此後，混沌理論暴紅，各方科學家開始投入研究。該篇文章說明巴西一隻蝴蝶可能決定六個月後某地方可能發生龍捲風。即使氣象學家在全世界掌權，決定把氣象預測當成人類的優先目標，而在地球表面及空中布滿密密麻麻的小型觀測站，他們也無法做出長期的氣象預測。即使這些數以億計的氣象站不斷將資料送到一台配備完美數學模擬軟體的大型中央計算機，也沒有用。因為有隻蝴蝶可能飛到兩個氣象站中間，搧出一絲他們無法精確記錄到的風，這股氣流可能透過正向回饋而不斷增強其效應，而決定了是否會產生龍捲風。羅倫茲的觀點很清楚：回饋系統可能「對初始條件極為敏感」，這種特性後來被稱為「蝴蝶效應」（butterfly effect）。

一些和魚相關的疑惑

回饋系統不僅在經濟學和氣候學出名，在生態學亦然。羅伯．梅（Robert May）於1971年設計一個數學程式模擬魚的族群時，他發現一個特殊的現象。他設計的等式是為了計算在不同的假設狀況下，魚的族群可以增加到多少。當他輸入不同的變數數值之後，模型會模擬生態行為，直到族群數量逐漸固定在一個特定的水準。如果他改變參數，族群便會固定在另一個新的均衡水準。

他的變數之一是生育力，亦即產卵的能力。如果生育力很低，族群顯然會滅亡。在較高生育力的水準，族群會達到不同的均衡。特殊的是：如果他輸入一個極高的生育力，模擬便找不到均衡水準；族群一直不斷波動，而且沒有明顯的模式。造成這種混沌行為的數學回饋等式如下所列：

$$X(n+1) = r \times X(\mathrm{n}) \times [1-X(n)]$$

這個等式所要表達的意思其實很簡單。等號左邊指的是X的下一個數值。X的下一個數值就是我們在右邊可以找到的：它是一個常數r，乘以X現今的數值，再乘以1減掉X現今的數值。這個小小的（而且很簡單的）回饋機制在低參數數值可創造出均衡，但r值極高時便會產生混沌。這個現象不僅很有趣，而且這種等式在許多動力系統的模擬很常見，包括經濟學。就像一個龐大DNA分子裡的一個小基因，這種算法可能隱藏在一個龐大的模擬等式裡。你永遠不會察覺到這種效應，除非你用計算機進行一大堆的系統動力因數分析。所以，如同巴貝奇所預見，計算機真的改革了科學。

蝴蝶效應和費根鮑級串

經濟學領域許多最早期的思想家原本不是經濟學家。舉例來說，魁奈和朱格拉是醫生，華拉和帕瑞托是工程師，紐康是數學家和天文學家。混沌理論更引發大量外來者入侵這個領域。忽然間，世界各地的物理學家和數學專家都在進行經濟模擬，哥本哈根亦然，一個由艾瑞克・摩塞基德（Erik Mosekilde）率領的團隊開始進行改良版的佛瑞斯特景氣循環模型。他們想要調查循環同步化是否如熊彼得和佛瑞斯特所說，可能造成嚴重蕭條。試想：假如有數個不同的循環，你就不能像1935年熊彼得的圖示，把總結果當成個別振動的總和。結果可能更加複雜，因為各個循環會彼此互動和干擾。他們決定測試這個假說，於是把康德拉季耶夫模型分別加到基欽和顧志耐的振動。圖16.1顯示康德拉季耶夫模型不同的表現。

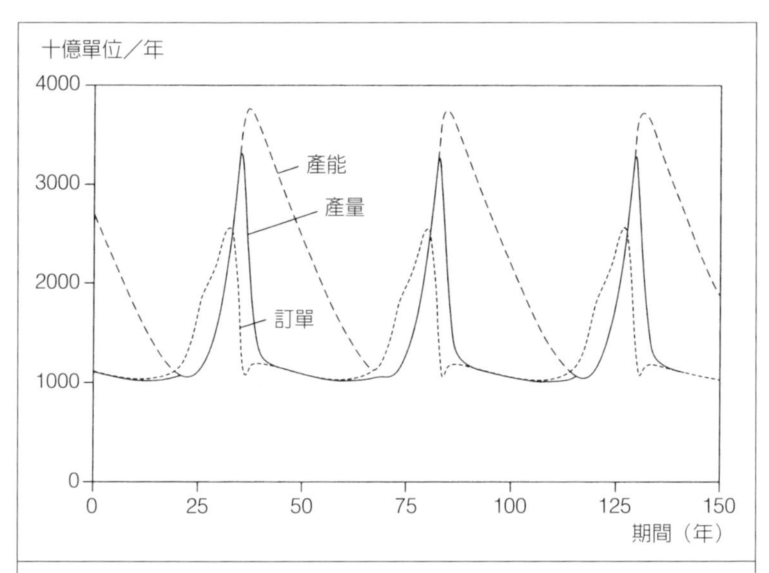

圖16.1　這是根據史隆管理學院的全國系統動力模型修改版所做的康德拉季耶夫循環模擬。

資料來源：Mosekilde, Larsen, Sterman and Thomsen, 1992.

結果康德拉季耶夫模型出現平均四十七年的循環期間，圖中三條曲線代表產能、產量和訂單。訂單最先反轉，接著是產量，最後是產能。這個模型說明，由於資本部門的自我訂貨（亦即訂購資本財，但有時間落差），而產生的天生不穩定的系統。

研究人員接著建立一個模型以模擬顧志耐循環，結果產生22.2年的循環期間。那麼把顧志耐循環與康德拉季耶夫循環相加會如何呢？他們發現，康德拉季耶夫循環會自動把期間延長大約40%，俾以與三個顧志耐循環同步化（圖16.2）。

他們又建立一個基欽循環的模擬，結果計算機顯現4.6年的循環期間。他們又把這個模型加到康德拉季耶夫模型，發現它自動產生同步化，每個康德拉季耶夫振動有十個基欽振動。只要基欽循環保持在4.47至4.7年的區間內，這個情況就保持不變。可是，基欽

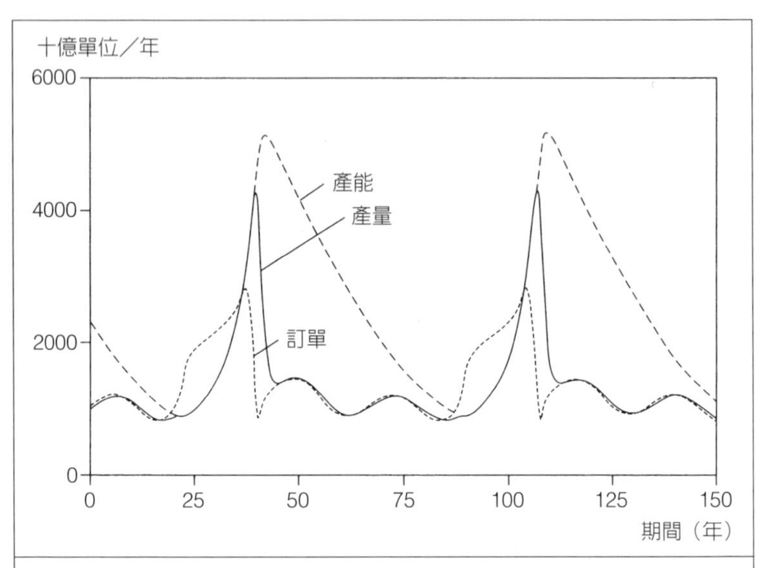

圖16.2　康德拉季耶夫和顧志耐循環之間自動同步化的模擬。這個模擬主要是把圖16.1的康德拉季耶夫模型加入一個外部正弦振動，設定其期間為22.2年，約等於一般的顧志耐循環。

資料來源：Mosekilde, Larsen, Sterman and Thomsen, 1992.

循環若超過這個區間，同步化就會變得更加複雜。同步化的程序亦對振動的幅度十分敏感。圖16.3顯示基欽循環期間保持在4.6年時的同步化情況。

他們實驗的下一個圖（圖16.4）看起來完全不像混沌理論之前的經濟模擬（或許可用於心理測驗，作者本人看來，它像隻披著船帆的長頸鹿）。這個圖實際上是所謂的「相空間」（phase space）。這群科學家把康德拉季耶夫模型加入一個又一個不同幅度與期間的循環，直到達到很大的幅度與期間範圍。本圖水平刻度顯示的是循環期間（由0到60年），垂直刻度則為幅度。圖中的每一點都是一次完整模擬的結果，斜線區塊代表康德拉季耶夫模型與外部循環同步化；白色區塊則為混沌。斜線區塊的數字是每個康德拉季耶夫模型裡所含有的外部循環個數。

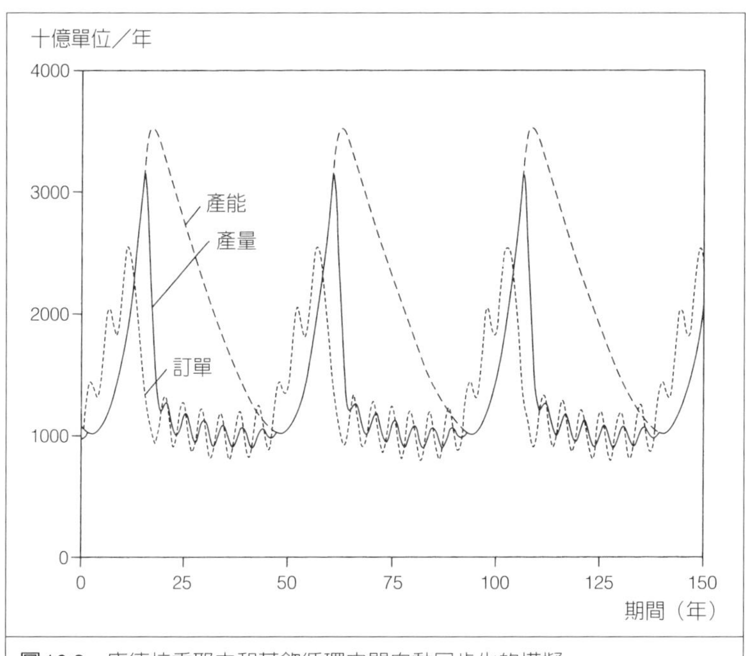

圖16.3　康德拉季耶夫和基欽循環之間自動同步化的模擬。
資料來源：Mosekilde, Larsen, Sterman and Thomsen, 1992.

接下來，我們看最後一個、也是最奇怪的圖16.5。它是許多計算的結果，每個外加的循環期間為19.6年，可是其幅度（水平刻度）在每次計算時略為改變。本圖顯示它由一個解答變成兩個、四個、八個等等，最後變成混沌。

混沌的主要涵義

混沌理論讓我們明白非線性系統的行為。它亦啟發了科學、工程、軟體編寫等新工具的開發。這種系統最重要的特點如下：

- 對初始條件極為敏感（羅倫茲的蝴蝶效應），這構成長期預測的明確障礙。

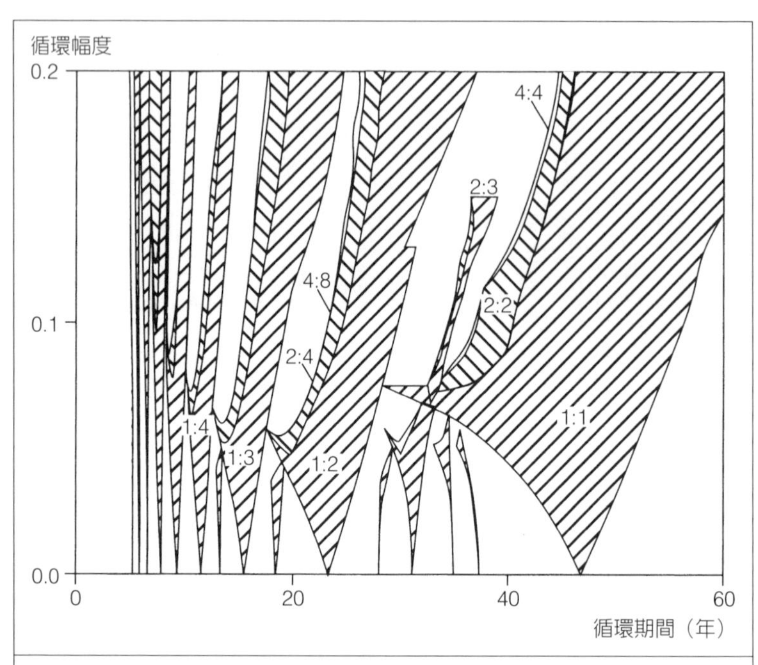

圖16.4 康德拉季耶夫與外部循環同步化的階段空間。本圖說明康德拉季耶夫模型加入其他不同期間與幅度的循環時會有何反應。

資料來源：Mosekilde, Larsen, Sterman and Thomsen, 1992.

- 自我相似（曼德布洛特不同規模的厚尾）。這種模式可能看起來很相似，只是規模不同，可是它們不會一直自行複製成碎形塵，如同「純」等式可能顯示。
- 一些參數區間內的複合吸引子（multiple attractor）（薩伊的費根鮑樹的分叉）。一個系統在一段時間內很可能有數個穩定的解決方案，隨機震撼可能使它們由一個穩定狀態推移到另一個。

混沌理論的作品讓我們對部分經濟和金融系統的本質有了基本了解，因此可以判斷哪些實際的預測工具適用於不同的狀況。系統

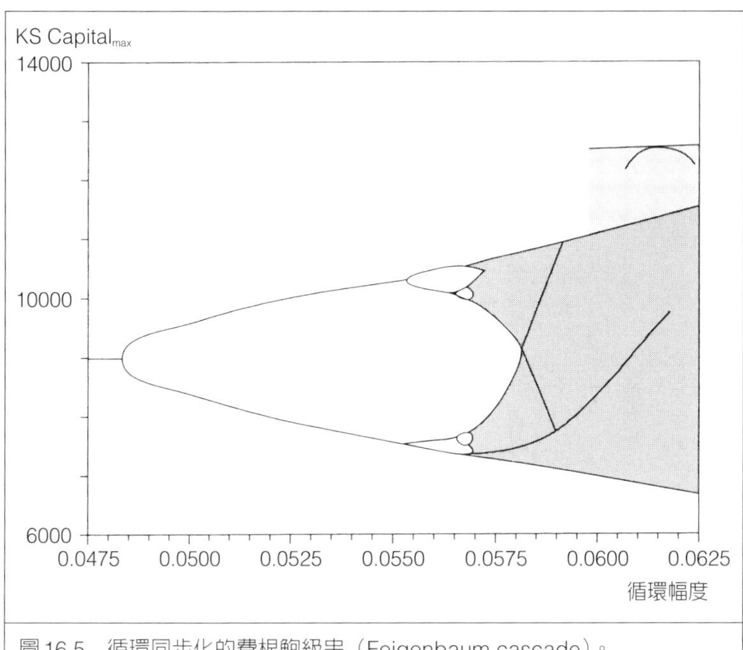

圖16.5　循環同步化的費根鮑級串（Feigenbaum cascade）。
資料來源：Mosekilde, Larsen, Sterman and Thomsen, 1992.

動力學對於其他經濟學的基本數學方法尤其重要，像是統計學、計量經濟學、神經網路和人工智慧。假設有人使用一個既定的計量經濟長期預測模型，我們現在可以用混沌理論的工具來測試它在一段政策空間下的行為，或許會發現它產生混沌。在這個案例，我們或許會判定這個模型要不是錯得離譜，不然就是完全無法預測這個系統。我們或許也能看出這個系統只能在一些範疇內加以預測。系統動力讓我們更能掌握我們所分析的事。

混沌理論的重要涵義是，薩繆森1939年首先提出非線性動力時所無法預測的一些不可思議的事（因為沒有電子計算機），還有人們陷入瘋狂投機時的心態。這是我們下一章所要討論的。

利用計算機進行經濟分析		
若要更進一步了解經濟，需要一個實用的分析工具組合。以下概略而簡要地列出重要的量化分析工具：		
方法	**常見的作法**	**常見的成果**
統計學	使用統計標準等式去說明統計資料（觀察）的關聯性。統計學家用這些統計模板來測試實際資料。	• 提供指標，顯示系統主導法則的本質 • 偵測、分類和測量不同時間序列行為的關聯性
計量經濟學	使用同步等式系統（通常很龐大）說明經濟。接下你加入現在的參數值及計算經濟未來的變化。這是一種連鎖計算，計算結果（一段時期）成為下個計算的輸入數值。	• 預測經濟 • 模擬在發生特定變化時會有何種情況（例如加稅、降息等） • 測試經濟理論的正確性 • 偵測、分類和測量一段時期內的重複性模式 • 測量經濟關聯性 • 發現新的經濟關聯性
系統動力	用一組等式來說明經濟，或其中一部分。調查不同政府的結果。你不斷重複這些計算，每次微幅調整政策，直到產生參數值的「相空間」或「政策空間」。測量整個政策空間的動力特性。	• 了解一個系統的動力行為在不同政策下會如何改變 • 找出可以產生最佳表現系統的政策時間期限
神經網路	將一些金融／經濟時間序列輸入一個軟體程式。這些程式再連續測試以找出統計關聯性，一旦找到之後，再建立經濟預測模型。	• 預測經濟 • 預測金融市場 • 顯示模式 • 連續產生預測／建議
人工智慧	觀察（有時利用現場訪談）成功的專家如何預測經濟及／或金融事件。接著用等式來表示他們的決策流程。把實際資料輸入這些等式之後，便可產生預測和活動建議。	• 預測經濟 • 預測金融市場 • 建立理論

有樣學樣

唯一正常的人是你不太熟的人。

——個體心理學創始人艾佛雷德·阿德勒（Alfred Adler）

懷疑！對證交所裡的交易員來說，最糟的感覺莫過於懷疑。這種心態往往不是單一事件所造成，而是一些與世俗看法不同的事情所造成。這些事情逐一發生時，你的潛意識裡便埋下一顆小小的懷疑種子，隨著日子過去，懷疑慢慢增強，直到你達到心理不安的程度。忽然間，你覺得自己如履薄冰，腳下隨時要崩裂。你恐慌地認定自己一定要立刻扭轉自己的行動。1987年10月17日星期六，許多股票交易員正有這種感覺。

懷疑的種子

大型資產組合經理人和投機客可能很清楚這世上存在巴布森於1911年提出的典型景氣循環順序：

整體而言，產業往往落後股價好幾個月。

巴布森的結論之一是許多交易員都知道的，藉由研究股市預測經濟活動，比起藉由經濟研究預測股市來得簡單多了。他們也知道，股市現在已被公認為領先指標。可是，債券甚至更加理想。如同桑頓在1802年所觀察到的，當上升波段成熟時，利率往往走高。在1966年由美國國家經濟研究局所發表的論文〈利率循環行為的變化〉（Changes in he Cyclial Behaviour of Interest Rates）中，菲利浦・卡根（Philip Cagan）對於利率做出以下結論：

> ……因此證據支持下列的概論：(1)利率維持一個順序，活躍的公開市場利率通常率先反轉，協商的、不活躍的市場利率往往最後反轉。(2)所有的長期利率以前遠遠落後於短期利率，但現在不是了……

如同卡根所言，短期和長期利率之間的落差在1966年之前似乎縮小了，但在全球股市榮景於1982年展開之前，這個順序又再度恢復。另一個景氣循環的金融特色是信用品質。1955年，景氣循環專家傑福瑞・莫爾（Geoffrey Moore）在美國金融協會發表一場演說，說明蕭條發生前的金融狀況：

- 信用與債務金額急速擴張。
- 投資商品的價格急速、投機性地升高，例如房地產、普通股和商品庫存。
- 放款機構積極爭取新業務。
- 信用條件和放款標準放寬。
- 放款機構追求或得到的風險升水縮減。

他說明在這些狀況下，新信用的品質會急速惡化。對頂尖的交易員來說，當時已呈現許多反轉的信號。首先，之前幾年一直是信用急速擴張，現在卻已停止。交易員在《銀行信用分析》（*The Bank Credit Analyst*）等通訊刊物上可以讀到，那年開年之後，金融流動性便一直下降。第二，美國的利率在1986年8月開始升高。這個情況還OK，因為大家明白貨幣利率要上升超過一年才會對股市造成壓迫。但如今升息已超過十四個月，而且在夏季時升息速度還加快。

接下來的發展是公債。它們在貨幣利率揚升後一直維持堅挺。但到最後，國庫券也受到拖累，一如以往。那時是1987年4月，債券價格一開始下跌就呈現暴跌。

多頭共識

另一項警訊是市場心理。任何頭腦清楚的交易員都知道當大家一致看多時，就該是賣出的時機了。問題是要找出確切的賣出時點。現在看起來，八月似乎時機成熟了。那個月的《商業週刊》（*Business Week*）出版二十五頁的《年中投資展望》（*Mid-year Investment Outlook*），內文一面倒地看好股市。當月，「哈達迪多頭指標」響起警鈴。這個每週指標是由一家加州調查公司所公布，包含一百多家大型美國銀行、經紀商和投資顧問所發表的投資建議的加權指數。簡單來說，哈達迪指標的第一法則是，當70%以上的顧問建議買進時，你就該賣出。八月時便達到這個水準，就在股市觸頂的前一天。之後，股價便不斷走跌。

不過，最後一項訊號才是最糟的：10月16日星期五，道瓊工業指數爆量重挫108.35點，創下史上最大單日跌點紀錄。大多數交易員都知道，從前李嘉圖說要減少虧損，保持獲利是有道理的。現在，許多投資人都產生鉅額虧損——應該退場了嗎？富達麥哲倫基金的傳奇經理人彼得・林區（Peter Lynch）在黑色星期五的前一天便離開美國。當他在愛爾蘭基拉尼高爾夫球場打球時，心裡卻想著他真的應該休假嗎？他無心打球，球局結束時，他不記得自己的分數，因為他心裡一直惦記著別的事。林區擔心他的股東會賠錢，而且是很多錢。其他人也有同感。全世界的交易員彼此討論著最新的發展。為什麼道瓊指數跌這麼深？真的很恐怖。先前的急遽信用擴張，刺激了好長一段時間的多頭市場，如今已反轉下跌。市場信心觸及高峰，利率穩定上揚。還有五天就是1929年大崩盤的五十八週年。在1929年，剛開始的下跌也是暴出大量——令人不安的相似。還有，五十八週年？這不就是「康德拉季耶夫循環」的期間嗎？趕快去喝杯啤酒壓壓驚吧！

風暴星期一

10月19日星期一，開盤就很不順。東京股市的指數只溫和下跌2.5%，但是香港大跌11%，之後便暫停交易。等歐洲開盤後，倫敦和蘇黎世大跌11%，法蘭克福7%，巴黎6%。

當晚，德馬胥銀行的董事雷平（Jean-Luc Lepine），前往巴黎一家高雅的餐廳參加一場商業晚宴。開動之後，他獲悉道瓊指數崩盤，並打破上週五的紀錄，指數已大跌180點。等到上甜點時，指數已暴跌300點。等他準備離開餐廳時，有人告訴他跌到500點了，雷平還以為那個人在開玩笑。若以跌幅計，這已創下史上紀錄，除了總統遭暗殺、暴動、大蕭條、越戰、韓戰和兩次世界大戰之外。這次卻沒有任何原因可以解釋這種崩跌，也沒有理由解釋上週五的長黑。可是，事情確實發生了。人們在不明究裏之下恐慌拋售。

事實上，想要賣出的不只是人，大約25%的賣單更來自電腦大軍。但其餘的賣家還是人，其中一位叫做索羅斯（George Soros）。他預期日本即將崩盤，所以放空日股，但做多美股。因為急於避難，他的量子基金（Quantum Fund）透過協利（Shearson）公司賣出一千口S&P指數期貨合約，結果這筆交易被某位美國交易員譏之為「再糟不過」。該經紀公司一開始出價230，但在其他交易員虎視眈眈之下，價格直落到195至210之間。等他全部賣光以後，價格開始回升，最後收在244.50。事後估計，量子基金賣掉的這批期貨合約大約損失2.5億美元。同時，索羅斯某些個股也賣在盤中最低價。

當天收盤，道瓊指數暴跌506點。七個小時內蒸發市值23%，若從八月最高算來已跌掉大約四成。彼得・林區的麥哲倫基金賠了20億美元。美股崩盤把全球股市也拖下水，光是這一天的暴跌，全球市值就縮水2.4兆美元。

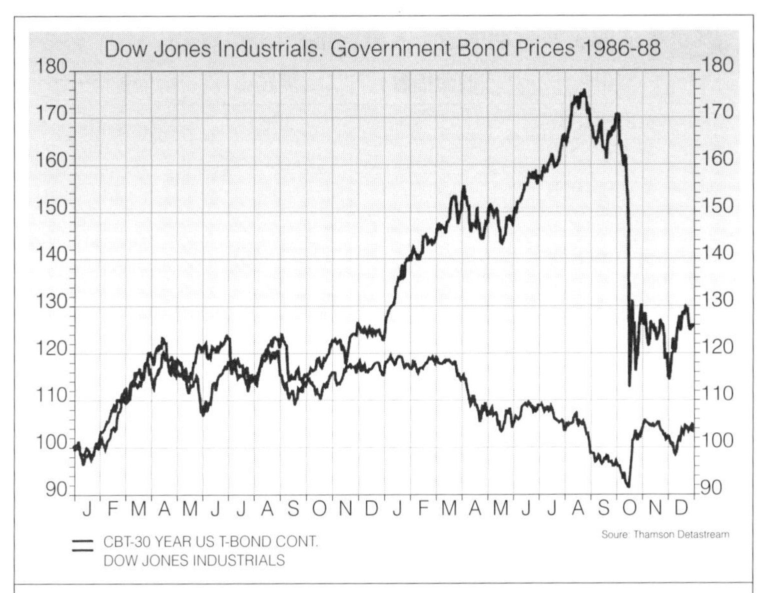

圖17.1　股市大漲而後於1987年崩盤。本圖顯示CBT 30年期債券和道瓊工業指數的走勢。這兩市場一向密切互動，直到1987年初債券開始下跌，股票開始上漲。但1987年10月的崩盤又拉近了距離。

事情大概就這樣。崩盤在兩天後就停了，10月21日星期三，交易員上班後，股市恢復平靜。然後多頭重出江湖，股價逐日攀高，大多數個股在兩年之內再創歷史新高。

這是怎麼一回事？非理性金融市場的專家羅伯・席勒（Robert Shiller）想要查個明白，所以他寄出二千份問卷給散戶投資人，一千份問卷給法人投資人，共收到889份回覆。結果很有趣，很少有人能夠說出任何經濟或政治新聞促使他們賣出。沒有什麼特殊理由，他們賣出只因為股市正在跌！還有很多人認為股市已經超漲，甚至認為在崩盤前，他們買進時就已經超漲，大約有10%的投資人運用明確的「停損策略」，約三分之一是受到股價跌破技術性指標所影響。這一切似乎可以看出，人在整體上是很不理性的。所以，關鍵的問題是：人類以不理性的方式思考是正常的嗎？

表17.1 道瓊工業平均指數十大單日下跌紀錄

等級	日期	收盤指數	變動值	變動百分比
1	10/19/1987	1738.74	–508.00	–22.61
2	10/28/1929	260.64	–38.33	–12.82
3	10/29/1929	230.07	–30.57	–11.73
4	11/06/1929	232.13	–25.55	–9.92
5	12/18/1899	58.27	–5.57	–8.72
6	08/12/1932	63.11	–5.79	–8.40
7	03/14/1907	76.23	–6.89	–8.29
8	10/26/1987	1793.93	–156.83	–8.04
9	07/21/1933	88.71	–7.55	–7.84
10	10/18/1937	125.73	–10.57	–7.75

黑色星期一排名第一。有趣的是，在指數下跌的當日，除了下跌這件事情本身，並無任何令人關注的事件發生。

看清眞相

仔細看一下圖17.2，再回答接下來的問題。這兩個組圖裡的中心圓圈何者比較大？右邊的中心圓圈是否小於左邊的？還是一樣大？或者比較大？

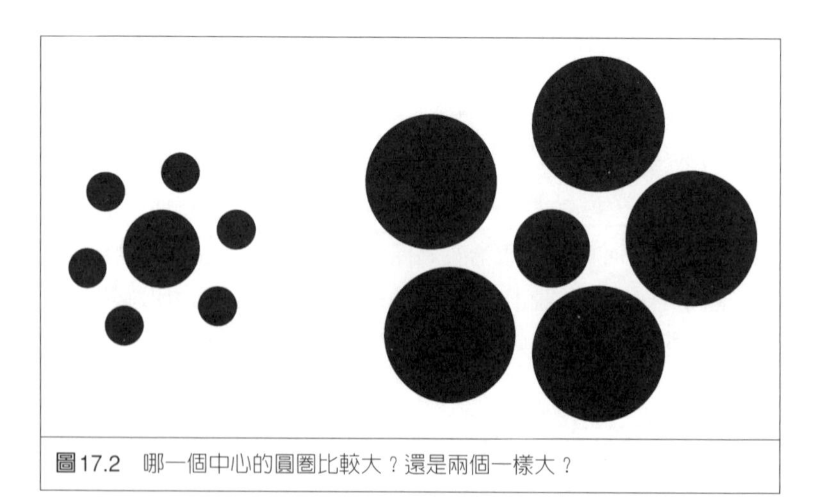

圖17.2　哪一個中心的圓圈比較大？還是兩個一樣大？

如果你覺得右邊的比較小，那麼你是個完全正常的人。但其實它們是一樣大。或許你有時會猜想為什麼太陽和月亮在地平線上時，看起來好大，好像很靠近我們。其實沒有，只是我們如此認為而已。我們認為在地平線上的東西看起來都大於在天空中的。

我們再試一次。看一下圖17.3的線。它們是不是平行的？

圖17.3　這些線是否平行？

假如你認為它們不是平行的，你很正常，但它們其實是平行的。接著看看圖17.4的四條線，判斷A、B、C三條線哪條和測試線一樣長。

你或許以為這題和前面兩題一樣是陷阱題，不過你的直覺答案確實是正確的：B這條線和測試線一樣長。測驗顯示，99%的受測者都這麼認為。這個問題的重點是什麼？1965年，心理學教授所羅門·艾許（Solomon Asch）設計了一個測試，他把一個小組帶到一個房間，分別詢問他們這個問題。接著他把一些自己的人員安插到每個小組裡，並指示這些人回答錯誤的答案：A。以下是在不同的環境下，受測者回答的狀況：

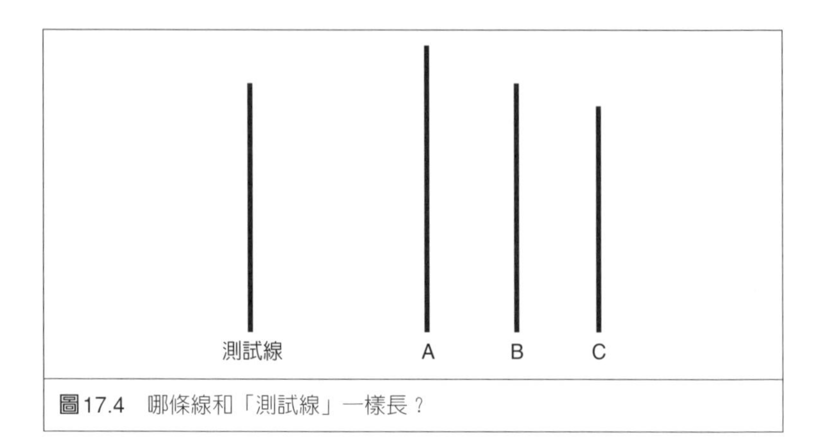

圖17.4 哪條線和「測試線」一樣長？

- 之前沒有人作答，只有1%答錯：選A或C。
- 之前有1人答錯：3%會跟著答錯選A。
- 之前有2人答錯：13%會認為A就是正確的答案。
- 之前有3人以上答錯：33%會一致同意A是正確的答案。

這是群體思考的經典範例，在社會心理學是常見的現象。它說明人們未必是理性的。這有任何意義嗎？比如說，對於投資和投機在景氣循環和資產價格波動所扮演的角色，我們應該改變看法嗎？

經濟學家有許多不同看法。新古典經濟學建構於亞當・史密斯的效率市場觀念，它或許認為雖然個人未必聰明，但全體人類大致上是聰明的。傅利曼更進一步，他宣稱投機不會造成不安，因為成功的投機者買低賣高，會讓市場穩定下來。而不成功的投機者呢？他們會賠光所有的錢，早早就退場了。

不過，還有一種很好的另類看法：一些少數的高明投資人或許買低賣高，但有很多不高明的投資人正好相反。這並不是什麼新觀念，我們在14章讀到密爾在1826年把市場人士分成「專業賭徒」和「急躁的投機客」。他認為，「專業賭徒」對於供需背後的力量有著基本了解，而「急躁的投機客」只是跟隨價格波動，而跟隨的行為將導致波動擴大。密爾亦強調競爭性過度投資的心理層面，他寫道，這種情況的發生乃基於「人類普遍的傾向……以對自己有利的方式高估那些變化。」

心理學的早期重點

密爾不是唯一強調心理學的早期經濟學家。例如庇古更進一步地提出以下說法：

> 是產業波動的立即原因或先行預兆，是各個商人的不同期望……並無其它理由。

庇古認為，人們有一種把最近的趨勢加諸於未來的傾向，從而產生自我增強的羊群行為。他認為理由之一是資訊與見識取得不易，所以多數人會跟隨趨勢，模仿他們認為專家的做法，像是艾許實驗裡那3%的受測者。

馬歇爾也探討過心理學，而提出價格上漲會吸引購買者。接著當然是凱因斯，以及他最常被引述的「動物本能」（animal spirits）。不過，他最好的作品是現在廣為人知的選美比喻，他把股市與美國報紙上的一種競賽做比較，參賽者要從一百張女性照片裡挑選出他們認為最多人喜歡的一張。

> 專業投資或可比喻為這種報紙上的競賽，參賽者要從一百張照片裡挑出他們認為最美麗的六張面孔，挑出來的照片最符合整體參賽者平均結果的那位參賽者，就是冠軍；所以，每位參賽者不是要選出他認為最美的面孔，而是必須挑選最可能吸引其他參賽者的面孔，所有的參賽者都是以相同的角度來思考這個問題。這個比賽並非憑著個人最佳判斷選出最漂亮的人，也不是一般輿論認為最美的人。我們要投入全部智力去預測一般輿論對於一般輿論的預期，這已是第三層次的思考。我相信，有的人還能進行到第四層、第五層以上的預測思考。

金德柏格和明斯基亦很重視心理學。例如金德伯格在《瘋狂、恐慌與崩盤》一書中寫著：

> 本人認為，（股市）狂熱與崩潰，和發生眾群不理性或暴民心理時的狀況有關。

其他許多經濟學家在他們的景氣循環理論中也都提到了心理學，但有時是以很模糊的用語稱之。

十六種不理性的方法

在愈來愈多的心理學家和經濟學家進行實驗室實驗以探索有多少人會變得不理性之後，情況有了改變。此一研究領域裡的翹楚包括艾摩斯・特佛斯基（Amos Tversky）、丹尼爾・卡奈曼（Daniel Kahneman）、羅伯・席勒、理查・泰勒（Richard Thaler）和梅爾・史塔特曼（Meir Statman）。這些年來，科學家發現一些可以解釋經濟及金融不穩定的常見偏誤，因為它們引發了從眾心理。以下是十六種最驚人的例子：

- **代表性效應**（representativeness effect）。我們往往認為我們所觀察到的趨勢會繼續下去。
- **錯誤共識效應**（false consensus effect）。我們往往高估與我們所見略同者的數量。
- **後悔理論**（regret theory）。我們會避開做出可證實我們已經犯錯的行為。
- **定錨／框架**（anchoring／framing）。我們的決策受到似乎暗示正確答案的訊息所影響。
- **同化誤差**（assimilation error）。我們會誤解接收到的資訊，以為此一訊息認同我們所做的事。
- **選擇性暴露**（selective exposure）。我們只讓自己暴露在似乎認同我們行為與態度的資訊下。

- **心理分隔**（mental compartments）。我們將現象區分為不同的隔間，並試著把每個隔間最適化，而非整體。
- **選擇性認知**（selective perception）。我們曲解資訊，好讓它認同我們的行為及態度。
- **過度自信行為**（overconfidence behavior）。我們高估自己做出正確決策的能力。
- **後見之明偏誤**（hindsight bias）。我們高估了自己原先可預測到過去一連串事件之後果的可能性。
- **確認偏誤**（confirmatory bias）。我們的結論不當地偏向我們想要相信的事。
- **適性態度**（adaptive attitudes）。我們發展出與我們熟識的人相同的態度。
- **社會比較**（social comparison）。面對一個我們覺得難以理解的主題，我們以他人的行為作為資訊來源。
- **認知不協調**（cognitive dissonance）。我們試圖迴避或加以扭曲我們的假設是錯誤的證據，我們也會避免強調這類不協調的行為。
- **自我防衛功能**（ego-defensive attitudes）。我們調適自我的態度，好讓它們似乎認同我們所做的決策。
- **展望理論**（prospect theory）。我們有一種不理性的傾向，比較願意賭上虧損而非獲利，這意味著我們持有虧損部位的時間長於獲利部位。

心理學地位的另一個重要變化是所謂的「技術分析」大量應用在金融市場，這相當於利用心理現象預測市場的電腦模型。這些分析或許可以在早期看出重大反轉點，但也可能誘使使用者跟隨趨勢。

這些現象都有助於解釋為何投資趨勢會自行成長，最後超越合理的程度。這些投資或許是在新的產業，上市股票、債券、房地產，商品或藝術品。我們以股票多頭市場為例，說明投資趨勢的作用。

趨勢的心理作用

假設股市已上漲一段時日，人們已變得很情緒化。金德伯格有一句話常被引述：「再也沒有什麼比看到朋友發財致富，更能擾亂一個人的心情和判斷。」以科學用語來說，這相當於後見之明偏誤和後悔理論。隨著大盤上漲，我們（錯誤地）認為我們先前就知道股市會上漲。我們因而悔恨不已，並試著矯正過錯，於是在股價一出現小幅拉回時就買進（圖 17.5）。

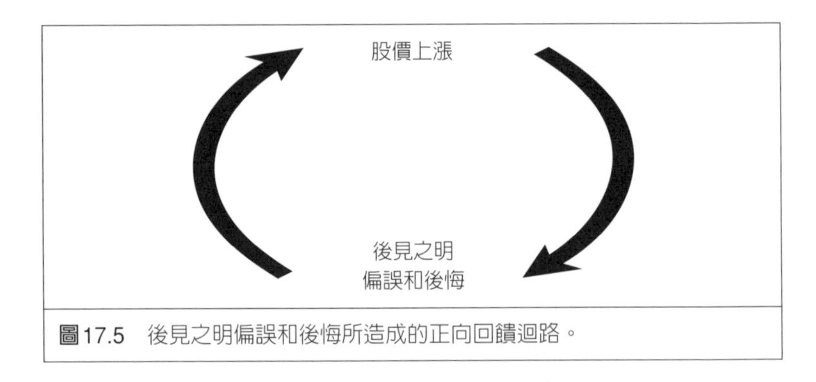

圖17.5　後見之明偏誤和後悔所造成的正向回饋迴路。

股價上漲不久便引起技術分析師的興趣,他們又發表根據線圖顯示的買進建議（圖 17.6）。

股價進一步上漲之後，代表性效應開始佔據我們的想法（圖 17.7）。這種效應會讓我們自然而然地認為最近的趨勢代表我們未來會看到的趨勢，因而傾向加碼買進。

隨著多頭氣氛更加濃厚，有愈來愈多投資人大賺一筆。雖然時常獲利了結，但許多人仍會連本帶利再投入這個多頭市場。社會心

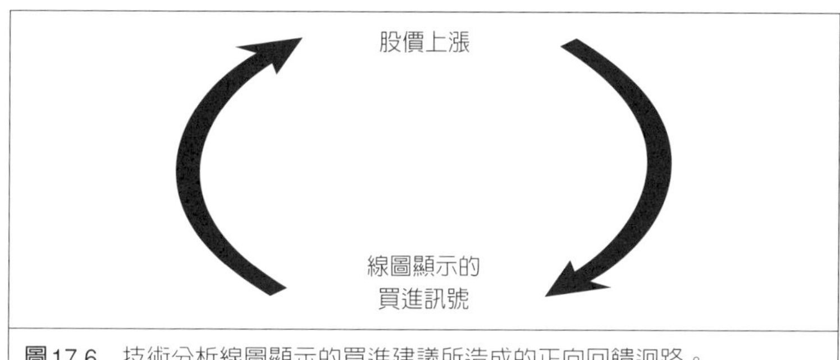

圖17.6 技術分析線圖顯示的買進建議所造成的正向回饋迴路。

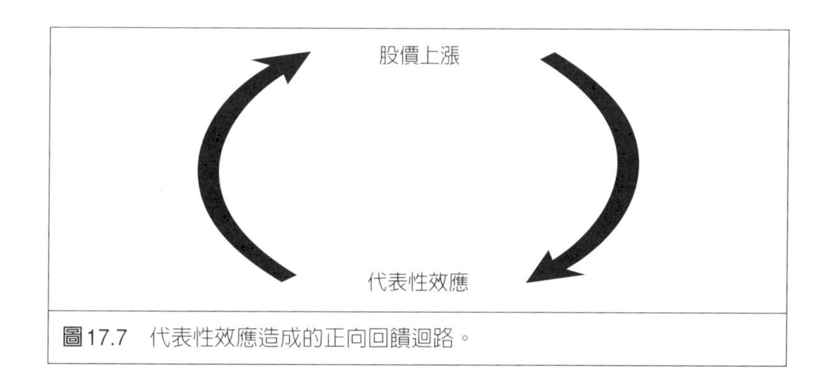

圖17.7 代表性效應造成的正向回饋迴路。

理學家把這種行為稱為賭資效應（playing with house money），這個賭場術語是指在賭博之夜贏了大把錢的人會不斷賭下去，直到他們又輸光為止，因為他們覺得賭的不是自己的錢，而是賭場的錢。他們把手頭上贏的錢和自己的財富分隔開來，形成賭博的心理分隔（圖17.8）。

凡此種種當然逃不過媒體的注意，而媒體主要在報導目前的氛圍，所以似乎把多頭市場合理化了（圖17.9）。金融分析師的報告提供更多支持，他們（在強大群體壓力之下）發布的買進建議遠多於賣出建議。適性態度、認知不協調、同化誤差、選擇性暴露、選擇性認知、確認偏誤和社會比較，或許都在此發揮作用。

當多頭市場演變成金融泡沫時，就會出現愈來愈多警訊。可

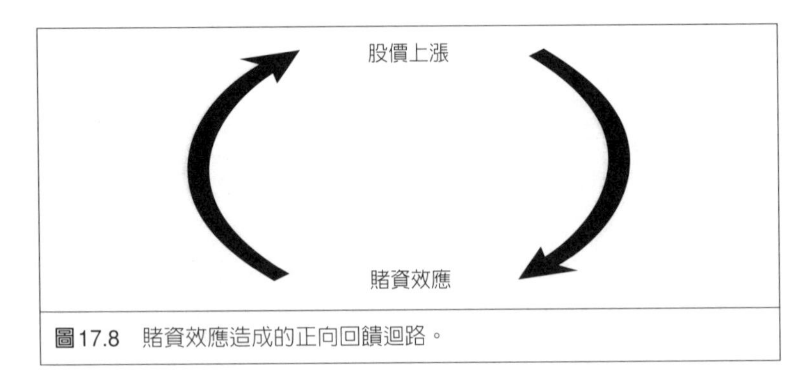

圖17.8　賭資效應造成的正向回饋迴路。

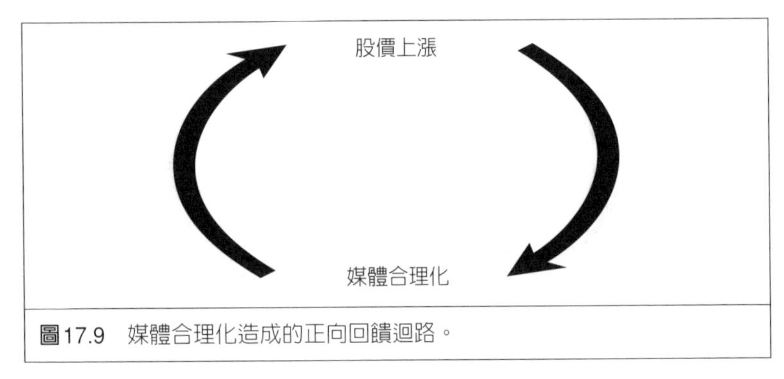

圖17.9　媒體合理化造成的正向回饋迴路。

是，錯誤共識效應會讓許多人留下錯誤的印象，以為有很多人支持他們的多頭看法（圖17.10）。

金融泡沫的最後階段是很多高明的投資人開始放空。可是要找到確切的反轉點時機是很難的，空頭賣家可能被迫買回部位，因為市場上漲往往超過他們預期的水準（圖17.11）。這會造成最後一擊：股價大幅加速上漲，然後觸及巔峰。

加總起來：情緒加速器

雖然這些現象全都在實驗室實驗中經過科學測試，而且非常真實也很普遍，但要把它們放進特定的總體經濟模型並不容易。相反地，技術分析師模擬整個結果，卻不能說不成功。但為了接下來的

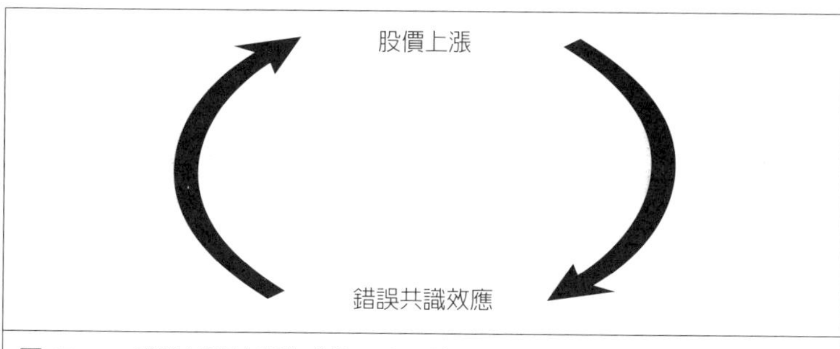

圖17.10　錯誤共識效應造成的正向回饋迴路。

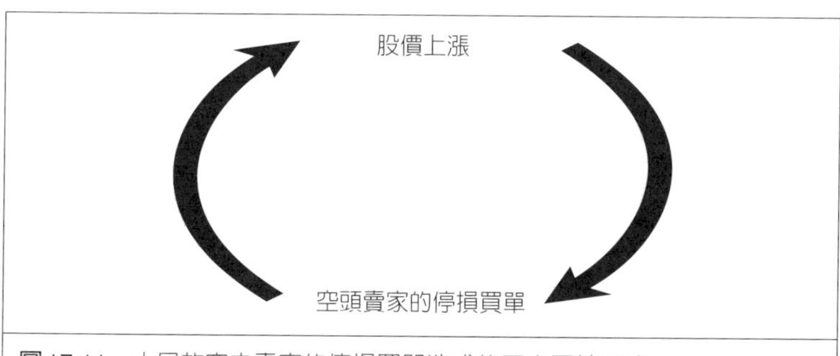

圖17.11　太早放空之賣家的停損買單造成的正向回饋迴路。

章節，我們或許可以把它們總結起來，再取一個簡單的名稱。所有這些造成非理性動能交易的心理現象或許可總稱為「情緒加速器」（emotional accelerator）（圖17.12）。

「加速器」一詞在這裡似乎很貼切，因為（克拉克和其他人）曾用它來說明生產增加為自己創造新需求的現象（克拉克談資本投資）。克拉克的資本投資加速器是被產出的改變所激發，而非產出的數量。上述的心理現象也有類似的效用，因為誘使人們買進或賣出的是金融價格的改變，進而增強這個趨勢。情緒加速器有一些重要層面應牢記在心：

• 如前所述，它大多是由金融價格波動所引發，主要是公開價格

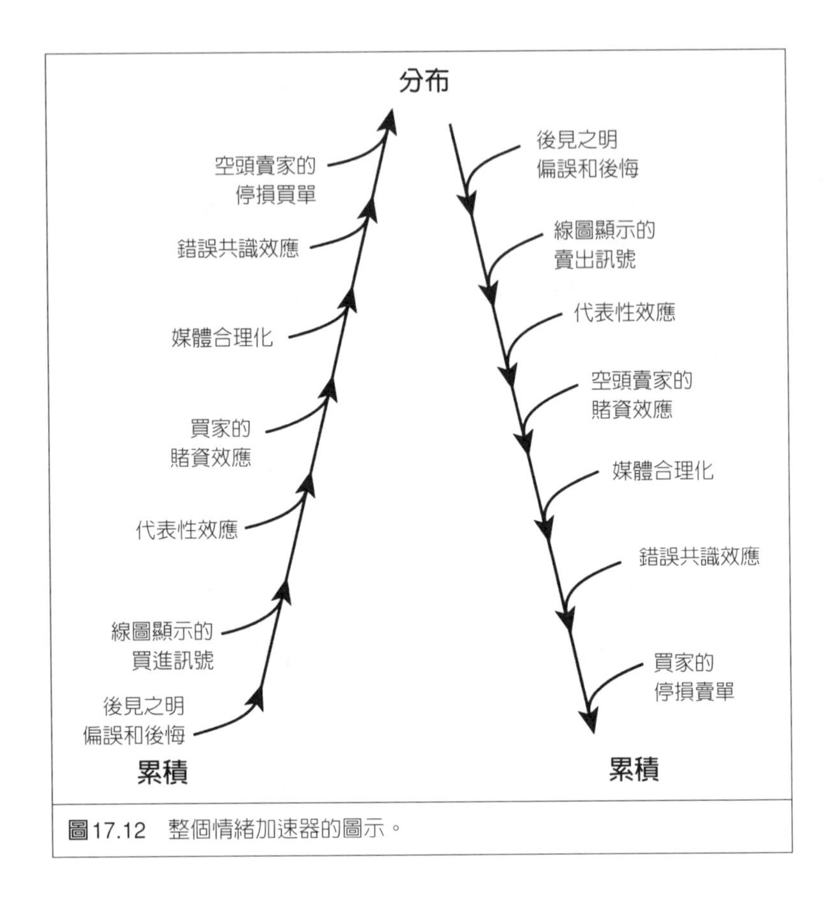

圖17.12　整個情緒加速器的圖示。

與個人情緒間的回饋，讓個人態度連結到集體回饋過程。不過，其他因素亦參與其中，例如媒體的角色。

- 早期的投資人進場，是因為他們看到明顯的價格波動而吸引他們注意。當一個趨勢已經持續一段時日之後，情緒加速器此時就會像渦輪推進器一樣。
- 它是雙向作用。
- 它牽涉級聯反應（參見第14章「均衡的問題」），亦即數個因素同時作用而加強趨勢。
- 它會發生偶爾、突然的增強。

最後兩個層面值得推敲一番。我們的情緒加速器確實是雙向作用，但向上和向下的方式卻不同。資產價格在熊市的交易量往往遠低於牛市，這可以用自我防衛功能、展望理論、心理分隔和認知不協調來加以解釋（可是，可能也有純理性的理由，像是財務槓桿資產的銷售，例如房子可能出現破產的狀況）。此外，谷底的轉折點往往比高峰時來的突然。

注意、不安與焦慮

還有突然增強這個層面。這種狀況大多發生在市場下跌，然後由穩步走低變成全面的恐慌。為什麼會產生恐慌呢？

我們可以用「態度」（attitudes）這個現象來加以解釋。這是大自然的發明，幫我們簡化事情。舉例而言，我們可能聽過許多股票會上漲的理由，還有許多股票會下跌的理由。我們的態度就是我們的結論，而它在情感上連結到我們的想法、做法和感受。它們就像是心理安全帽，讓我們保持鎮靜，做出良好調適，讓我們免於一直痛苦地猜想各種不同的問題。

現在，假設金融市場出現我們意料之外的大幅波動。假設我們一直看多股票，但忽然間股價直線下墜。或許我們坦然接受，或許它沒有大幅改變我們的態度（因為態度的本質是穩定的），可是它確實改變了我們的注意（attention）。注意有部分是由社會歷練決定的。許多研究顯示，我們的注意大多由我們周遭的人所注意的事物來決定。如果股市下跌，它至少告訴我們別人注意的是風險因素而不是多頭氣勢。因此，看到股市下跌後，我們更加注意此類因素，就開始產生認知不協調。不知如何，我們開始覺得這個市場或許真的該賣出了，因為我們不再安心，隨著股市進一步走低，那種不安開始變成焦慮。

這是我們在面臨危險時自然而必要的反應。大多數動物都會感到焦慮（蒼蠅似乎是例外），這可以幫助牠們生存。它可能變成心神不寧、無法集中精神、疲乏、肌肉緊縮、睡眠困擾，甚至思緒空白。它讓我們的身心處於極易發生恐慌的狀態。恐慌有另一些症候群，例如心悸、出汗、顫抖等，但最重要的是它是一種明確的心理狀態，我們可能在突然間急遽改變我們的態度，這可以解釋為何市場波動忽然間變得不連貫。

泡沫投機的標的可以是經典款的法拉利跑車或是印象派畫作，這不會動搖世界經濟。可是如果房地產或股票追高者變少，那又另當別論。這些市場更為龐大，泡沫的衝擊可能很嚴重，如同2000年起的達康泡沫（Dot Com Bubble）。

網路轟然崛起

如果最先的努力沒能成功，那要再試一次；若真是沒輒，再放棄也沒關係。像個傻子般不知所措，肯定是沒用。

——美國演員W.C.費爾茲（W.C. Fields）

1822年當查爾斯・巴貝奇在描述其首部電腦時，他腦中所想的全球電腦需求量是多少，我們無從得知；但IBM董事長湯瑪斯・華森（Thomas Watson）在1943年曾提出一個經常被引用的確切數字：

「在我看來，全球市場的電腦需求量或許有五部。」

才五部？這個數字未免偏低，但這也許是因為他從未料到電腦後來在體積上有大幅縮小的發展。科技期刊《流行力學》（*Popular Mechanics*）1949年時曾做出以下的預測：

世界第一部電腦ENIAC的計算機內建1.8萬顆真空管，重達40噸，未來的電腦或許只要1,000顆真空管，重量僅1到1.5噸之間。

不過，華生至少比Prentice Hall的商業書籍編輯來得樂觀。該名編輯曾於1957年提出這樣的看法：

「我走遍全美各個角落，並訪問一些最厲害的專家，我可以跟讀者保證，資料處理僅是一時的流行，撐不過一年。」

資料處理熱潮不但延續一整年，之後還開始快速成長，接著又陸續出現矽、個人電腦、光纖、局部區域網路（LAN）、個人數位助理器（PDA）、手機與「軟糖粒」（指內嵌於許多電腦內的微小晶片）。之後，就是網路的問世。整合以上的發展，因而使電腦產業從當初費城一部三十噸重的機器，發展成一個重要的產業與革命，以及1990年代全球前所未見的資本投資熱潮。網路用戶從1996年的五萬人遽增至2000年逾四億人。至於軟糖粒？到2000年為止，市面上一共有將近六十億片。有兩個重要學理為這個資本投資熱潮的現象提出了解釋：

- 摩爾定律（Moore's Law）：晶片容量每十八個月會增加為兩倍，價格則會下降一半。
- 吉爾德定律（Gilder's Law）：電信頻寬每十二個月會增加為三倍。

促成1990年代資本投資熱潮重大發展的第三個關鍵要素，是高科技市場對所謂開放標準（open standards）採用情況的普及。開放標準意指匯整，也就是說相關的應用可以在更多製造商所銷售的不同系統上運轉，因此開放標準創造出規模經濟且有利於終端用戶。

第四個要素在於電信市場興起了法規鬆綁的全球新趨勢，進而催生許多新創的電信公司，同時促使新的與原有的電信業者，以創新與競爭力的服務來防堵快速竄起的對手。結果，網際網路正是在該次大幅拉低價格的商業大戰中得以殺出重圍的眾多利器之一。結合核心創新（導致新的應用）、開放標準（導致技術匯整）與法規鬆綁（導致價格下滑），因而造就網路用戶人數與營收呈現幾何級數的成長，這些營收反過來再刺激對新核心科技與新應用的瘋狂投資——形成一個可創造永續成長的正向反饋循環。

網路效應

創造永續成長的要素還不只這些。正向反饋過程的另一個關鍵發展，稱為網路效應（network effects）。此一名詞所描述的情況是：一個特定網路內某個個別用戶的價值會隨著同一網路內用戶數的增加，而呈現幾何級數的成長。網際網路創造出一個格外強力的網路效應，因為上網連結的價值——至少在某些時間參數下——會因用戶人數的增加呈現倍數的成長。一個有一百萬用戶的網路，價值遠高於兩個各有五十萬用戶的網路其價值加總。此一現象被稱為梅特卡夫定律（Metcalfe's Law），它所帶來的影響是網路資料流量每三至四個月就會增加一倍。

報酬遞增

在所謂的「數位經濟」裡，另一個特別的現象是報酬有遞增的可能性。傳統經濟理論假設企業投資有報酬遞減的特性（每多投資一元報酬會減少），然而供應軟體與網路服務等數位產出的企業，卻可能有不同的報酬結構；他們或許會發現在相同的概念下，每新投資的一元，其報酬實際上還比前一元還要多。其主要理由如下：

- 網路效應（梅特卡夫定律）。
- 複製軟體或接收額外網路用戶有最低的邊際成本。
- 大型廠商有成為實質標準供應商的可能。

所以，供給刺激更多的供給（增加報酬），而需求刺激更多的需求（網路效應）——這是薩伊定律（Say's Law）的一個最大變數。當中的故事還不只這樣，我們已看到大多數的新古典經濟模型都假設人們有充份的資訊，且資本、產品服務與勞力可自由流動，但所有人都知道事實並非如此。然而大家心理也有數，每一個通訊與運輸技術的創新，都會將經濟帶向更接近這些假設的情況。河渠、鐵路、汽車、電報與電話，個個都將經濟帶向更接近完全發揮效率的地步。每個創新都讓民眾更便於交換金錢，並移動金錢、產品、服務與勞力至最能有效利用的地方。網際網路在朝向自由與效率市場的目標上，可以說是跨進一大步：

- 網路創造透明市場，讓價格競爭加劇。
- 網路有跳過中間商、促進協力合作的方法與加速軟體交換（進而加快其自身發展）的特性，因此能提高生產力。
- 網路讓電子商務得以運行，你幾乎可以在任何地方買到任何想要的東西，並讓所購買的東西運交至你指定的地點。
- 網路讓人可能在任何地方都能找到工作。
- 網路使透過桌上型電腦與任何一家公司進行資產交易和匯款成為可能。

上述種種都代表生產力的增長與低通膨，而低通膨又指低利率，配合獲利的成長，意謂著股價可享有大波段的上漲。再加上存退休金的中年人口增加，代表新網路投資計畫可用的資金十分充沛，如此一來又加速網路的產業熱潮。此種資本投資熱潮並無缺少正面反饋循環的問題。

泡沫溫床

熱潮規模至鉅，在大規模熱潮之後，隨之而來的便是泡沫。每天都有新網路公司成立，而且至少在某一段時期，似乎投資網路新創公司的人絕無投資失利的可能。不管網路公司有無成功股票初次公開發行（initial public offering, IPO）——若有，創投資本家可依據幾十億美元的市值出脫手中持股；若沒有，創投資本家還是可以將公司轉手賣給需要員工與基礎設備的人，數億美元落袋不成問題。只要投資組合夠廣泛，簡直可以說沒有賠錢的道理。

而從大多頭市場變為全然泡沫的過程，其中的轉折點難以精確找出，但許多產業專家都認定Theglobe.com的IPO是一個關鍵的轉捩點。當這家公司於1998年11月上市時，IPO每股定價9美元，不過上市掛牌首日最高曾暴漲逾97美元，當日收盤價為63.50美元，單日漲幅逾600%。這種情況相當不可思議，因為在該公司IPO前的九個月內，營收只不過270萬美元，它既無專有技術，也沒有專利，怎麼看都不是一家網路領導廠商。但是這家公司在神奇的一天內，市值竟高達10億美元。當ZDNet向佛瑞斯特（Forrester）研究公司分析師比爾・貝斯（Bill Bass）詢問對此一情況有何評論時，他回答：

「我對網路股的表現感到十分錯愕。我簡直是瞠目結舌、難以置信。」

對網路股股價飛漲感到憂心的分析師，不只貝斯一人。當時有一本書《網路泡沫：高科技股股價高估的背後——避開即將來臨的股市狂跌風暴，股民必需了解的內幕》（*The Internet Bubble: Inside the Overvalued World of High-Tech Stocks-And What You Need to Know to Avoid the Coming Shakeout*），對股市狀況明確提出示警。該書的兩位作者安東尼・帕金斯（Anthony Perkins）與麥克・帕金斯（Michael Perkins）從其所追蹤的網路公司中整理出一個類股指數，兩人並於2000年2月在《聖荷西信使報》（*San Jose Mercury News*）發表一篇專文，表達他們心中的部分疑慮：

我們（網路泡沫一書作者）所追蹤的三百一十五家網路公司，若要證明其現今股價是合理的話，未來五年平均年複合成長率需達96%，此一成長幅度幾乎是微軟歷史成長趨勢的兩倍（53%）。這些網路公司目前的總市值超過1.2兆美元，但1999年的營收總額僅290億美元。

股價一漲再漲，直到雅虎的股票市值比波音（Boeing）、凱特皮拉（Caterpillar）與菲立普莫里斯（Philip Morris）三家公司加起來還多，但這三家公司的營收總額卻是雅虎的三百三十九倍，獲利總額為雅虎的一百五十九倍。

泡沫破滅

網路／科技泡沫破滅始於2000年的春天。它是全球性的，重擊巴黎、孟買、東京與美國證交所的所有高科技、電腦、電信與網路股票。大盤指數均大幅下跌，但個股跌勢尤其慘烈。在日本，當市場恐慌達到頂點之際，軟體銀行（Softbank）與光通信（Hikari Tsushin）股價跌勢之劇，幾乎每天都以跌停板作收，許多個股自高檔回挫後跌幅都超過95%。而且，順便一提，2000年8月若你要買Theglobe.com的股票，一股只要1美元左右。到那個時候為止，它的股價和不到兩年前的IPO價格相較之下，已下跌近90%，從高點起算的話更是跌掉99%。

達康泡沫蘊含許多景氣循環理論的標準元素。首先，它涉及資本支出每十年會出現一波高峰的循環（朱格拉）。它是由新的技術創新（斯庇托夫）與連串創新（熊彼得）所引發，使其具有實質景氣循環的特性（凱德蘭、普利史考特）。硬體與軟體製造商本身就是軟硬體的消費大戶，其中自我訂貨效應十分明顯（克拉克）。它還帶有太陽黑子的色彩（傑逢斯），大家篤信市場規模很快就會變大，進而加速泡沫的成長速度。其中也存在存貨週期循環，因為企業都會為了要滿足需求而囤儲相關零件（梅茲勒）。爭搶市場占有率則形成不實的訂價力，進而導致出現嚴重過度投資（密爾）。我們再次引用密爾1826年所寫的《貨幣與商業危機》論文中的一段文字：

> 由於推想市場將要起飛，市場中的所有競爭對手各自依據自己的估算，盡可能的投資準備相關物品，殊不知每個廠商其

實都在增加供給，也沒料到供給量增加後價格將會很快下滑，此一問題隨即演變成供過於求。

貨幣條件也扮演相當重要的角色，因為利率水準太低，且根據市場狀況反映走高的速度過慢，金融投資（某段期間）的報酬率遠高於利率水準，造成自然利率遠高於實質利率的情況（魏克賽爾）。分辨過度投資與消費偏低並不容易，但我們可以先從後者著手。網路創造出非常可觀的紙上財富，但這僅局限於少數的企業家與投資人，這些財富多數不是轉為儲蓄，就是用於投資，而非用於

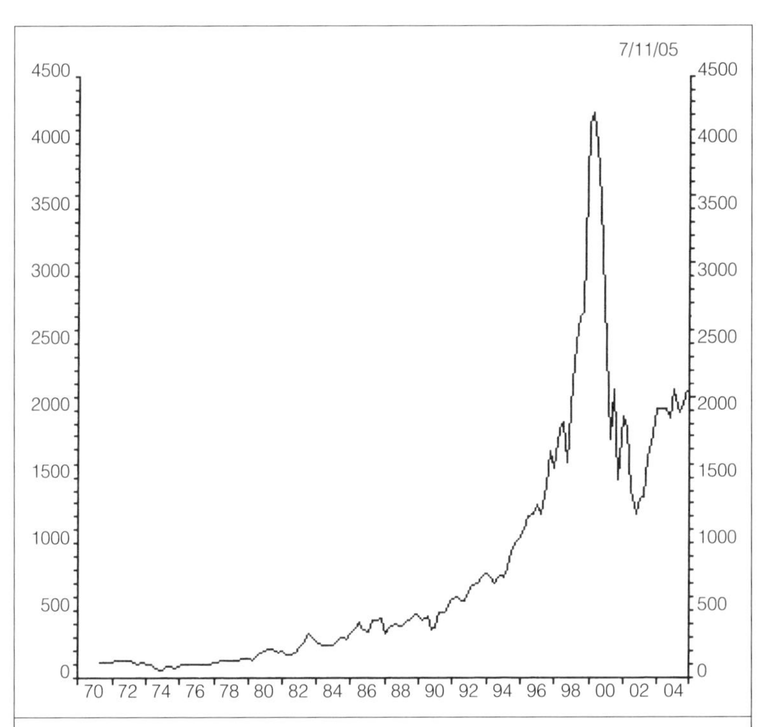

圖18.1　那斯達克指數1970-2005年。由1990年到2000年的十年間，那斯達克指數大漲了1000%，而後崩跌。

資料來源：Thomson Datastream.

最終產品的消費，因此需求才會跟不上供給（霍布森）。

榮景的最後階段會產生嚴重的瓶頸與資本短缺，特別是員工會要求更高的薪酬（熊彼得），資金的供應者也觸及本身的能力上限（巴拉諾夫斯基與霍特里）。還有，游資乾涸也在最後階段推升利率，使得投資的利潤縮水，資金更為缺乏（卡賽爾）。一旦趨勢最終出現反轉，上述大多數的因素也跟著逆轉。而且，之前投資設立新公司的許多人不是紛紛遭到重擊，就是看到紙上財富憑空消失，導致需求在產能剛剛觸頂時下滑（卡欽斯與福斯特）。

還有金融市場的部分。不斷上漲的股價吸引投機客進場，這批人在情緒催化作用發酵之下，將股價進一步炒高（馬歇爾與庇古）。當中，顯然有許多動物本能的因素（凱因斯）。而且，資產價格的上漲也造成抵押擔保品價值增加，進而加快貨幣的流通速度（米塞斯、海耶克、熊彼得、明斯基、金德伯格）。資產價格的上漲同時還產生連鎖效應，因為資產價格走高創造更多的商機，而商機對資產價格又具正面的影響（柏南克〔Bernanke〕、葛托勒〔Gertler〕與基爾克利斯〔Gilchrist〕；見第22章）。其中，情緒催化因素也相當明顯，因為趨勢有自我增強的情況（特佛斯基、卡奈曼、席勒、泰勒、史塔特曼）。

總而言之，達康泡沫所證明的是新古典經濟學派在他們的電腦中設計出來言之成理的理論模型，以及網際網路熱潮理應進一步增強的推論，並非如大家所預期的總是可以發揮作用。這也讓學術界想起愛因斯坦曾經說過的一句名言：

「盡可能讓問題單純化，但不是簡化。」

第四篇

事物的本質

人文科學的發展狀況

和現實世界愈相關的數學定律愈不確定；愈確定的數學定律就愈不真實。

——愛因斯坦

一般公認波士頓地區是非常理想的居住地點，它位於紐約北方不遠處，有美麗的海灣、舒適的沙灘、優美的綠化環境、保存良好的舊市區以及精彩的夜生活。這個地區的學術機構甚多，堪稱全世界學術機構集中度最高的地方（無怪乎其夜生活如此精彩）。其中最著名的學術機構是劍橋市的哈佛大學和麻省理工學院，在二次世界大戰結束後，這幾個機構逐漸成為景氣循環理論新分析方法的中心。

各個學派的發展

歷經約三百年的辯論後，這個新的分析方法才終於產生，經過這麼長時間的討論，一切似乎又回到原點。一開始，人們假設每一次經濟危機都導因於特殊的打擊或錯誤的政策，接下來（在朱格拉之後），人們卻又認為經濟危機是經濟運轉過程中的固有現象。我們先前討論過，經濟學家是如何發展出許多不同因素的解釋，這些因素包括革新、整體儲蓄和投資的不平衡、某些部門的投資失衡、存貨囤積及出清、商業成本架構的改變、誤導性的訂價能力、債務型通貨緊縮與固有的貨幣不穩定現象等；後來這些因素分別又被歸類到「消費不足」、「過度儲蓄」、「貨幣」與「債務型通貨緊縮」

等學說。不過，最終還是有很多因素根本無法歸納到特定學說，因為這些因素代表一種循環現象——它們代表不同部門裡的不同因素所引發的一系列事件循環。到最後，一切還是回到「雞生蛋、蛋生雞」的問題，根本難以分辨究竟哪一個才是真正的觸發因素。

最早期的經濟學家們通常假設人類有其極限，無論是什麼情況，即使沒有在危機期間採取任何作為，經濟終究會回歸到成長局面。有些人的看法更極端，他們不僅認為干預沒有意義，更堅持一定要維持平衡預算和低通膨，只要保持常態，信心自然就會逐漸恢復，投資和支出也會很快恢復正常。還有更極端的想法：有些奧地利經濟學家甚至認為景氣循環不僅無法逃避，也是一種自我調整，但這些調整是有用的。例如熊彼得認為景氣循環是促進創造性破壞、經濟成長及革新的主要動力。所以，在1930年代大蕭條的中期，他曾在哈佛大學的課堂上道出以下一席話：

> 「紳士們，我知道你們很擔心大蕭條的問題，但根本不需要擔心。對資本主義社會來說，不景氣其實是很好的冷卻器。」

然而，那一次大蕭條卻讓很多人開始相信在某些情況下，經濟可能會陷入「停滯」和「高失業率」的恐怖均衡當中。這個主張就是後來的凱因斯學說，該學說主要聚焦於獲利、投資、信用與其他變數的波動所造成的固有不穩定現象。凱因斯學說不僅認為市場可能失敗，也說明政府該如何插手干預，以帶領經濟擺脫失業均衡的局面。

在整個1950年代，凱因斯的分析方法一直扮演著主導角色，這個學說成為麻州劍橋市哈佛大學、麻省理工學院與其他眾多地方的一門重要課程。其中，最具影響力的倡議者是麻省理工學院的薩繆森（他在亞爾文・韓森的指導下於1939年完成乘數加速理論），他在1948年所出版的暢銷書《經濟學》（*Economics*），成為全球數十萬學子的指定閱讀書籍。事實上，這本書的累積銷售量高達數百萬本。薩繆森不僅是主要教科書的作者、科學家和教師，也曾經擔任甘迺迪總統的顧問，並和羅伯・梭羅同獲諾貝爾獎殊榮。

交流

後來，《新聞週刊》（*Newsweek*）雜誌想出一個非常高明的點子——讓薩繆森和他的主要對手密爾頓・傅利曼為該雜誌撰寫決鬥專欄，這當然讓薩繆森的名氣變得更加響亮。二人透過這個專欄針對他們彼此衝突的觀點進行筆戰，其中傅利曼所代表的當然是貨幣學派，這是當時第二熱門的學說。有趣的是，這整場「戰爭」的最後贏家似乎是傅利曼，因為1970年代的種種經濟事件顯示「通貨膨脹／失業」的得與失假設似乎是錯誤的。後來，在盧卡斯（曾是薩繆森的學生）發表一本和理性預期有關的著名書籍後，傅利曼陣營更是如虎添翼。盧卡斯的書裡提到財政提振措施將導致經濟快速走向通貨膨脹，而非成長。從此以後，這場戰爭就不再只是薩繆森和傅利曼的戰爭，而成為薩繆森／梭羅和傅利曼／盧卡斯之間的戰爭了。

不過，這場戰爭的界線並非那麼涇渭分明，雖然薩繆森持續以典型凱因斯模式來解釋總體經濟現象，但他也教導學生要使用數理的個體經濟學模型，這是倡議理性行為的盧卡斯一貫的主張。另外，盧卡斯也未過度堅持己見，他並不認為現實世界的所有人都完全理性，也不認為政府應該完全不干預。他同意其他陣營的觀點，認為政府實際上至少應該扮演某種有限的角色。從那時開始，愈來愈多經濟學家同時接納凱因斯和傅利曼的觀點，於是凱因斯學派逐漸演變成更精進的「新凱因斯經濟學派」，而貨幣學派則演化為「新貨幣經濟學派」。

景氣循環模擬中的理性預期

羅伯・盧卡斯在他1981年出版的《景氣循環理論研究》(*Studies in Business Cycle Theory*)一書裡主張使用於經濟模型的預期必須是理性的。這個「理性和均衡」的假設其實是亞當・史密斯幾個主要信條的延伸。很多經濟學家支持這個觀點，原因之一是它讓理論建模變得非常簡單。經濟模型假設當一切都符合理性，就會達到穩定均衡的狀態。這種模型就是今日所謂的新古典理論（neoclassical economics。卡爾・馬克思最早以古典派形容亞當・史密斯和他的接班人)。

幾乎每一個現代景氣循環模型中都有一些含括「預期」要素的等式。藉由讓各個理論「媒介」對未來抱持和模型本身一致的預期，就能達到導入理性預期概念的目的。

新貨幣經濟學派

新貨幣經濟學派的研究方法比較著重於個體層面的新發展。例如這些科學家會研究可能導致有效貨幣供給額或貨幣流通速度出現轉變的貨幣革新制度。這些轉變也許大部分並不會顯示在官方的貨幣供給統計數據中，不過還是非常重要。另一個也在1970年代逐漸蛻變的主要學派——新凱因斯經濟學派則強調以下幾個問題：

- 由於獨佔、法規等因素，所以競爭可能不完美。
- 工資有時候可能會固定在某一個過高水準（由於工會的緣故)，導致經濟體系無法達到充分就業狀態。
- 市場可能會因為過於清淡而難以顯出明朗的方向。
- 市場有時候會因為不理性的恐懼或貪婪（動物情緒）而變得不明朗。
- 市場行為（主要是金融市場行為）可能會因太陽黑子的影響而變得不理性。
- 經濟體系裡某些部門（尤其是高科技產業）的投資報酬可能會

上升，這可能抑制競爭。

新凱因斯經濟學

新凱因斯經濟學派是以盧卡斯的理性預期模型為基礎，它起源於個別效用與利潤最大化，而不是總和數字。換句話說，這個學派是以個體經濟假設為基礎，而其模型假設可以透過以下管道將一個未達充分就業狀態的經濟體系提升到充分就業狀態：

- 固有的市場動力將促使工資降低到更多企業願意聘請更多員工的水準，並使製造商品價格降低，讓人們有能力買更多產品（典型的古典派假設）。
- 無論是利用公共支出或貨幣擴張政策來進行干預，都可以創造充分就業。

新凱因斯經濟學派並不認為以上任何一個結果絕對會比另一個更有效率，它主張一切都取決於特定情勢下的勞動市場彈性。不過，凱因斯與貨幣學派的改變卻促使這些分析方法開始顯現新的重大差異。凱因斯與傅利曼都是以由上而下（top-down）的方式來檢視經濟局勢，但盧卡斯、新凱因斯經濟學派和新貨幣經濟學派的人卻傾向於採取由下而上（bottom-up）的方式。

總體與個體之戰

由上而下代表總體，總體經濟學家希望聚焦在真正重要的宏觀事務上，但對其他事務則多半不予理會——這個方法是以對整體現象的假設為基礎。另一個陣營的人則是所謂的個體經濟學家，比較重視個體行為，再把個體行為整合為較大規模的模型，這個陣營的人被稱為「新古典派」。很多新古典派的個體經濟學家慣常使用一種特殊的語言，他們習慣以「Let...」作為每一個句子的開頭。這些句子的內容通常都是一些過度簡化的主張，非常不切實際，甚至流於武斷。例如句子中可能含有以下主張：市場處於完全競爭狀態、每個人都擁有完整的知識、勞工完全機動、市場可以滿足任何慾望且品味或技術完全不會改變等。

這兩個分析陣營的差異不僅在於方法論的選擇不同，鎖定的焦點也不一樣。總體經濟學家通常聚焦在機能不全的問題上，但新古典經濟學家（個體經濟學家）則主張經濟自會找到它的平衡。這兩者的焦點之所以會有上述差異，原因並非某方是悲觀論者，而另一方是樂觀論者；乃出於不同分析方法的固有差異：

- 總體經濟學家所使用的模型不盡然假設經濟體系存在任何固有均衡。
- 但個體經濟學家卻採用一般均衡模型（假設理性預期與固有均衡）。這些模型通常比總體經濟學家的模型更講究且更有彈性。不過，它的必要根本假設卻嚴重受限，導致這些模型的最終結果不太具實務攸關性。

不過，這兩大陣營也並非一直如此涇渭分明，各陣營都有愈來愈多的經濟學家開始互相吸取對方的優點。例如愈來愈多傳統的總體經濟學家願意改變自己的風格，雖然他們依舊專注在經濟體系的錯誤，但也開始使用個體經濟建模來模擬經濟情況。另外，個體經濟學家則開始接受人類並非完全理性的觀念，並開始將「正面回饋」植入他們的模型，產出的結果雖較不穩定但卻較務實。

理論之惡

多年來，波士頓（及其他地區）各個學術領導機構的經濟學家們見證了各個學派的焦點持續轉變，也目睹了各個學派的支持者如何開始接納對手陣營的部分頂尖分析方法。在整個演變過程中，他們也發現合理可信的景氣循環模型愈來愈多，其範圍持續擴大。

進入那個新時代後，人們得以根據四個主要象限來區別不同的景氣循環模型：

- **循環**：內生模型假設不穩定導因於經濟體系裡的非線性因素
- **波動**：外生模型假設不穩定導因於外部的衝擊
- **可預測的**：確定模型假設經濟行為是相對可預測且有條理的
- **混亂無章法的**：隨機模型假定經濟行為是相對複雜且不可預測的。

不過最後，所有模型的發展都逐漸趨向幾個共同的假設：

- 較關注總供給的決定因素和影響。
- 假設市場是完全競爭的，且市場有明朗化的傾向。
- 假設理性預期。

有一段時間，他們曾把焦點從內部不穩定轉向外部衝擊。箇中原因有幾個，其中一個很簡單，只因數理運算便利性的考量：針對固有不穩定性建模時，必須使用非線性函數，但以外部衝擊為基礎的模型則可以採線性函數；也就是說，後者比較容易歸納出結論。另一個原因是，有愈來愈多人認為資本主義經濟已經逐漸達到穩定平衡的結構。

然而以上每一種模型都各有其優缺點。內生／確定模型（可預測的循環）比較容易吸引人，因為這些模型可以歸納出無衰減的循環解決方案、不對稱、不可改變性與不延續性的結果，意即，這些模型可以歸納出較接近現實的方案。此外，這些模型的假設基礎也相對較為務實，其假設和經濟的永久性結構有關。但這類模型的問題是，它們經常只能製造可在相對短期內預測到的行為，但蝴蝶效應卻會模糊較長期的行為。

隨機內生模型（不可預測的循環）也有一些相同的優點及缺點。這些模型描述了凱因斯所發現的部分現象——也就是經濟可能掉入陷阱的現象。歐莫洛德（Ormerod）在他1994年出版的《經濟

表19.1　建立景氣循環模型的方法

	循環 內生模型假設經濟體系裡的不穩定導因於非線性因素	**波動** 外生模型假設不穩定導因於外部衝擊
可預測的 確定模型假設經濟行為是相對可預測的	**可預測的循環** 這些模型主張經濟體系裡的非線性因素將製造波動。有些模型會製造規則的波動（這是不切實際的），有些則製造無序的波動，部分則介於中間。大多數古典與新古典模型皆屬此類。	**可預測的波動** 這一類的模型假設經濟的外部衝擊具有某種可預測的型態，而這些衝擊是形成商業循環的導因。傑逢斯的太陽黑子理論是此類別的第一個模型，假設外部因素（太陽黑子）的規律變化可能會驅動經濟波動。政治循環也可能屬於這一類。
混亂無章法的 隨機模型假設經濟行為相對複雜，而且是不可預測的	**不可預測的循環** 此一類別包括假設理性預期與均衡的模型。但這些模型假設經濟體系存在一個以上的均衡，所以難以預料經濟會找到其中數個潛在的均衡。此外，這些模型假設一個隨機事件就有可能促使經濟從某個均衡變為另一種均衡。這類事件可能會導致一般（理性）預期產生變化，並因此陷入「自我實現」預期（如同傑逢斯的太陽黑子）。另外，這些理論傾向於認為金融不穩定是形成經濟循環的主要導因。	**不可預測的波動** 1980年代較佔上風的是以外部衝擊與不可預測性為主的模型。這些模型假設本質上穩定的均衡（新古典學派），並且唯在有經濟持續暴露在外部衝擊（搖擺木馬與棍子的觀點）的情況下時，才會產生經濟循環。這些「實質景氣循環」模型通常認為此時將出現動態行為，而波動的強度主要取決於衝擊的規模和頻率。另外，循環性事件的長度和發生順序則取決於傳遞機制的固有本質。衝擊可能是隨機或序列相關的（像是戰爭、熱潮、習慣、技術、政策改變），但不會是規律或可預期的。

學的死亡》（*The Death of Economics*）一書如此描述這類模型：

> 我們知道經濟體系中存在眾多陷阱，一旦我們想像中的「參與人」不幸陷入，就可能永無脫身的機會。這一直是過去十年左右，令眾多經濟理論家非常憂慮的一個問題。這種情境所代表的意義是：用來說明競爭經濟的諸多等式可能有一個以上的解答，換句話說，經濟體系中不只存在一種均衡，而是有很多種均衡。

後來他又說：

> 如果描述競爭經濟的眾多等式只有一個解答，那我們就可以在這個基礎架構下針對大型變化進行分析。因為就其定義而言，經濟顯然一定會達到特定的均衡狀態。不過由於這些等式有很多解答，所以人們有可能只針對任何一個特定解答的局部小變化之影響發表主張。若非如此，經濟可能不會跌回原先的陷阱，其處境會轉變，完全掉入另一個陷阱當中。

確定外生模型（可預測的波動）是所有模型當中最有問題的一個，實際上根本沒有任何經濟學家認為這個類別的模型能解釋任何有意義的現象，它至多只能解釋一些不重要的現象。

最後是隨機外生模型（不可預測的波動），這類模型非常精確，因為它們有辦法維持均衡，但並未廣受認同，因為它們並不是很務實（不過，我們必須強調，幾乎沒有任何實際景氣循環模型的倡議者敢斷言科技衝擊是形成所有波動的導因。例如普列斯卡認為科技衝擊是形成戰後半數以上經濟波動的導因，其最佳點估計接近75%）。

早夭

一直以來，人們總是不斷取笑經濟學家，不過現在連經濟學家自己也愈來愈覺得沮喪。其中一個問題是，所有模型都距離現實太過遙遠，例如儘管約翰・希克斯（John Hicks）聲名如此遠播（他曾因一般均衡理論方面的成就而榮獲諾貝爾獎），但後來卻因認為這個概念不切實際而幾乎完全放棄這個概念。二次世界大戰期間曾經有所貢獻的眾多經濟學家主要都關注於景氣循環的理論可能性，而不重視其實際導因。他們太不重視各個模型間能否相呼應，也不重視這些模型是否能和現實世界的事件搭上線。每個模型通常都只能在隔離狀態下用來解釋少數現象，正因如此，我們根本無法衡量這些模型是否真能運用到現實世界。雖然這看起來有如迷霧叢林般令人迷惑，但幸好在眾多討論的背後，還存在著遠高於外人所能想像的共識：幾乎所有經濟學家都同意，儘管一切是那麼複雜，但景氣循環的確存在，而且它們依循一些系統模式在運行。我們將在下一章展開一段想像的旅程，看看箇中的兩個原因。

三個問題

我可以忍受殘酷的暴力，但不能忍受殘酷的理性。它的使用是不義的，因為非常有失知識分子的身分。

——奧斯卡．王爾德（Oscar Wilde）

試想以下情境：亞當．史密斯在陰間召集了一個會議，因為自他過世以後，人類對景氣循環的知識持續蓬勃發展，所以他認為如果能召集各時代最優秀的經濟學家，利用午餐會報的方式來討論這一段時間的發展，應該會很棒。

房間裡擠滿了各個時期的優秀經濟學家，當他起身宣布會議開始時，所有經濟學家都開始鼓掌致敬。接著，鼓掌聲不斷升高，到最後，室內所有人的鼓掌聲都融入這個規律的節奏裡，在場人士的跺步聲讓整個節奏顯得更加強而有力。沒錯，亞當．史密斯就是這麼受愛戴！

亞當．史密斯開口說道：「呃……非常謝謝各位。」他支支吾吾的開始照著一疊小抄唸著：

「各位先生，我召集大家來參加這次會議的原因有兩個：首先，諸位是經濟學領域裡部分最優秀的思想家，你們都是當代的英雄。第二個原因是，我們所有人都曾經研究過經濟不穩定的問題。這個會議的目的是要歸納出兩個問題的答案，我認為這兩個問題是根本問題。接下來，我們還要討論現實世界裡的景氣循環。」

接下來，他轉身在白板上寫：

景氣循環問題不就像一個剪不斷、理還亂的毛團嗎？

一個德國經濟學家低聲對另一個人說：「一個毛團？」「難怪我的書那麼冗長。」另一個人則回答：「——而且那麼無法理解！」此時，史密斯又開始看著他的小抄。

「我將向各位介紹我現在所說的毛團問題。密爾和馬歇爾主張價格上漲會促使人們買更多東西，而不是買少一點，這種正面回饋循環的例子有很多，其中艾納森的造船循環印證了這個主張，而熊彼得的『集體』創業也和該主張互相呼應，另外，凱因斯的流動性陷阱則牽涉到反催化劑。再者，在場各位的理論幾乎都牽涉到『落後』，如加速因子。而且這些問題牽涉到很多部門和很多現象，所以老實說，景氣循環似乎真的有點像剪不斷、理還亂的毛團。如果不是這方面的頂尖專家，哪有辦法了解景氣循環？所以，我的第一個問題來了。在這個會議室當中，有沒有人有辦法對街上隨便一個普通人解釋何謂景氣循環？我並不是指描述景氣循環，而是說『解釋』。」

現場陷入一片靜默。史密斯說：「別這樣，一定有人有辦法用一種既簡單且容易理解的方法來解釋它。」現場又再度靜默了下來。不過，此時有個人站起來發言，他說：

「有時候我認為景氣循環和共振很類似。我在成為經濟學家前曾是個工程師，所以我了解火車的共振原理。火車有很多移動的零件，這些零件通常都會震動，還有，汽車也一樣。我認為景氣循環和導致火車或汽車設計者發狂的共振問題很類似。」

史密斯說：「有意思的解釋方法，請繼續。」

「呃……我可以進一步闡述這兩者的相似性。例如降低汽車共振的方法有三個，第一個是移除主要的不安定來源。假設導致共振的是擋風玻璃，那麼就不斷改變擋風玻璃的設計，直到問題消失為止。就經濟學的領域來說，這就好像是移除一個正面回饋流程，如薪資自動依物價指數調整的機制。第二個解決共振的方法是製造反向波。我認為這是凱因斯和其他消費不足理論者所主張的方法。第三個方法是在震動源周遭安裝吸震器，例如在輪子和引擎周圍安裝吸震器，失業給付就屬於這個類別；另外，貨幣學說主義者穩定貨幣供給的原則也是屬於這一類。如果能成功執行，貨幣手段就可以固定住紐康數量等式左側的成長率，這樣自然也能使等式的右側穩定下來。」

亞當・史密斯又站了起來。

「謝謝你，這個觀點很不賴。街上的每一個普通人應該都很熟悉共振，儘管他們可能不知道它的確切表達方式。我們現在可以進入下一個問題了。」

他轉向白板寫道：

為什麼景氣循環裡的所有經濟現象只會形成少數幾個不同的波動？

我們的經濟體系當然比任何一台單純的機器複雜許多。想像一下，我們把現代世界數百萬的機器——包括最小的電動牙刷、汽車、火車和噴射機引擎等——全都黏合在一起，成為一台巨大的轉動球。經濟體系不正是如此嗎？世界上有百萬人隨時在制訂許多和貨幣有關的決策，整個體系有數百萬種的產品與服務，也有數百個部門和數以千計的次部門存在。當中每一個組成份子難道不會以他們自己的頻率創造出他們自己的共振嗎？那麼，我們要如何讓這麼多個別的共振轉變為眼前這個龐大又遲緩的整體共振？

場上一個代表問：「請問我可以發表一點淺見嗎？」史密斯點點頭。

「謝謝。你們記不記得我們剛剛晨會後鼓掌的情形？起初每個人都是依照自己快速的節奏，各拍各的手。不過請回想一下，經過一段時間後，我們的鼓掌節奏是否從快速且不協調的模式，轉變為較緩慢但卻較調和的節奏？雖然會場裡並沒有任何人出面來引導大家，但我們最後卻自然而然變成這樣。這個現象稱為『鎖模』(mode locking)。當很多原本不相關的流程自然而然的被鎖定，融入彼此的節奏，並製造出一個強大且整體的脈動時，就會發生鎖模現象。例如如果把兩個機械鐘並排掛在牆上，這兩個鐘的擺盪通常會趨於調和，因為微小的機械脈動將會透過牆壁傳導到另一個鐘。由於經濟體系裡存在極多不同流程，故一定會衍生不穩定情境，所以如果這種強而有力的現象（指鎖模）不存在，最後一定會發生類似隨機噪音的情況。由於鎖模效應的緣故，一個部門的繁榮將會散播到很多其他的部門，就如同供給創造需求，經濟活動創造金錢，而金錢又創造供給一樣。」

史密斯問道：「但是經濟體系中並不只存在一個循環……？」

「沒錯，因為雖然各種循環流程將自動融入一個鎖模流程，但只能達到某種限度的融合。所以，如果有些事件的震動頻率傾向於較慢，其他較快，那麼就會產生幾組不同的現象，這些現象將同時形成幾個不同的循環。其中，移動速度緩慢的群組通常都和必須花費多年進行規劃與融資的大型商業摩擦的商業活動有關。」

史密斯說：「我認為這是很好的結論和解釋，這一席話也點出了我們即將要討論的議題。呃…我們要吃午餐。不過，請聽好，我希望在中場休息時間，大夥兒可以坐在一起，並按照你們各自的觀點來討論現實情況下的景氣循環，最後再提出一份共同的說明。」

他又轉向白板，寫下：

景氣循環最重要的實務面表徵有哪些？

午餐時光非常愉快。當然，有關景氣循環和其他主題的討論也不絕於耳。不過，某些餐桌上的人還討論一些更熱門的話題。上完咖啡後，亞當・史密斯又站了起來，他說：「現在，就讓我們進入這個午餐聚會的正式主題，有人願意發言嗎？」

有一個人說：「我願意，而且我將直接切入要點，接續午餐前的討論。我們剛剛討論到不同群組的活動會製造出不同的循環。我們認為這種主要的活動群組有三個。」史密斯問：「是……？」

第一組是存貨。存貨將衍生所謂的基欽循環，我們這位可敬的同儕認為這種循環會持續三至五年。現在我們認為最好的假設是平均大約維持4.5年。第二個大群組是資本支出。這個群組似乎是形成所謂朱格拉循環的主要導因，平均持續大約九年。第三個主要群組是房地產，也是衍生一般所謂庫茲涅次循環的主要因素，平均持續大約十八年。就房地產而言，我們同時指房地產價格和建築活動。

我們的第二個發現是這三個循環的共同波動。由於鎖模效應的緣故，在可能的時機時，不同循環的轉折點傾向於同時發生。例如這些循環可能會被鎖定為以下模式：第二個基欽循環的谷底和一個朱格拉循環的谷底同步，而每四個基欽循環底部會和一個庫茲涅次循環底部同步出現。最後情況可能發展到非常嚴重的地步，導致經濟陷入蕭條和凱因斯所謂的流動性陷阱，除非中央銀行和／或政府以及時且均衡的方式進行干預。1825-1830年、1873-1878年、1929-1938年、1974-1975年以及1990-1991年間都曾出現這種情況。

我們最後一個發現和以上說明的內容可靠度有關。基欽循環的延續期間是4.5年，其他兩種循環的延續期間則可能有非常大的落差，即使這些循環的延續期間主要應該取決於傳遞機制，長期來說這種機制應該不會有明顯改變，但以嚴謹的定義來說，這些循環都不能被稱為「定期性」的循環。

史密斯問：「那麼，康德拉季耶夫循環呢？」

這個小組又提出幾個和該循環有關的議題。首先，該小組認為這位俄羅斯伙伴在他優異的研究當中所衡量的主要是通貨膨脹，不盡然是整體商業活動。

其次，我們認為要有大約十筆觀察資料（持續500年以上），才能讓這個會議室裡的數學專家認同這個現象的統計樣本值得信賴。要達到如此境界，時間可能要落到2300年以後。

此外，1970年代中期以後，這個循環的實際表現和預期情況並不相同。根據該模型，1990年代理當是非常疲弱的期間，但當時的經濟卻呈現所謂的「黃金時期」情況。這樣的經濟表現在2000年到2002年間被打斷，不過，在新興市場的帶動之下，經濟景氣又大幅回升。所以說，實際情況和這個理論所預測的完全不同。

不過，我們最重要的批評是：我們無法找到任何強有力的理論來支持它。敝小組認為能用來解釋第一個康德拉季耶夫循環的現象其實好像都是一些獨立的技術革新，如蒸汽機械和紡織機、電腦與網際網路的發展；或者是政治變局，如中國四人幫的瓦解、柏林圍牆的倒塌等。但我們很難認同這類事件導因於某些循環現象。想想看，哪一個循環現象會促使提姆·伯納李發明網際網路的通信與資料傳輸規則呢？這種現象似乎比較屬於獨立的外來衝擊。

史密斯說：「所以，並沒有康德拉季耶夫循環存在囉？」

「沒有，我們多數人不認為有。不過，經濟體系中自有其它動力存在。所有類型的擴張都可能在缺乏明確理由的情況下，突然失去動力幾個月，另外經濟也可能短暫停止衰退，接下來又繼續衰退的步調。這些現象通常被稱為『疲軟』或『強勁』的假象。我們認為這些小規模的擺盪有可能是對外來衝擊的一些反應，也可能是某一小組不為人知的現象的循環行為。」

亞當·史密斯又從他的椅子上站了起來。

「謝謝在場的各位。我知道你們每個人一定都會帶著自己的結論離開，不過我個人認為這場會議凸顯出一個要點。我認為人類對景氣循環的了解已經有很長足的進步，但不容否認的是，雖然最頂尖的專家對循環背景下的經濟走向各有其合理見解，但卻無法完全肯定未來的真正走向。所以，無論你是個企業經理人、金融投資者、創業家或財政部長，只要你從事的工作與此現象有關，都還是要面臨嚴峻的挑戰。」

「還有中央銀行官員！」群眾裡有人大喊並露齒笑著。

史密斯說：「對，沒錯。央行官員確實也必須面對這些挑戰。認真說起來，他們的工作甚至可能是最艱難的。」

21 景氣循環的五大驅動力

用錯資料比完全不用資料還糟糕。

——巴貝奇

我們知道早期經濟學家大都具備實務經驗。約翰・勞、肯狄隆、桑頓、李嘉圖、霍特里和卡欽斯是銀行家，薩伊和帕瑞托是工業家，紐康是天文學家，密爾曾在東印度公司任職，魁奈和朱格拉是醫生，熊彼得曾是埃及一間煉油公司的經理人，也曾經是財政部長，而凱因斯曾做過的事實在太多，不勝枚舉。不過，雖然這些思想家都費盡心力想了解這個真實的世界，但很多後進科學家卻好像只著迷於數理之美，結果他們雖然發展出大量理論，但卻流於不完整，而且通常也都忽略這些理論的發展背景。例如衛斯理・里昂提夫（Wassily Leontief）曾抱怨，1970年代的《美國經濟評論》（*American Economic Review*）專題當中，有超過50%的文章都是由數學模型所構成，但完全沒有實際的數據。

製造貨幣的機器

當然，實際數據也有其問題：我們很難根據實際數據來反駁任何批評（數學公式則不同）。不過，我們現在應該試著看看一些資料。讓我們來一段思想實驗，把全球經濟體系想像成一部經濟機器，它不是你手腕上那個花俏的手錶，也不像你車子裡順暢運轉的引擎。請把它想像成一個龐大、不穩定又吵雜的機器，看起來很就像巴貝奇的巨大蒸汽電腦，或像查爾斯・狄更斯（Charles Dickens）

時代那種有活塞、木齒鐵輪和槓桿的龐大機器——當蒸汽充滿時，可以將重物推上推下的那種機器。現在，再想像機器運轉時地板劇烈搖晃的情況，因為此時共有五個巨大的活塞正以不同的速度上下運動。這些活塞偶爾會同時達到最低點，此時的震撼力將大到使地板出現裂縫，讓你的胃感到一陣不適。

如果這部機器真的能代表一個經濟體系，那麼我們就可以為那五個活塞各取一個名字。根據我們對景氣循環理論的研究，我們知道這些活塞的名字應該是「貨幣」、「資產」、「建築活動」、「資本支出」以及「存貨」。我們認為第一個屬於「貨幣因素」，其他四個則是「經濟因素」；此外，我們認為第一個活塞是為經濟體系提供蒸汽的要素，另外四個則是把蒸汽轉化為實際活動的要素（表21.1）

不過，如果換算成真正的錢，又將是什麼情況？就實務上來說，以上每個現象對景氣循環的貢獻是多少錢？——這真的是一個很難回答的問題。第一個原因是：以上每個要素都會干擾到其他要素的行為；第二個原因是，我們必須跨入經濟統計的迷霧裡才能探尋這些答案，但這卻非本章的目的。不過請牢記一點，我們接下來將探究的每個數字都是經過許多非常有智慧的人，以非常可信的理由辯證過。另外，我們也必須了解，要明確區隔這五個要素的角色是有困難的，所以，接下來即將介紹的數字並非絕對精確。不過，我們確實可以大致從中體會相關的基本比例概念，這才是我們的真正目的。

表21.1 經濟體系中形成景氣循環的五個要素

貨幣循環驅動要素	經濟循環驅動要素
• 利息支出	• 資產價格 • 建築活動 • 資本支出 • 存貨

現在就開始吧！首先，我們需要選擇一個屬於合理常態的樣本年度，在此，我們選擇使用2004年（1994年也還算是不錯的例子）。2004年時，經濟並非處於泡沫的頂點，也不是處在絕望與蕭條的谷底。那是中庸的一年，所以和我們的分析目的相當契合。

第二個數字是：世界銀行根據所謂的亞特拉斯（Atlas）法估計2004年當年所有理髮、汽車生產以及其他所有製造品的總額是41兆美元，也就是41兆美元的GDP，這個數字是紐康公式右方的數字：

$$MV = \mathbf{PQ}$$

這麼大的數字對任何人來說都是沒有意義的，但是為了繼續推進，我們需要它來作為背景。接下來先從利息支出談起。

利息支出

利息支出是貨幣情勢的一個重要表徵，不過它的總和數字也是最難統計的。我們必須每次計算一個國家的利息數字：先觀察國家收入表，接下來將個人、企業和政府部門的利息加總在一起。每個國家的情況都大不相同，相關數字取決於政府財政、公共榮景、信用文化與機構，當然還有適用的利率。不過一般來說，利息大約都佔GDP的3.6%到5%。不過利息支出的增加也將使利息收入增加，所以我們不能用機械化的方式去推估利率的變化可能對一個閉鎖的經濟體產生什麼影響。相對的，其影響應該是：若要增加儲蓄，支出和投資就得減少，這當然會導致經濟走緩。

這是第一個數字。現在，再來看看第二個關鍵驅動因子，也就是資產價格。

資產價格

資產可以區分為固定價格資產和變動價格資產，前者包括現金和銀行存款等，後者則是房地產和證券等。在此，我們要討論的是變動價格資產，而且是毛額，不是扣除負債後的淨額。瑞士銀行公司（UBS）估計2004年已開發國家住宅用房地產價值約70兆美元，於是我們採用60-80兆美元的數字，並加上開發中國家（沒有完善的統計數字）的住宅用房地產價值，大約介於15-20兆美元。除此以外，還有全球投資型商用房地產大約價值5兆美元，以及所有權集中的私人房地產大約是10-20兆美元。

證券市場規模的估計值相當多，不過幾乎都和國際貨幣基金（IMF）2005年全球金融統計報告中所統計的數字接近，2004年的數字是37兆美元，所以我們採用35-40兆美元。另外，這份報告估計2004年的債券市場規模大約價值58兆美元，也多於2003年的52兆美元。美林證券的2004年世界債券市場規模與結構報告中估計，在2003年底時，債券市場規模大約價值45兆美元，這個數字大致上也獲得麥肯錫全球研究所〈118兆美元與計數：世界資本市場存量〉報告的印證，麥肯錫統計2003年底的數字大約只比前者低2兆美元。所以，我們假設2004年的債券市場規模價值45-55兆美元。雖然其中有一些債券是提供房地產融資的債券，不過對我們來說這無所謂，因為我們要計算的是變動價格資產的毛額，不是淨額。然而，當上市公司持有債券、其他上市公司的證券和房地產，多多少少就會產生重複計算的問題（特別是房地產），所以這部分我們要扣除2-5兆美元，於是資產價值的估計值大約是170-220兆美元。

不過還有其他資產：已出土黃金大約是1.6-2.0兆，另外還要加上收藏品項目等。我們將在第24、25章說明這些數字是怎麼計算出來的。表21.2就是樣本年度的總計數字。

參考表21.2的資產價值總和數字後，可以歸納出以下結論：全球變動價格資產價值毛額數字大約高達GDP的400%到500%。不過有一點必須強調，這個例子所採用的數字是2004年的數字，如果我們選擇通貨膨脹率稍高的取樣年度，資產價值約當GDP的百

表21.2　2004年全球變動價格資產估計　（單位：兆美元）

	2004年
住宅用房地產，OECD（國際經合組織）	60–80
住宅用房地產，新興市場	12–25
商用房地產	15–25
=房地產總值	90–130
債券	45–55
股票	35–40
黃金	1.6–2.0
收藏品	0.3–0.6
所有變動價格資產總計	172–228
減去上市公司持有資產被重複計算的部分	–2–8
不含重複計算金額的變動價格資產毛額總計	170–220

分比就會低一點。另外，如果選擇資產泡沫時期，其百分比就會高一點（在1990年代初期，資產價值佔日本經濟體系的百分比顯然非常高）。

值得注意的是：全球變動價格的財富中，有多少屬於房地產？答案是：房地產通常大約佔變動價格財富的一半左右。

資產價格傾向於領先GDP下降，而當GDP開始下滑後（我們將在本書第五篇詳細檢視這個議題），資產價格還是會繼續下跌一段期間。那麼，資產價格的變動和和經濟成長有何關係？資產價格的變動將產生幾種不同的影響，不過最重要的影響是所謂的「財富效果」，這個現象是指當人們發現自己的財富增加，就傾向於增加支出，反之亦然。而這個效果有多大？

財富效果的長期影響非常值得討論（一直以來，有關這部分的討論非常多），這取決於人口族群及資產類別。這個問題很複雜，而且不管是在多頭或空頭市場，它都可能既非線性也非系統化。不過，反正我們現在需要的只是一個簡單的約略數字推測值，一般共

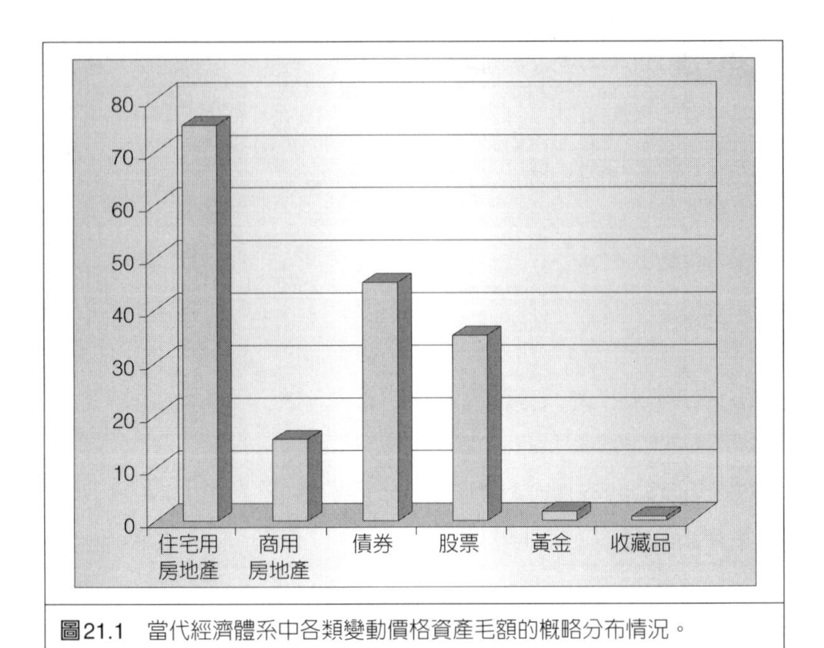

圖21.1 當代經濟體系中各類變動價格資產毛額的概略分布情況。

識認為財富效果約當於總資產價值變動金額的4%。

讓我們利用這個數字來玩點小遊戲。請想像目前全球經濟景氣暢旺，資產價格超過其正常價值區間（GDP的400%-500%），大幅上升為GDP的六倍。接下來，總資產價值不幸反轉並下降三分之一，也就是減少約當GDP的200%。如果資產價值折損這麼多，將對支出將產生什麼影響？如果我們認同財富效果數字是4%，那麼這意味我們折損了大約200%×4%＝8%的GDP實質成長率。以下是一個可能發生的實際情況：在資產縮水200%的情況下，如果四年內的年度經濟成長率原本是2%，現在就會變成連續四年零成長的局面。不過情況可能更糟，回想一下大蕭條時期即可了解。當時資產價值才下降大約80%。日本在1990年代的情況亦然。資產跌價所形成的財富效果需要時間來消化，事實上也的確如此。以下是一個算數例子：如果資產價格嚴重泡沫化，上漲到約當GDP的

700%，接下來又急跌到約當GDP的200%，那麼就等於資產價值縮水約當GDP的500%。把500%乘以4%……天啊，不可能！……沒錯，不要懷疑，那就等於損失了20%的GDP！所以，結果將是：如果年度實質成長率是2%，這代表在度過連續兩年的負2%成長率後，還得忍耐大約六年的零成長，簡單來說，這代表十年的零成長。

建築活動

經濟學裡有一個術語稱為「固定資本形成毛額」(gross fixed capital formation)，這個項目包括：

- 建築資本形成
- 住宅建築
- 機械與設備資本形成
- 其他建築活動

這個項目的總額大約等於已開發經濟體規模的五分之一，其中有一部分屬於商用與住宅用建築物的建造。2004年全球房屋建築市場（住宅用建物）大約等於GDP的9%，而歐洲地區則約佔12%(值得一提的是，成熟市場的建築活動通常大約有一半屬於重建工程)。在中國，這個比例顯然低很多（3-4%)，不過在當地，這個項目的成長率卻比較高（而富有國家的房地產市場佔GDP比重遠比窮國高)。所以，我們的結論是：全球經濟大約有9%耗用於住宅建築，另外大約有2-3%在商用房地產建築，所以建築活動佔GDP比重共約11%，而我們採納10%的約略數字，這樣比較容易記憶。通常大約有5-6%的勞動力投入這個部門，不過還有很多間接投入的人力，包括相關商品產業（水泥、鋼鐵、木材、銅等）的採礦與冶煉業人力。

通常大約有五分之一的房地產建築活動來自公共部門，這部分

表21.3 財富效果估計：各項財富效果研究的結論

研究名稱	資產價格變動的財富效果（%）
莫迪格里亞尼（Modigliani, F.）與泰倫泰利（Tarantelli, E.），〈開發中國家的消費函數與義大利經驗〉，《美國經濟評論》，65，1975	4-8%，平均6%
梅爾（Mayer, C.）與賽門（Simon, K.），〈國際實證：儲蓄的決定性因素〉，《美國房地產與都會經濟期刊》，22（2），1994	大約4.2%
羅西（Rossi, N.）與維斯科（Visco, I.），〈義大利全國儲蓄與社會保障〉，《*Receierce Economiche*》，49，1995	3-3.5%
布雷頓（Brayton, F.）與丁斯利（Tinsley, P.），FRB/US模型指南，美國聯邦儲備系統管理委員會，金融與經濟討論報告#1996-42，1996	大約4%
歐格威（Ogawe, K.），〈日本家計單位行為的經濟計量分析〉，《金融評論》，25，1992	大約4%
卡波瑞爾（Caporale, G.）與威廉姆斯（Williams, G.），〈再探英國未來的消費與金融自由化〉，《倫敦商學院討論報告》，#20，1997	3-5%
路德維格森（Ludvigson, S.）與史丹迪爾（Steindel, C.），〈股票市場對消費的影響有多重要？〉，《經濟政策評論》，紐約聯邦儲備銀行，5，1999	大約3%
Desnoyers, Y. *L'effet de la richesse sur la consummation aux Etats-Unis*, Banque du Canada, Ducument de Travail #2001-14, 2001	大約5.8%
梅拉（Mehra），〈實證生命循環總消費等式中的財富效果〉，《列治文聯邦儲備銀行季刊》，87，2001	大約3%
賈斯特（Juster, F.T.）、陸普頓（Lupton, J.P.）、史密斯（Smith, J.P.）與史丹佛（Stanford, F.），〈家計單位儲蓄的下降與財富效果〉，聯邦儲備系統管理委員會，2004	平均財富效果是3%，但若是直接持有的股票，則是19%。

表21.4 道瓊工業指數十大表現最差年度。如果股票市場下跌的幅度像下表所列那麼大，相關的財富效果可能會很顯著。			
排行	年度	收盤價	百分比變動 (%)
1	1931	77.90	–52.67
2	1907	58.75	–37.73
3	1930	164.58	–33.77
4	1920	71.95	–32.90
5	1937	120.85	–32.82
6	1914	54.58	–30.72
7	1974	616.24	–27.57
8	1903	49.11	–23.61
9	1932	59.93	–23.07
10	1917	74.38	–21.71

相當穩定，但其餘部分則呈現非常明顯的週期性。房地產建造活動降低三分之一將導致GDP降低3%，聽起來也許不多，但一定要記住，當建築活動降低，房地產價格也一定會滑落，而房地產價格滑落所衍生的財富效果將導致GDP進一步明顯降低。

資本支出

第四個主要的循環驅動因子是所謂的資本支出，這是指機械與設備投資，不過並非建築物投資。以大多數經濟體來說，民間與公共資本支出大約佔GDP的10%（不過在快速成長的新興市場所佔比重較高）。其中，公共部門的資本支出比較穩定，但民間投資比重較高。

斯庇托夫和熊彼得強調，資本支出通常和一些新的核心革新有關，每一次大規模的資本支出潮裡一定存在一個顯著的產業領導者。前幾次資本支出熱潮分別是由紡織機械、蒸汽引擎、鋼鐵船舶、鐵路、電力、汽車、飛機、化學與其他許多產業所領導，每一個產業也都經歷了它們個別的泡沫和崩潰。幾乎每個人對資訊科技、電訊和網路業在1990年代末期的支出狂潮都還記憶猶新，更不可能忘記2000年3月以後，這波狂潮是如何突然停止。當時業界競相超額投資與加速因子（由於產業要擴大產能，所以在產業內部訂購商品，因此形成加速現象）的影響顯然促使資本支出循環進一步被強化。

這部分的影響究竟有多深遠？假定資本支出佔GDP的10%，但由於經濟嚴重衰退，所以資本支出下降了三分之一，這大約等於GDP的3%。另外，資本支出嚴重下降也將導致股票財富縮水。如果是尋常年度，股票總值約當GDP的90%（2004年時，股票市場規模為37兆美元，GDP為41兆美元），那麼假設股市達到高點時，股票總值佔GDP比重達130%，而當資本支出循環反轉向下時，股市佔GDP比重降為GDP的60%，這就等於資產價值降低約當GDP的70%。把70%乘以4%的財富效果，就等於去掉2.8%的GDP，這樣已經很糟了，不過如果房地產財富下降一樣的百分比，情況可就更糟了。

存貨

影響經濟變動的最後一個主要因素是存貨。佛瑞斯特的存貨提振理論或摩塞基德與史特曼（Sterman）的啤酒分配遊戲闡述了為何存貨的波動遠遠超過最終需求的波動。基本上存貨大約佔GDP的6%，但在經濟擴張階段，大約佔GDP的3%。存貨佔GDP比重會在這個區間內激烈波動。波動性較高的原因之一是由於存貨裡含大量的耐久財，如電視機、DVD放映機、冰箱、冷氣機和汽車，當人們對未來感到擔憂時，就會停止購買上述產品。大多數國家的存貨中有接近三分之一是汽車與汽車零組件（這些都算是耐久財，德國車更是如此）。存貨中沒有啤酒和牛奶，因為這些產品從製造商端流向消費者端的速度非常快。存貨中也沒有服務型的存貨（如理髮和牙醫服務），因為這些行業是經濟體系中最不具循環性的行業。

規模的問題	
以下是尋常年度的尋常經濟情況下，各個驅動因子的規模	
	佔GDP%
金融驅動因子	
資產價值	~400-500
財富效果佔資產價格變動的百分比	~4
利息支出	~5
經濟驅動因子	
建築活動	~10
資本支出（機械與設備）	~10
存貨	~6

存貨循環最糟會到什麼地步？以下是一個例子：如果存貨訂單下降三分之一，GDP大約會下降2%，這當然是不好的，不過倒不至於太糟，而且通常不會被任何負面財富效果所強化。事實上情況正好相反，雖然在單純的存貨修正期間開始時，資產價格可能會下跌，但當利率下滑，資產價格又會快速反轉。

循環各有差異

很多景氣循環研究對景氣循環的描述會讓人以為所有的景氣循環都一樣，例如很多研究會檢視資產價格「在景氣循環期間內」的波動情況。但光是由房地產、資本支出或存貨波動等不同因素（或以上所有因素的任何一種組合）個別主導的景氣循環，就會有很大的差異；此外，在一個景氣循環的期間，短期與長期利率是否大幅上升、是否產生嚴重的財富損失，以及該循環是否引發銀行業與貨幣危機等，也會導致此循環和其他景氣循環極端不同。

讓我們用一個表格來延續這個題目的討論，先假想一個災難般的停滯性通膨情境（經濟體系同時出現通貨膨脹與經濟停滯問題），此時資產價格與資本支出循環都大幅崩落。這裡所採用的數字並非以任何科學研究為基礎，如果有心，絕對可以針對這些數字寫出厚達一本書的錯誤說明；不過，這些數字卻能讓人粗略了解眼前的真實世界。假定這個情境是在一次經濟大繁榮時期之後發生——負債達到非常高的水準，而為了因應通貨膨脹上升，央行也積極提高利率。由於上述情況的演變與資金短缺的影響，債券利率也持續上升，結果總利息支出佔GDP比重從平常的5%大幅竄升到驚人的9%，在緊縮期的頭2年，GDP每年降低4%（在此我們假設這些支出最後是流到外國債權人與中央銀行手中，所以都已離開整個經濟體系了）。接下來，由於產能過剩的緣故，我們假設建築活動和機械設備支出分別下降三分之一，而銀行危機導致這個問題更加嚴重。另外，也可以再假設資產價格跌掉約當150%的GDP。接著，再加入因受到驚嚇而暫時停止訂購存貨的企業，這將導致GDP再降低2%（但請注意，當經濟剛開始緊縮時，存貨有可能上升），這樣就可以歸納出結論了。這些數字加起來是多少？表21.5顯示，GDP將折損15%。

這就是導致經濟進入蕭條的原因，這個假想例子裡的15%折損可能會分成好幾年的時間逐步反映在GDP數字上。

但是蕭條又是如何停止的？沒錯，有一部分的緊縮會像奧地利經濟學家所主張的自行修正復原，但如果通貨膨脹降低，讓央行願意大幅度調降利率的話（尤其如果債券殖利率也同步降低），一定

表21.5 假想的災難情境——停滯性通膨環境

商業循環驅動因子	將發生以下情況	對GDP的總影響
變動價格資產總價值	降低約當1.5倍GDP	–6%
建築活動	降低約當三分之一的GDP	–4%
資本支出	降低約當三分之一的GDP	–3%
存貨訂購情況	降低約當三分之一的GDP	–2%
＝GDP總折損		–15%

會產生很大的效果。如果沒有發生貨幣危機，且若通貨膨脹率也隨經濟緊縮而降低（通常會如此），央行就可以很快速地降低利率。而一旦利率降低，利息支出就會快速從GDP的9%左右降到3%或4%。再者，利息支出的下降將會促使資產價格回升，並進而扭轉財富效果，而且利息支出的降低也會刺激新住宅建築和機械設備的需求。最可能引導這個假想的弱勢經濟情勢走出厄運的事件發展順序應該是：

1. 利率降低→利息支出降低
2. 利率降低→資產價格上漲＝財富效果逆轉
3. 利率降低→住宅建築活動恢復
4. 經過時間落差，存貨將達到比較保守的水準→存貨循環反轉向上
5. 就業率上升→消費者支出上升
6. 企業獲利增加且產能趨於緊縮→企業固定投資重新增加

穩定的部門

關於這個總和數字遊戲，最後還有一個重要的面向要討論——就是經濟體系還有一些相對安定或逐漸安定化的部門。多數消費都與服務及非耐久財（必需消費品）有關，至少在已開發經濟體中是如此。這代表報紙、藥品、雜貨、啤酒、理髮、辦公室清潔、醫療和牙醫與其他事物並不會因景氣循環的變化而出現明顯波動。大多數國家的民間與公共消費中，有85%屬於這些類別，而這就是安定化因素。其中公共部門更加穩定，這個部門佔GDP的比重介於20%到55%，多數已開發國家的公共消費大約佔GDP的40%。這個部門甚至具備「反循環」的特色，因為在經濟衰退期，社會支出通常會增加，而經濟繁榮時期，稅收則會增加。不過非必需消費品的消費就較具循環性，尤其會隨金融情勢的變化而波動，也會隨就

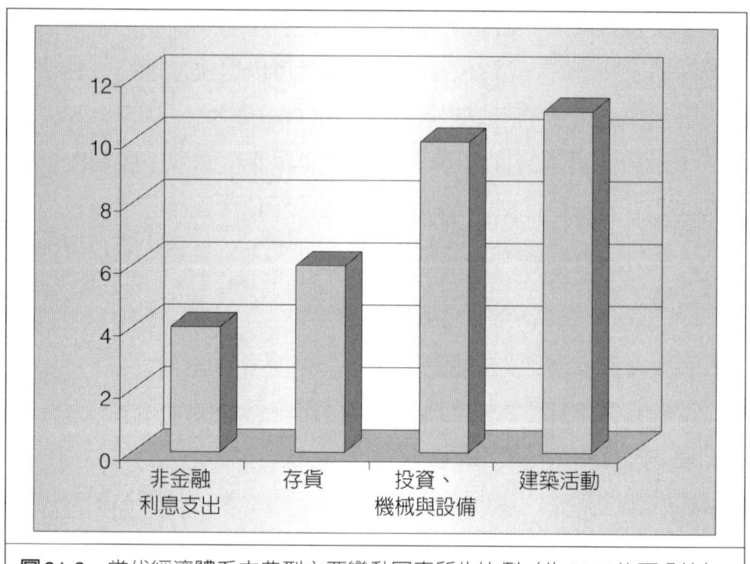

圖21.2 當代經濟體系中典型主要變動因素所佔比例（佔GDP的百分比）

業情況的轉變與展望而改變，而就業情況則是隨主要循環驅動因子的改變而改變。

沒錯，公共部門有那麼一點反循環，而非耐久財商品的支出不僅龐大，而且很穩定。接下來才是花費在耐久財和住宅的消費支出。不過，這些項目鮮少成為循環的主要驅動因子，它們只是主要循環驅動因子傳遞機制中的一環罷了。

最後，還有什麼因素要考慮？原物料？這些商品的需求、供給和價格確實會有很大變化，不過這些商品的價值大約只有1兆美元，僅佔2004年GDP 41兆美元的2.5%而已。以前原物料曾是影響世界各國經濟情勢的主要因素，不過目前其地位已式微。沒錯，這些商品的波動當然會導致墨西哥或俄羅斯等國家的動盪，而油價的波動也還是會對德國、日本或美國的經濟造成衝擊，不過影響程度已經大不如前了。

中央銀行業務的十大挑戰

聯邦準備理事會所採用的經濟模型雖堪稱全世界最好的模型，卻已連續十四季出現錯誤，而這個事實並不代表它們到第十五季時會是正確的。

——亞倫．葛林斯班（Alan Greenspan）

2000年2月17日，美國經濟景氣非常熱絡，那斯達克指數也蓄勢創新高。亞倫・葛林斯班剛在一次例行的國會聽證會上發表完他的演說，現在進入提問時間。葛林斯班正在回答共和黨議員榮恩・保羅（Ron Paul）的問題，他對某個議題感到憂心——保羅檢視了M3貨幣供給額成長率的統計數字，發現從1992年以來，該指標的成長率似乎一直遠超過整體經濟成長率。所以，他想知道為何聯邦準備理事會會坐視這個情況發生。然而葛林斯班的回答有點讓人煩惱：

「……我們現在不太知道要如何精確設定貨幣的定義…目前的貨幣定義並無法讓我們找出控管貨幣供給的好方法……」

保羅先生有點被搞糊塗了，他回答：

「那麼，如果你無法為貨幣下定義，要如何控制整個貨幣體系？」

葛林斯班回答：

「這正是問題所在……」

要精確定義貨幣，確實不是件容易的事。不過，雖然各國央行必需努力設法在動盪的世界裡善加駕馭貨幣政策，但讓它們傷腦筋的問題絕不只這一個。事實上，中央銀行業務至少存在十個重大挑戰。首先，新主事者上台之際，一定要先選擇一個可靠的策略性方法來因應各項問題，這是挑戰之一。接下來，在定義及衡量紐康知名公式中的「M」、「V」、「Q」和「P」時也會遇到一些問題。另外四個重要任務是：設法終止貨幣流通嚴重下降、處理資產泡沫、避免實施過多提振政策，以及解決外匯匯率問題。最後，還有一個挑戰是維護央行在市場上的威信。在這個不斷循環的世界裡，中央銀行的任務絕不輕鬆，接下來我們將逐一說明箇中原因。

挑戰一：選擇一個策略性方法

不管中央銀行的官員偏好什麼作風，終究必須使用一些駕馭工具。以下是中央銀行官員常用的三個基本工具：

- **調整折現率**：利率的降低將會刺激整個社會放款增加、儲蓄減少，如同亨利・桑頓在1802年所發現的道理。
- **向商業銀行買進或賣出政府債券**：這些交易將會被借記／貸記到商業銀行在中央銀行所開設的帳戶，這樣可以調節商業銀行的超額準備及其放款能力。
- **增加或降低商業銀行的存款準備**：提高存款準備的目的是為防範商業銀行貸放過多金額（相對其準備金而言），反之亦然。

所以，中央銀行和商業銀行維持互動，而商業銀行則和消費者及企業維持互動（圖22.1）。中央銀行之所以利用商業銀行作為其與消費者和企業的中介，原因在於商業銀行擁有相當可觀的客戶資訊，因此較能區分業務案的優劣。

不管中央銀行採取什麼作法，其作為理當都能透過這個體系而被強化。中央銀行的作為將立即導致貨幣數量與價格（利率）發生

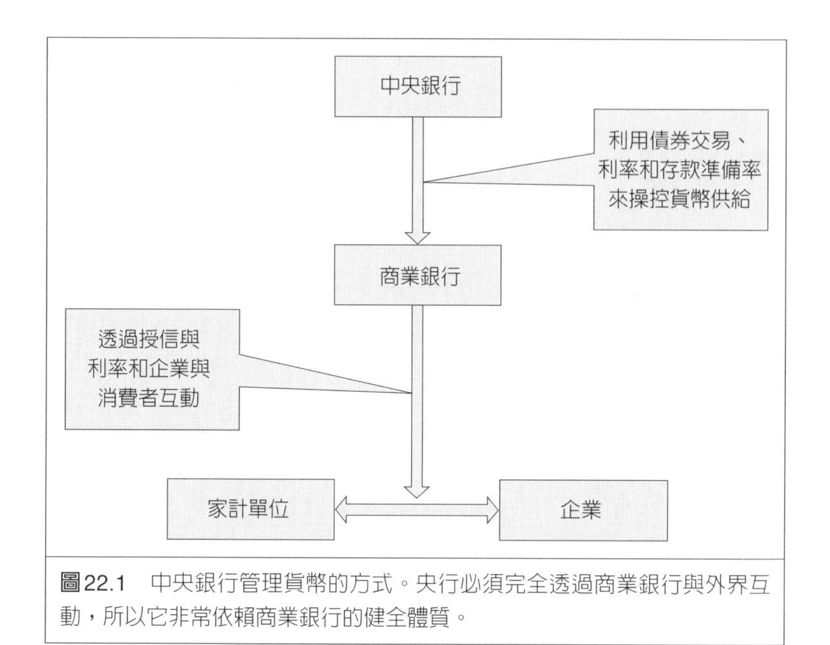

圖22.1　中央銀行管理貨幣的方式。央行必須完全透過商業銀行與外界互動，所以它非常依賴商業銀行的健全體質。

變化。不過隨之而來的是更大的衍生效應（derived effect），即所謂的「金融加速因子」。也就是說，一旦企業借到廉價資金，其利潤將增加。使用新的低利率貸款後，企業的獲利能力將提升，顯得更物超所值，此時企業的信用度似乎也好轉了，在這種情況下，銀行當然更願意貸放更多資金給這些企業。另一個次要影響是：貨幣提振政策通常都會導致貨幣貶值，而貨幣貶值將刺激出口，進而提振國內的經濟成長。

當然，中央銀行的主要問題在於何時應挹注資金到經濟體系或從中抽離資金，挹注或抽離的資金規模又應該是多少？不同的中央銀行對這個問題多少會抱持不同的態度。經濟就像是一台裝著許多運轉零件的大機器，每一種機型所強調的運轉零件都不盡相同。我們可以把這些機型區分為以下不同「風格」：

- **奧地利風**：盡可能維持貨幣供給的穩定，同時不妄想微控經濟體系。這個方法是要穩定紐康公式裡的「MV」，在1980年代時，這個方法尤其受歡迎（為了避免1970年代通貨膨脹問題再度發生），1990年代的日本也是如此。傅利曼是其中一個偉大的倡議者，不過他後來也逐年修改自己的觀點。
- **瑞典風**：找出「自然率」（也就是魏克賽爾所說的企業投資平均報酬率），並將實際速率操控到接近這個自然率。1980年代以後，這個方法逐漸被接受。
- **英國風（凱因斯之後）**：主要焦點是要找出充分就業率或是經濟的速限，並設法將成長率推向那個水準——不要「過」或「不及」，意思就是將目標鎖定在紐康公式的「Q」上。
- **紐西蘭風**：頒布一個具體的通貨膨脹目標「P」，每當通膨脫離這個水準，就立即干預。這個方法最初在1989年於紐西蘭被提出，接下來十五年內逐漸散播到超過20個國家。
- **加拿大風**：利用所謂的貨幣情勢指數（Monetary conditions Index, MCI）作為標竿。這個指數是以短期利率與匯率為基準，由加拿大央行於1990年代初期提出。此後，該指數在其他國家也逐漸受到重視。
- **美國風**：最新近的方法可稱為美國風，由史丹佛大學的約翰·泰勒（John Taylor）教授在1993年提出。他針對中央銀行制度設計一套簡單公式，以通貨膨脹率2%和「中性」短期利率4%的目標為基礎，主張實際利率水準部分取決於通膨偏離2%目標的程度，另外也取決於經濟成長脫離其長期速限的程度。過高的通膨或成長率都會導致利率上升，反之亦然。現在這個主張已被通稱為「泰勒法則」（Taylor Rule），經常被用以作為中央銀行政策討論的參考依據。
- **辛巴威風**：主張盡可能創造多一些貨幣。

事實上，目前幾乎已經沒有任何的中央銀行官員會堅守單一的教條，多數人會結合不同「風格」的模型（辛巴威風除外），另外再搭配許多人為判斷，以做出最後的決策。不過，中央銀行的每一項任務都不簡單，例如奧地利風雖主張穩定MV，但此主張所面臨的第一個問題卻是：「M」如何定義？就如葛林斯班在2000年2月的聽證會上所言一般。接下來就讓我們進一步探究這個問題。

第二個挑戰：爲貨幣「M」下定義

要如何為貨幣下定義？任何一本百科全書都會這樣說：貨幣是一單位的價值，儲值物和交易的媒介。沒錯，這一點的確顯而易見，而且這種貨幣的例子還真不少：銅鐲、琥珀、珊瑚切割成的小圓柱、毛皮、魚乾、穀物、糖、煙草、撲克牌、鳥爪、稻米甚至是奴隸等。希臘人曾以白銀做為貨幣，而羅馬人在征服伊特魯里亞後，則開始推行金幣。現在的貨幣被區分成以下幾種細項：

- M0：代表硬幣和紙鈔，也就是現金。
- M1：代表可隨時用來付款的貨幣，包括現金（M0）加上支票存款帳戶與旅行支票。
- M2：M2是M1加上其他具公平流動性的儲值物，包括儲蓄存款帳戶、貨幣市場帳戶、小額存單、貨幣市場基金、隔夜歐洲美元與隔夜再買回協定等。
- M4：M4是M3加上民間部門所持有的房屋抵押貸款協會股份與存款和英鎊存單。
- M5：M5是M4加上民間部門（不含房屋抵押貸款協會）所持有的貨幣市場工具（銀行票據、國庫券、地方主管機關的存款）、稅金存款單以及全國儲蓄機構的貨幣工具（不包括存單及由薪資中直接扣除的儲蓄存款，也就是即賺即存計畫與其他長期存款）。

通常M0、M1和M2被稱為狹義貨幣，而M3、M4和M5則稱為廣義貨幣。最近還有另一種新的類別MZM（Money of Zero Maturity），也就是零到期日的貨幣。在某種限度內，金融資產持有人在動用金融資產前不需事先知會銀行，而MZM就是衡量這些金融資產的指標。MZM等於M2扣除定存（因為動用定存前必須先知會銀行），再加上M3裡的貨幣市場基金。換句話說，MZM用來衡量真正具流通性的貨幣，也就是流通速度可能較高的貨幣。這些分類應該已經夠清楚了。不過，弗里德里希・海耶克於1976年所發表的〈剝奪貨幣的國籍：共同貨幣理論與實務分析〉（Denationalization of Money: An Analysis of the Theory and Practice of Concurrent Currencies）一文中有以下非常值得深思的內容：

> 貨幣未必是國家政府製造的法定貨幣，它和法律、語言及道德一樣，自然而然就會產生。

自然而然產生是什麼意思？我們先前討論過，J.P.摩根在1907年危機期間發明一種「手寫鈔票」來作為緊急貨幣；現在的數位時代也有幾個新的例子：電子電話卡、電腦忠誠度方案（cyber loyalty scheme）、各種活動的智慧卡、預付智慧卡以及飛行常客哩程數等。最後一種是可以用來買酒、旅館住宿、相機、機票和租車的有效法定「貨幣」。它感覺極像貨幣，只不過並非由中央銀行所發行。不過，最讓中央銀行官員頭痛的並不是飛行常客哩程數這種貨幣，而是變動價格資產。這些資產都不是中央銀行所發行，不過從很多方面來說，這些資產卻經常具備貨幣的功能。這就是第三個挑戰。

第三個挑戰：處理資產泡沫

在2005年1月27日當天，美國房地產圓桌會議在華盛頓特區舉辦一場大會，其中一位演講者小羅傑・佛格森（Roger Ferguson, Jr）

是聯邦準備理事會的成員之一，他針對資產價格與景氣循環發表了一篇頗有意思的演講。圖22.2、22.3和22.4是從佛格森的演講稿中節錄而來，這些圖顯示資產價格傾向在經濟成長出現轉折點時反轉（或稍晚一點），此時產出缺口處於最低點，而且會在經濟衰退前就先反轉。誠如巴布森在1911年提出資產價格是一種氣壓計，會提前反應未來的發展。不過，資產價格的行為同時也會強化景氣循環，佛格森的結論是：

> 在經濟衰退期間，資產價格幾乎都是下跌的，不過有時候資產價格下跌看來好像是其他負面意外事件的來源，而資產價格的崩潰更可能產生嚴重的後續負面影響。資產價格下跌將產生負面的財富效果，導致消費受到抑制。而資產價格下跌也將導致抵押品的價值降低，金融業對企業放款的風險將升高，致使貸款人的貸款條件轉趨惡劣。當資產價格大幅下跌，放款人將發現呆帳突然大量增加，有時這些呆帳的抵押品甚至已毫無價值可言。也因如此，一旦資產價格大漲後崩落，在接下來的經濟衰退期間內，銀行產業也會發生嚴重的問題，在這種情況下，這些中介機構接踵而來的損失可能會成為另一股（負面）力量，導致原本的溫和衰退變成嚴重的長期衰退。

第2章有關IMF的《2003年世界經濟展望》（*World Economic Outlook 2003*）內容中也有一份關於該問題的研究。這個研究主要聚焦於1959年到2002年間十九個工業國家的股價指數，另外也研究1970年前後十四個國家的住宅價格（這兩個指數都已平減CPI）。這些作者明確點出股市崩盤和房地產市場崩盤所造成的影響確實非常不同。這項研究的第一個有趣結論是：因房屋價格崩盤而產生的整體衰退遠比股市崩盤所引發的災難嚴重很多（如圖22.5）。

接下來，這些作者們繼續研究兩個主要的景氣循環驅動因子——資本支出（民間對機械與設備的支出）與民間建築支出所造成的影響。當然，結果依舊顯示房價崩盤所引發的衰退比這兩者的影響嚴重許多（如圖22.6）。

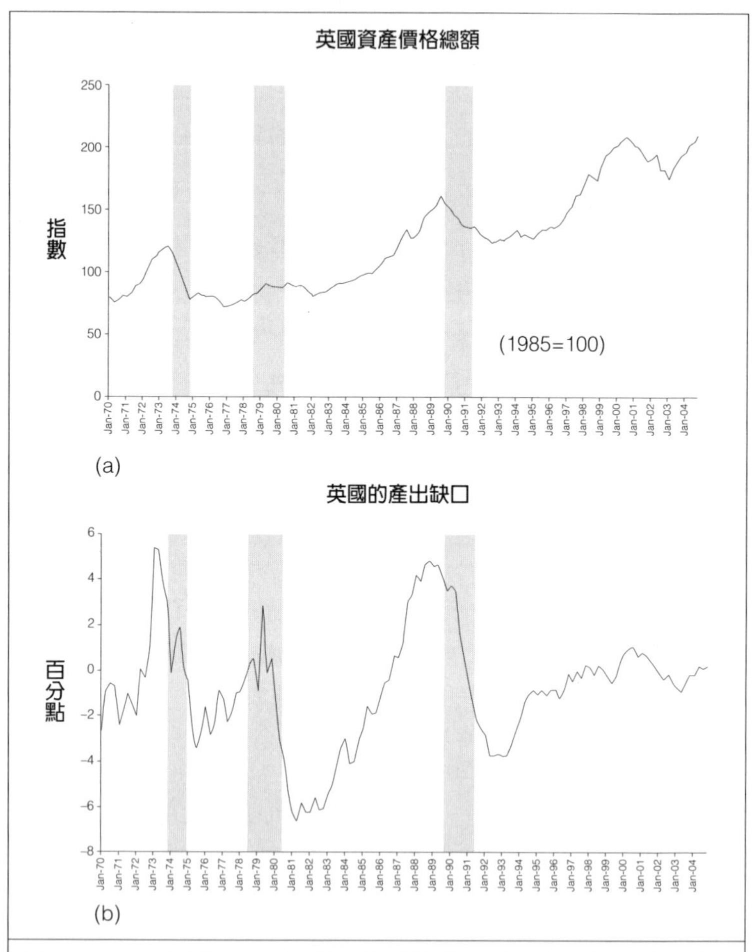

圖22.2 1970年到2003年間英國資產價格總額和經濟活動。陰影區域代表經濟衰退期。(a)圖為資產價格總額，(b)圖代表產出缺口。它代表經濟成長高於或低於其長期穩定水準。本圖說明資產價格通常會在產出缺口達到高峰時或稍後開始反轉向下。無論情況如何，資產價格會在經濟步入衰退之前就先形成下跌趨勢。

資料來源：Ferguson, 2005, Bank of International Settlements, National Data.

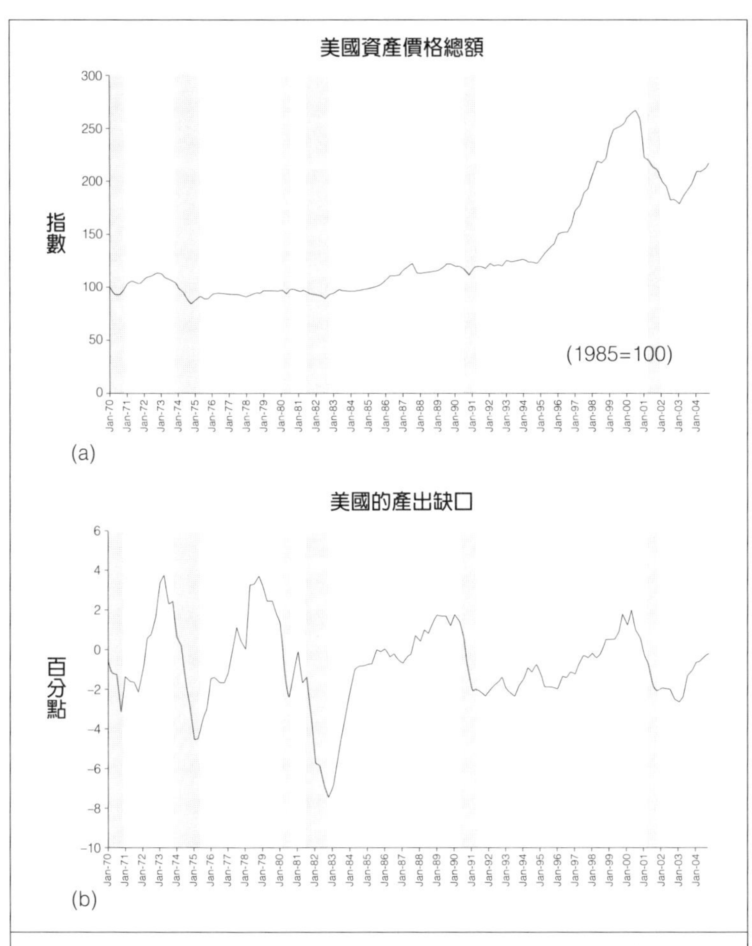

圖22.3　1970年到2003年間美國資產價格總額及經濟活動。陰影區域代表經濟衰退期。(a)圖是資產價格總額，(b)圖是產出缺口。美國的資產價格和英國一樣，都早在經濟衰退之前就先反轉向下。

資料來源：Ferguson, 2005, Bank of International Settlements, National Data.

他們也研究這兩項因素對信用與貨幣供給額變化的影響，結論依舊是：房價崩盤所造成的緊縮效果（顯然）是最嚴重的（如圖22.7）。

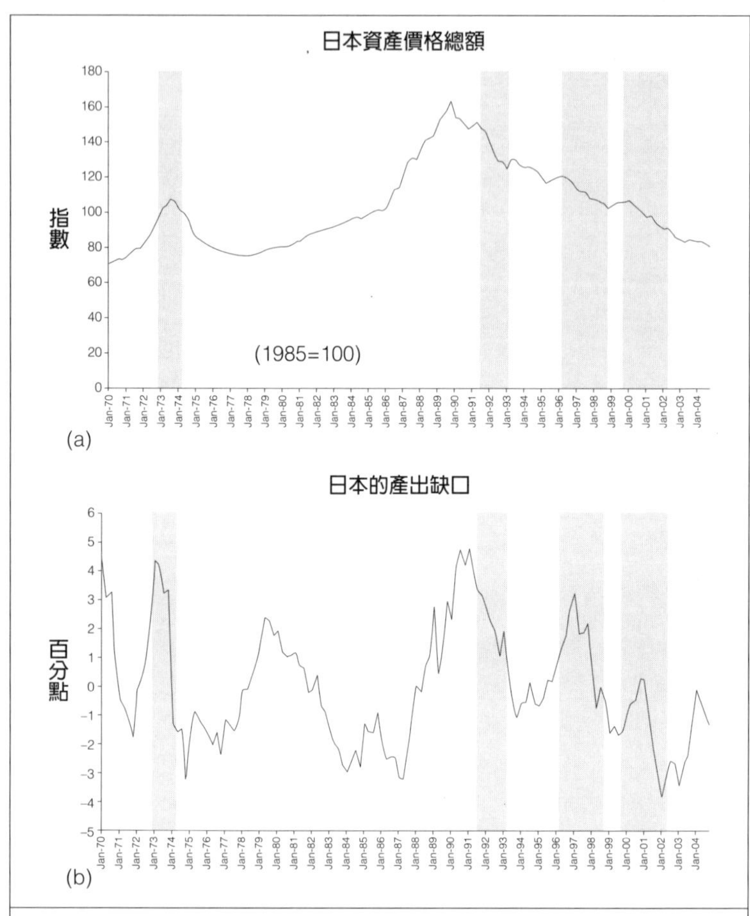

圖22.4 1970年到2003年間日本資產價格總額和經濟活動。陰影區域代表經濟衰退期。(a)圖為資產價格總額，(b)圖代表產出缺口。從這些圖可以看出，當資產價格大幅上漲時，經濟不會陷入衰退，但當資產價格大幅下跌，就會引發嚴重的大規模衰退。

資料來源：Ferguson, 2005, Bank of International Settlements, National Data.

最後，他們研究房價與股票市場表現的交叉相關性，結果如圖22.8，圖中顯示房價崩盤將導致股票市場大跌，而股票市場大跌對房價的影響則較輕微。

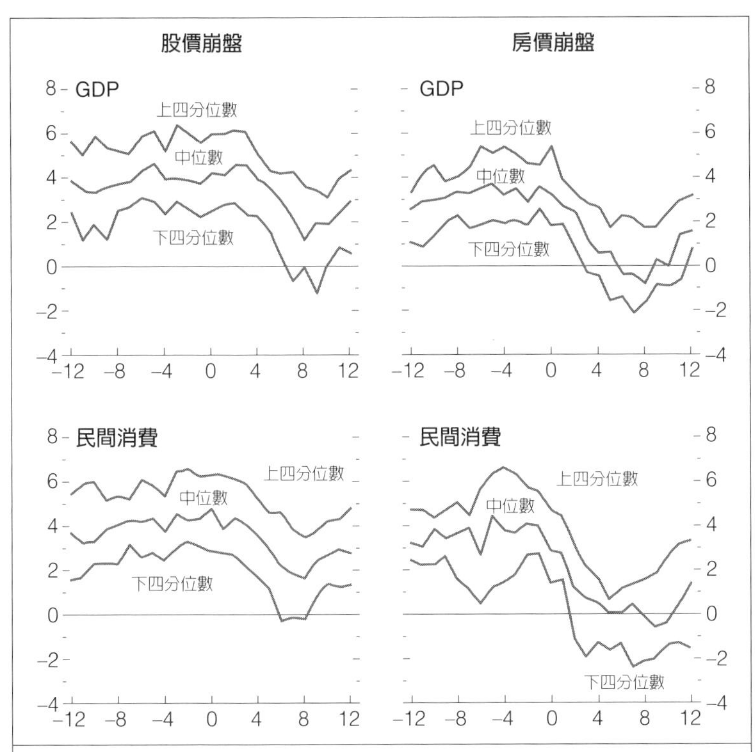

圖22.5　股價與房價崩盤導致GDP下降的幅度。這些圖顯示房地產崩盤經常會引發整體經濟嚴重下滑的情況。本圖至圖22.8的橫軸指崩盤（0）前後。

資料來源：Helbling and Terrones, 2003.

這份研究的最後一個圖形（圖22.9）顯示房價崩盤與股價崩盤期間，銀行放款提存準備（放款提存準備是指銀行把可能無法回收的放款予以沖銷）分別有何變化。結論很清楚：股價崩盤根本不會引發金融體系的危機（平均而言），但房價崩盤卻會促使銀行界大量增提放款呆帳準備（詳見圖22.7的貨幣供給額）。所以，這個部分的整體結論是：房價崩盤的影響遠比股價崩盤的影響嚴重。

我們先前討論過，資產市場的規模通常大約等於GDP的400-

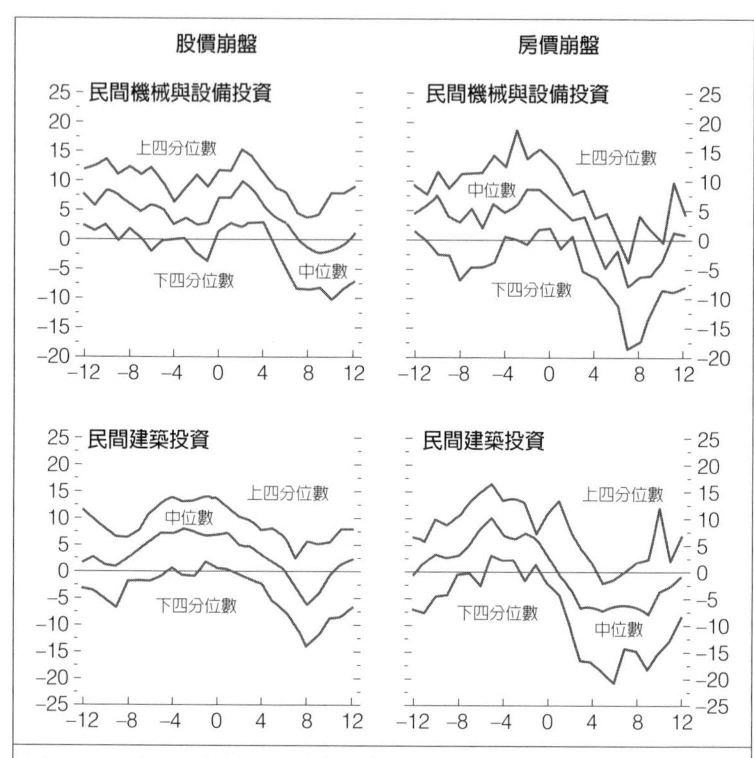

圖22.6　股價與房價崩盤導致資本支出和建築活動下降的情況。在房價崩盤（橫軸0）時，這兩個變數的跌勢都遠比股票循環崩盤時嚴重。

資料來源：Helbling and Terrones, 2003.

500%，所以其財富效果大約是4%。因此一旦資產價格大幅波動，將會產生明顯的衝擊，過去的歷史也可以驗證這一點。例如從2000年3月1日起的一年後，那斯達克總市值下降約2.2兆美元，每個美國家庭大約損失4萬5千美元，這個金額很嚇人。現在，先記住這個數字，接下來我們要回頭看看賽門・紐康的公式：

$$MV=PQ$$

在創造一項資產（如房屋或寶石）的過程中，會形成這個公式

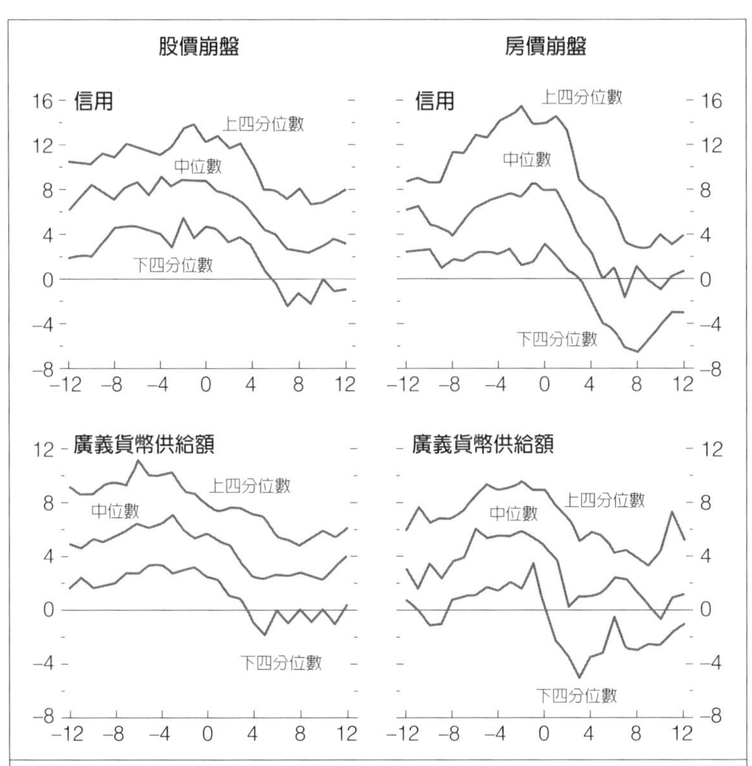

圖22.7　股價與房價崩盤引發信用與貨幣供給下降的情況。這些圖顯示當房價崩盤（橫軸0）時，這些貨幣指標的下降程度遠比股票市場崩盤時來得嚴重。

資料來源：Helbling and Terrones, 2003.

中「Q」的一部分，這種活動是一種流量。不過，完工後的房子或寶石自然而然成為一種可以用來出售或作為擔保品的資產，而這部分將帶有一點「M」的意味；甚至可能有人會主張應該採用某種包含上述資產的貨幣定義（也許我們可以想像一個等於「M12加上商用房地產」的M13，以及「M13加上藝術品」的M14等貨幣供給額數字）。例如現有房地產價值的上升顯然會促使建築活動上升，也就是建築活動的「PQ」上升。最低限度而言，我們應該將這些

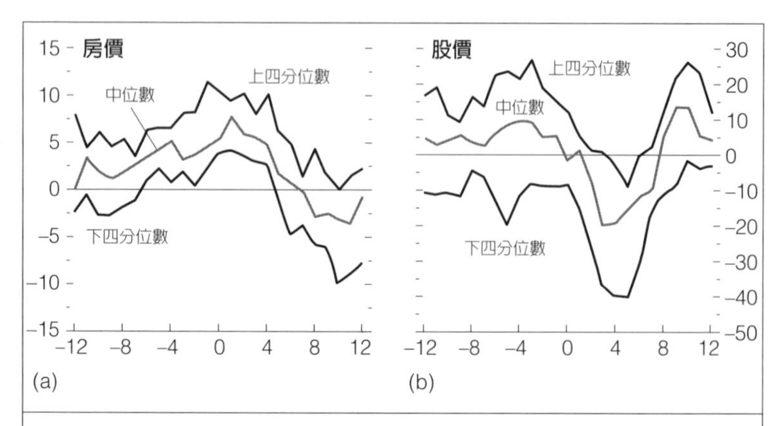

圖22.8 房價與股價崩盤的交叉相關性。(a)圖是股價崩盤（橫軸0）時的房價走勢。通常經過六季以後，房價會溫和下跌，不過上四分位數完全沒有跌，只是漲得少。(b)圖則是相反的相關性，從中可以看出，每次房價崩盤，股價都會快速大跌。

資料來源：Helbling and Terrones, 2003.

資產視為具備某種「M」功能的事物，因此這些資產的漲價一定會導致「MV」上升。當然，可能也有人主張只要不是使用在直接以物易物用途的資產，那麼在交易這類資產時，就一定必需使用實際的貨幣。而由於這些資產被視為財富，所以最低程度而言，這種資產的交易應該會促使貨幣流通速度上升。投資銀行業者高盛公司顯然也抱持這種想法，因為他們發行了一個金融情勢指數，指數裡不僅涵蓋短期利率和公司債殖利率，也包含美元的貿易加權指數與股市市值相對GDP比值。換句話說，高盛公司將資產價格列為提振貨幣情勢的因素之一。

另一個複雜的問題是：若「MV」上升，不僅會影響消費者物價的「P」，也可能會影響資產價格的「P」。例如激烈的商業競爭與供給衝擊，可能導致經濟體系內完全不會有消費者物價通膨問題。在這種情況下，央行將可以實施大規模的提振政策，但又不會導致消費者物價通膨上升。記得吧，薩依法則主張供給等於需求，但在

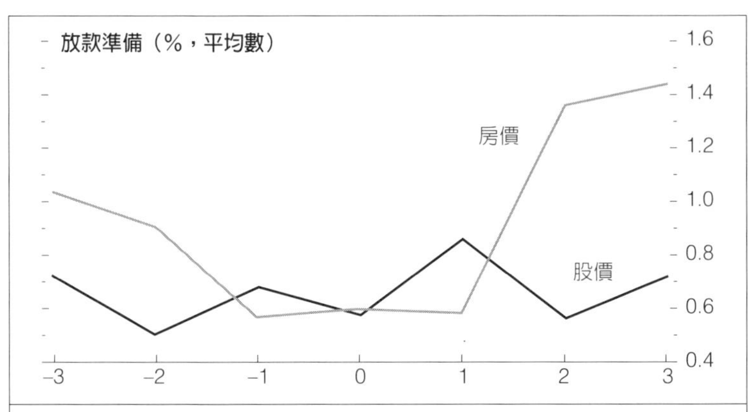

圖22.9　房價與股價崩盤期間銀行呆帳準備的演變情況。這張圖顯示股價崩盤（橫軸0）後第一年，呆帳準備雖略增加，第二年即恢復正常。但房價崩盤則是在第二年起大幅增加呆帳準備。

資料來源：Helbling and Terrones, 2003.

資產通膨環境下，消費商品的供給超過需求，而資產的需求卻超過其供給。

十八世紀北美市場開放時曾發生類似的情況，1990年代前後中國與印度市場開放時亦然。這種環境可能會導致資產交易量與價格上升，而資產價格上漲將使擔保品價值上升，接下來又進一步帶動放款增加，貨幣流通速度也因此上升。能發生這種情況固然很好，但這卻傾向於成為一種循環：

- 固有的無通膨環境，迫使央行採取提振措施（以預防通貨緊縮）。
- 這種貨幣提振措施將引發資產膨脹。
- 資產的所有權人認為他們擁有某種貨幣，並將之用來作為擔保品……
- ……這代表一種額外的貨幣提振作用……
- ……結果，引發更嚴重的資產膨脹。

當然，經濟學家很久以前就了解到資產膨脹的風險，奧地利經濟學派即是以此為基礎。「銀行信用分析師」這個民間研究協會的創辦人漢米爾頓・波頓（Hamilton Bolton）在1967年發表《貨幣與投資獲利》（*Money and Investment Profits*）一書，他在書中寫道：

> 無論在任何時間點，貨幣供給額中的某一部分都會被用來作為價值的儲備，一部分則作為交易的媒介，目前這兩部分之間的關係可能正在改變。不過無論何時，交易媒介也都會分裂為兩個部分，一部分流入實質新產出，另一部分則流入其他實質交易，如二手車或「柯洛版畫」（在此指普通股和債券）裡。

日本1990年以後的衰退與波頓所提出的資產跌價有關。從1991年到2001年間，日本工業用土地價格下跌22%，但商用土地價格大跌54%，而住宅用土地價格也下跌41%（高爾夫球俱樂部會員證價格平均下跌90%）。從1991年到2001年間，日本資產跌價總額超過GDP的兩倍，個人的總財富則遭到腰斬。1992年到2002年間，日本實質GDP年成長率平均僅小幅成長1.1%，而從1998年到2002年間，平均成長率甚至降到0.1%。即使該國政府持續採取寬鬆貨幣政策來提振經濟，但卻依舊沒有成效。最後低成長率和長期的通貨緊縮導致經濟陷入典型的債務型通縮及流動性陷阱當中。

回顧1980年代，由於傳統通膨指標（CPI）成長極為緩慢，所以日本央行快速擴大貨幣供給額，他們企圖穩定傳統的「P」，而非「MV」（奧地利經濟學家〔與密爾頓・傅利曼〕主張應該穩定MV），但是日本央行卻沒有穩定資產的「P」。

這個錯誤是可以避免的嗎？中央銀行應該試著管理資產價格嗎？讓我們看看專家們怎麼說。以下是米塞斯的說法：

> 一開始，信用的擴張確實會帶動景氣繁榮，這是千真萬確的。不過，這個繁榮景象遲早會走向崩潰，引發新一波衰退。

> 儘管銀行體系與貨幣手段會讓衰退獲得明顯的抒解，但效果卻很短暫。長期而言，這些手段一定會讓整個國家陷入更深的大災難。這種方法對全國財富的衝擊很大，人們以這種繁榮的假象欺騙自己的時間愈久（持續創造的信用愈來愈多），損害就愈大。

這是1934年的談話（社會主義），比較近期的評價又是如何？以下是1987年到2006年間長期擔任美國聯邦準備理事會主席的葛林斯班於2002年時在懷俄明州的一場座談會中，對網路泡沫所做的一番評論：

> 「這類資訊顯示，除非短期利率劇幅上升並導致經濟大幅緊縮，否則不足以控制正在興起的泡沫。『在正確時機實施漸進式的緊縮政策可以防範1990年代末期的泡沫』此一觀念幾乎可說完全錯誤。」

另一個專家是新任美國聯邦準備理事會主席伯南克（Bernard Bernanke），他在就任以前，曾經發表過一系列討論日本經濟瓦解及網路產業崩潰的演說和文章。他通常將解決初生資產泡沫的方法分成三類：「無為而治」、「順勢而為」或「積極打擊泡沫」。伯南克同意很多人以下的見解——資產泡沫將帶來非常嚴重的不穩定局面，而且資產泡沫也經常導致大量且無效率的貨幣流入泡沫化產業。不過，談到上述3個解決泡沫的方法，他卻完全不認同「積極打擊泡沫」的作法。原因隱藏在紐康的等式裡：MV＝PQ。伯南克說，一個以穩定消費者物價為目標的中央銀行一定也會含蓄的管理Q，因為唯有Q接近其速度極限時，P才會開始產生明顯影響。這意味雖然資產泡沫會導致Q大幅上升，但因Q已是聯邦準備理事會鎖定的監控標的，所以其影響是間接的。

對於積極打擊泡沫的作法，伯南克還有另一個看法：中央銀行的工具都太過遲鈍。他的見解和葛林斯班相同，認為如果企圖打擊經濟體系中某些部門的泡沫，無意中可能會對其他部門造成嚴重損害。另外，業界還有很多反對積極打擊泡沫的主張，因為即使有人認為某個部門產生泡沫現象，我們也很難判斷那是不是真的泡沫。舉一個非常貼切的例子：葛林斯班在1996年12月發表過一篇演說，他在演說中暗示股票市場可能正處於一個「不理性的繁榮」狀態。這篇演說引起非常大的恐慌，此一見解從何而來？也許是來自兩個德高望重的經濟學家——耶魯大學的羅伯・席勒和約翰・坎貝爾（John Campbell）。在此之前，他們才剛就這個議題對聯邦準備理事會做過簡報。這兩位專家的結論非常令人擔憂，他們認為當股票市場的標準普爾500指數位於750點水準時，已經超過其公平價值三倍以上（所以該指數的合理水平理當只有250點），那是嚴重超漲的局面（如果他們的判斷正確的話）。但事實上接下來三年，股票市場卻繼續大漲，即使經歷過2000-2002年的大崩盤走勢，該指數也從未跌破800點，依舊超過那兩位經濟學家在五年前所假設之合理水準的三倍以上。

但話雖如此，當年任何一個適任的經濟學家應該都不難看出日本房地產早已過度超漲——當時日本房地產總值達到全世界其他各地房地產總值的150%。另外，網路泡沫時期網路股的總市值達到所有網路公司總營收的五百倍，所有適任的經濟學家也應該不難看出這當中的不合理。但相對的，如果我們設身處地為1980年代末期的日本央行想想，就會領悟到他們當時不僅努力設法壓抑資產泡沫，同時也冒著陷入通貨緊縮的風險，另一方面還得和頑強的日圓升值走勢對抗；當時無論它採取何種打壓資產市場的作為，都會導致另外兩個問題變得更為嚴重。不過，不積極打擊泡沫的作法卻也讓他們陷入災難——結果日本經濟景氣陷入嚴重停滯，即使他們事後努力將貨幣挹注回經濟體系，卻起不了作用。為什麼會如此？因為此時貨幣的流通速度已經大幅減緩，於是這引領我們進入第四個重大挑戰。

挑戰四：衡量貨幣的流通速度「V」

某部分的貨幣供給額會快速換手，但某部分的流動速度卻非常遲緩。我們先前討論過，MZM代表流通速度較快的貨幣，M1的流通速度也非常快，尤其是當中的有形貨幣。另外，M2裡的貨幣市場基金流通速度也相當快，但M2裡的其他要素卻流通得比較慢。M3組成要素的流通速度也比較慢，想想定期存款就好，這些錢將存在銀行一段固定期間，它的換手速度能有多快？

究竟各國央行要如何計算貨幣的流通速度？當然是使用紐康的等式，另外加上一些基本的算術。由於MV等於PQ，所以：

$$V = PQ / M$$

換句話說，貨幣的流通速度等於每段期間內為融通名目GDP支出需求的貨幣存量周轉次數，也就是GDP除以貨幣數量。

假設目前經濟處於衰退期，央行為提振經濟成長而增加貨幣存量M，但這個作法卻依舊起不了作用。此時他們該怎麼辦？答案是必須先檢視整體流通速度是否降低，接下來再研究狹義與廣義貨幣的相對表現，這樣就可以看出貨幣的流向。如果貨幣的流通速度確實降低，那麼可能出現廣義貨幣金額超過狹義貨幣金額的情況。

現在，讓我們來看看貨幣流通速度確實降低，並導致刺激景氣的努力遭到抵銷的情況。此時貨幣被卡在整個鎖鍊中的某處，但是究竟卡在哪裡？第一個可疑處是消費者。也許當貨幣到達消費者手中後，其流動速度就開始趨緩，因為此時人們非常恐慌，急於建立預防性的現金準備（為困難時期預留資金）。如果消費者認為銀行可能倒帳，那他們甚至可能以實體現金的方式持有貨幣。消費者感到憂慮的典型現象是：實體貨幣的流通速度降低，貨幣市場基金大幅增加，且企業／消費者信心達到低檔或持續降低。

接下來的問題可能在於商業銀行。通常銀行相信人們會如期在到期日前還清債務，但在經濟衰退時期，銀行一定會遇到麻煩，因為此時只有體質強健的客戶才會償還現金，體質較差的客戶並不會還錢。這代表銀行的業務量終將降低，平均信用風險升高，造成一種雙重擠壓。最後，情況將演變成凱因斯所謂的「流動性陷阱」——由於商業銀行的資產負債表品質嚴重惡化，導致他們不敢（或無力）繼續將中央銀行的貨幣傳遞到經濟體系（根據超過100個國家簽署的巴賽爾協定，唯有符合特定資本規定的銀行才能放款）。

當金融機構開始倒帳，銀行危機更明顯升高。每次只要有銀行破產，就會造成納稅人、股東、存款戶和貸款戶的損失和痛苦。此外，經過長期的經營，銀行通常很了解客戶的信用條件，這是一項非常寶貴的資訊，但一旦銀行倒帳，這些資訊通常會流失，這也代表破產銀行的眾多信用良好客戶在向其他陌生機構申請轉貸時會遇到困難。此外，銀行業破產的最大威脅是各銀行間失去對彼此的信心，結果導致貨幣無法自由流通。凱因斯流動性陷阱中最重要的兩個常見現象是：(1)銀行股價大跌，但債券價格上漲；(2)流動速度緩慢的M3和M4數值超過流動速度較快的貨幣數值（M與MZM）。1930年代全球大蕭條與1990年代的日本都曾出現這個情況。在當時的日本，很多地區性銀行原本都符合資本適足率8%的標準，但後來符合標準的銀行數卻從1990年3月的五十家減少到當年9月份的四家。

另一個導致貨幣速度趨於遲緩的原因可能是厄文・費雪所說的「債務型通貨緊縮」作祟：資產價格下跌，因此資產負債表品質大幅惡化，結果形成銷售與負債償還情況嚴重惡化的惡性循環，這將導致貨幣流通速度降低。債務型通貨緊縮的症狀包括高負債水準、高負債利息成本，當然還包括資產價格大幅下降。如果此時很多企業還背負大量國外負債，更可能引發貨幣危機，導致問題更形惡化。1990年代的日本、1997-1998年的亞洲新興國家和2000年網路泡沫崩潰後的情況都是典型的「債務型通貨緊縮」例子。

如果經濟衰退情況惡化到產生銀行危機，又會有什麼差別？根據霍格斯（Hoggarth）、雷伊斯（Reis）和沙波塔（Saporta）在2001年所做的一份研究顯示，銀行危機後的總產出損失平均約佔GDP的6-8%，但如果同時也發生貨幣危機，損失金額就會達到GDP的10%。這些數字只代表整個社會可能的損失，不過這三位經濟學家還研究了政府進行干預、降稅的成本。他們發現在已開發國家，這類成本約佔GDP的12%，新興經濟體約佔18%，所有國家的平均值約16%。不過，這類成本的高低極端取決於是否有貨幣危機產生。儘管在只出現銀行危機的時候，這類成本僅佔GDP的4.5%；但在雙重危機的情況下，這類成本將大幅竄升到GDP的23%（政府的損失可能高於整個社會的總損失，因為政府的成本和貨幣的重新分配有關）。這類成本非常龐大，所以最好可以避免產生這些成本，問題是要如何避免？這正是第五項挑戰。

挑戰五：阻止貨幣流通速度大幅降低

各國中央銀行大多會藉由持續採行傳統的提振政策來應付貨幣流通速度嚴重下降的問題，它們通常希望這些政策在經過足夠的時間醞釀後能奏效。不過在某些情況下，他們卻可能遇到真正的大麻煩，這就是中央銀行業務的第五項大挑戰。所謂真正的大麻煩是：即使中央銀行已把利率降到零，但卻發現提振效果還是不夠；另外，如果商業銀行無法遵照中央銀行的要求，把大量政府公債賣給中央銀行，那也會是個大麻煩。此時，中央銀行應該考慮採取非常規的補救措施，如表22.1。

1990年代的日本經歷了以上三種因貨幣流通速度降低與貨幣不靈活而衍生的症狀：當時人們急於囤積貨幣，銀行資產負債表品質則變得非常脆弱，以致無法創造新信用，同時資產價格也快速下

表22.1 提升貨幣流通速度的非常手段

	囤積預防性的準備金	債務型通貨緊縮	流動性陷阱
具體症狀	• 實體貨幣的流通速度降低 • 貨幣市場基金快速增加 • 企業／消費者信心低落或持續降低	• 企業／消費者負債水準高 • 負債利息成本相對現金流量／可支配所得顯得過高 • 房地產價格下跌 • 股價下跌	• M3／M1和M3／MZM的比率升高 • 銀行股價相對政府公債價格下跌
央行的非常規補救措施	• 針對顧客的銀行存款提供或提高保證	• 買進股票 • 買進房地產 • 買進較長期的債券 • 買進貸款抵押債券 • 買進公司債 • 干預貨幣市場，以促使貨幣貶值 • 發佈通膨目標值	• 以極低或零利率提供定期放款給民間銀行，讓銀行可以用許多不同種類的資產來作抵押 • 確保隔夜拆款利率長時間為零 • 公布長期利率的具體目標，並支持按債券價格敞開收購

滑；不過，日本中央銀行的反應卻猶如蝸牛一樣遲緩，未盡量採行能更快速解決問題的非常規策略。

不過我們也不應忘記，雖然歷史上充滿了央行未能提供足夠提振政策的例子，但也有很多央行的提振政策做過了頭。所以當中最重要的議題是：如何精確預測未來的經濟成長，這就是央行的第六個挑戰。

挑戰六：預測成長「Q」

我們將回顧所謂「英國風」中央銀行的核心特質：引領成長達

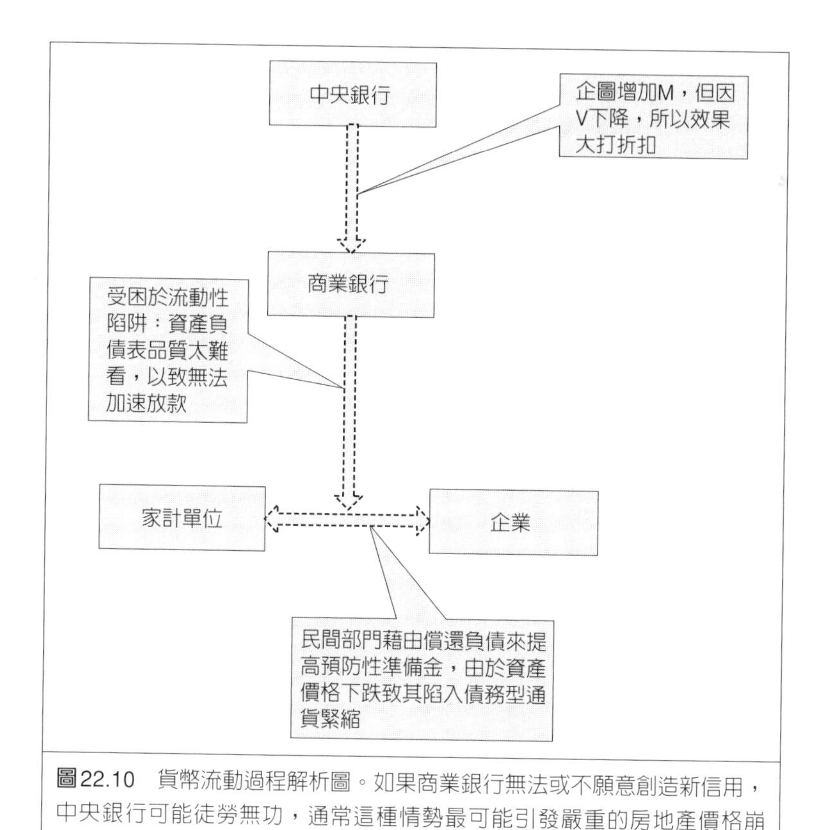

圖22.10　貨幣流動過程解析圖。如果商業銀行無法或不願意創造新信用，中央銀行可能徒勞無功，通常這種情勢最可能引發嚴重的房地產價格崩潰。

到自然速度極限。不過唯有能精確預測，才有能力引導經濟成長，這就是領先指標的存在目的，不同機構分別以不同的方式使用這些領先指標。不過，我們可以先研究美國經濟諮商局用來統計美國經濟情況的領先指標。經濟諮商局指數的第一個指標是一切的起點——貨幣供給額擴張情況，這個指標被視為主要的動因：

- 貨幣供給，M2。

這個指數裡的其他所有指標主要都是隨著貨幣供給的變化而變

動，其中兩個是我們所謂的金融指標：

- 利差，10年期國庫債券扣除聯邦資金。
- 股價，500檔普通股（S & P500）。

這兩個指標非常好用，部分原因是金融市場可以預測與反映未來；另外，有一部分原因則是股票投資人以利率作為計算企業未來盈餘折現值的依據，而且利率是一種領先指標。另外，還有一個以「期望」為基礎的領先指標：

- 消費者期望指數。

接下來三個指標可以讓人了解「已決定，但還需要一些時間才能完成」的經濟活動：

- 建築許可，民間新住宅單位數（新屋開工率）。
- 製造業新訂單，消費品和原料。
- 製造業新訂單，非國防資本財。

以上三個指標裡的建築許可是預測經濟復甦與否的最佳經濟（非金融性指標）預測器。理由是住宅建築事業非常龐大，也因為消費者通常是推動經濟成長的火車頭。經濟諮商局領先指數接下來的兩個指標主要反映企業開始察覺景氣回春時所採取的回應方式，通常企業一開始不會多雇用新員工，而是要求現有員工多做一點工作；此外，企業也開始出現塞單的情況，導致交貨速度減慢：

- 平均週工時，製造業。
- 採購商績效，交貨速度減慢擴散指標。

領先指數中的最後一個指標和失業情況有關，當經濟活動加溫，失業率就會降低：

- 平均每週初次請領失業保險救濟金人數。

綜合領先指標傾向於在經濟景氣達到頂點的6-8個月前達到高峰，並在經濟到達谷底的2-4個月前先抵達谷底。只要研究過針對各項領先指標與GDP進行比較的長期歷史線圖，就能清楚發現這一點。不過，不管歷史線圖上的結果是什麼，實務上使用這些領先指標時，經常會遇到一些難題。其中一個問題是：多數資料的發布通常多少都會延遲，所以必須連續幾個月密切觀察趨勢的變化，才能釐清這個趨勢的轉變是否有任何意義。所以如果在谷底階段，一項領先指標是每兩個月發布一次，而發布的資料又至少延遲兩個月，那麼這項指標就沒有太大意義了。

在1980年代末期，傑福瑞・莫爾（美國國家經濟研究局的經濟學家，後來成立經濟循環研究協會〔Economic Cycle Research Institute, ECRI〕）提出了兩個可以強化預測功能的建議。其中一個是區隔所謂的「長期領先指標」，這些指標領先經濟循環的時間較長，他發現以下四個指標符合這個特質：

- 實質貨幣供給
- 債券價格
- 新建築許可
- 物價相對單位勞工成本的比率

在研究過以上指標在1948年到1989年間的表現後，他發現由這些指標所組成的綜合指數平均較經濟景氣早約十四個月達到高峰，同時領先經濟景氣八個月到達谷底。這個指數遠比美國商務部的綜合指數（不過目前這個指數已做適度修訂）更好用。此外，非「長期」領先指標所組成的綜合指數領先經濟景氣八個月達到高峰，並領先經濟景氣兩個月到達谷底。莫爾的另一個建議是把重心放在「立即可取得的指標」，這種領先指標的指標性不見得比其他領先指標強，不過其發布延遲時間平均不到三個星期。

當然，我們也可以就這部分再繼續鑽研。其實觀察領先指標除以落後指標的比值，比單獨觀察領先指標更能掌握明確信號。經濟諮商局使用七個這類型的指標，第一個和放款與貨幣有關：

- 流通在外消費信用總額相對個人收入的比率
- 流通在外工商放款總值
- 銀行平均基本放款利率

從上述指標可以看出世人是否正在擴張信用、資金情勢是否緊俏。下一個與成本上升有關：

- 服務產業消費者物價相較於上個月的變化
- 每單位勞工產出的勞工成本變化

接下來是和存貨囤積有關的警訊：

- 製造與貿易存貨相對銷售金額比率

最後和就業有關：

- 平均就業期間的倒數

如果領先指標上升而落後指標下降，其信號就特別強烈（這意謂瓶頸與透支）。

最後一個可以強化紐康等式裡Q預測值的方法是使用具體的次要領先指標。經濟循環研究協會編製了一個建築領先指數（房地產相關），另外也編製了許多和總體經濟活動、特定產業、貿易和通膨等有關的指數。

決策者要如何預測實質面的經濟活動？方法有很多種，不過很多和ISI公司的方法很類似。ISI是華爾街一間非常著名的公司，該公司採用許多小而簡單且易於了解的等式。ISI的經理人會研究每一個迷你模型的預測，就各個模型的預測值進行比較，閱讀新聞，並編製美國和國際公開經濟資料（他們會將這些資料分為有利或不利）的擴散指數。接下來，他們會歸納出一些自己直覺的主觀意見（不過這些意見並未公開發布，他們每日更新兩次意見，但只向他們的客戶報告）。

挑戰七：避免過度刺激

如果中央銀行宣稱要達到「2%的通貨膨脹率」（或任何其他水準），這個數字非常可能就是他們的目標CPI（消費者物價指數）。CPI是衡量消費者付費標準的良好指標，即使這項指標對支出習慣改變的反應過慢，對於品質改變幾乎完全沒有反應，但它依舊是當今最好的通膨指標。

通膨是對社會有害但卻經常揮之不去的一個問題，早期例如來自「新大陸」的大量白銀導致西班牙在十六與十七世紀出現壓倒性的通膨壓力，此外加州、澳洲和南非等地陸續發現大量黃金，也引發了十九和二十世紀初期的嚴重通膨。我們討論過，法國的奧爾良公爵因印製過多貨幣（聽從了約翰・勞的爛建議）而導致18世紀的法國遭受嚴重的通膨威脅，但更極端的惡性通膨案例還很多，包括1922年的德國（5000%）、1973年的智利（600%），1985年的波利維亞（12000%）、1989年的阿根廷（3100%）、1990年的秘魯（7500%）、1993年的巴西（2100%）、1993年的烏克蘭（5000%），以及2003年的辛巴威（600%）等。通常一個經濟體系會發生超級通膨，原因都在於政府利用中央銀行（這些國家的央行並不獨立）支出遠超過其經濟體所需的資金。長期以來，大家也非常關注通膨的威脅，例如凱因斯曾說：

> 政府能神不知鬼不覺的藉由持續性的通貨膨脹，暗地將大量的公民財富充公。政府不僅利用這個方法將公民財富充公，

而且手段非常專橫。儘管這個過程導致很多人變得一貧如洗，但卻能讓少數人變得極端富有。這種專橫的財富重新分配手段不僅傷害民眾的安全感，更讓人對現行財富分配方式的公平性失去信心。

在通貨膨脹逐漸發展的過程中，每個月的貨幣實際價值都會出現巨幅波動，債務人和債權人間的所有永久關係（這也是資本主義的根本基礎）都將嚴重失序，最後導致兩方關係幾乎失去意義。另外，取得財富的流程則淪為一種賭博與樂透遊戲。

路德維希・米塞斯說：

政府是唯一能將白紙變成有價值商品的機構，但他們卻也能用油墨將這項商品變得毫無價值。

弗里德里希・海耶克說：

我認為即使將人類歷史視為一部通膨史也不為過，通常通膨是政府為了牟取自身利益而精心策劃出來的戲碼。

1970年代之後真正遏制通膨的美國FED主席保羅・沃克（Paul Volcker）則是這麼說的：

人們認為通膨是令人痛苦（甚至是最讓人痛苦）的一種稅，因為它的打擊會擴及很多產業，而且事先通常毫無預警，其中平常只有固定收入的人受創尤重。

不過，在眾多值得緬懷的打擊通膨主張裡，最應隨時銘記在心的應該是密爾頓・傅利曼的以下說法：

通膨向來都是一種貨幣現象，無論發生在哪裡都一樣。要控制通膨，一定要控制貨幣供給。

當然，他的觀點切中問題的核心。按照紐康等式的邏輯，通膨一定和貨幣供給的持續超幅成長有關（就理論上來說，通膨應該是和Q的持續降低有關，但實務上來說並非如此）。

最近一個提振過頭的典型例子發生在1970年代的大通膨時期，當時的情況逐漸演變成一次嚴重的全球性威脅。這個現象可說是各國央行的集體錯誤（史上最嚴重的錯誤）所造成，這些錯誤政策導致英國的通貨膨脹率於1970年代中期飆升到25%，日本達到20%左右、法國15%、美國10%。但以上這些號稱擁有全世界最優秀經濟學家的國家，怎會犯下這麼大規模的錯誤？

事實上，這些錯誤可能由幾個問題共同造成。其中一個是很多政治人物和經濟學家認為只要接受略高的通貨膨脹率，就可以達到永久性低失業率的目標，這個想法是以費雪曲線的主張為基礎。第二個原因是，他們高估了經濟體系的無通膨速度極限。最後一個原因是他們根本不認為貨幣供給和通貨膨脹有關，反而不斷將通膨歸咎到油價的上漲、惡劣的天氣、食物的短缺、貪婪的企業、不公平的工會等，甚至還有一些人認為可以藉由物價與薪資的控管來打擊通膨，不須採取貨幣緊縮政策。

密爾頓・傅利曼當然對這些見解感到沮喪萬分。沒錯，他也認同油價或食品價格的上漲確實會導致通膨突然竄升，但在這種情況下，人們可以花用到其他產品的錢變少了，因此除非經濟體系裡的貨幣過多，否則通膨終將逐漸降低。1968年時，他對美國經濟協會發表了一篇主席演說，他嘗試解釋菲利普曲線的失業率／通貨膨脹的得與失只是一種短期現象。他後來也繼續研究這個理論，並試著估計擴張貨幣政策提振經濟成長（並因此促使失業率下降）的效果將在多久以後失去效用，在多久以後又會開始引發通膨壓力。1992年時，他發表「擴張貨幣政策實施後到通膨頂點產生」的明確時間落差，M1平均為20個月，M2平均為23個月。

$$MV \rightarrow Q \rightarrow P$$

以上這個事件發展順序是讓某些人覺得「創造超額貨幣」非常受用的原因。貨幣性提振政策的最初效果是正面的（Q上升），但其實經過一段時間後，過度刺激的負面影響就會開始浮現（P上升）。

挑戰八：預測通膨

除了監控貨幣供給和平均時間落差統計數字以外，還有其他方法可以預測通膨嗎？事實上是有的。很多機構(包括很多投資銀行)發展了各式各樣的通膨領先指標系統，此方面的先驅之一（又）是傑福瑞・莫爾，他在1980年代發展了兩個這類系統，其中之一是為《商業雜誌》(*Journal of Commerce*）開發的，另一個則是為了他自己在哥倫比亞大學的國際景氣循環研究中心所開發。前者是以十六種廣泛用途工業原物料（棉花、聚酯纖維、粗麻布、印花布、廢鐵、鋅、廢銅、鋁、錫、皮革、橡膠、牛油、夾板、紅橡木、苯、原油）為基礎，莫爾認為若這些原物料的價格上漲，消費者物價也會隨之上揚。莫爾的另一個指數包含七個要素，前三個和瓶頸有關：

- 勞動年齡人口受雇百分比
- 商業雜誌工業原料現貨指數（前述指數）成長情況
- 總負債（企業、消費者與聯邦政府）成長率

採用這三個指標的理論基礎是勞工、原物料或資本的瓶頸將會導致物價上漲。下列三個則與物價上漲的觀察發現有關，物價上漲效應會透過整個經濟體系漸漸傳達到消費者端。

- 進口物價指數的成長率
- 鄧白氏（Dun & Bradstreet）企業銷售價格期望調查

- 美國全國採購經理人協會（Nationl Association of Purchase Managers, NAPM）價格擴散指數

最後一個要素和供應商有關，這可以看出供應商的產能是否短缺，是否可能因此漲價：

- 美國全國採購經理人協會供應商表現

另一個先驅者是潘偉伯公司（PaineWebber）的麥可・尼米拉（Michael Niemira），他採用以下幾個通膨指標：

- 供應商表現
- 就業人口相對總人口的比率
- 美國全國採購經理人協會價格調查
- 聯邦準備理事會的貿易加權美元指數

ECRI，也就是由傑福瑞・莫爾所創辦的經濟循環研究協會也發展出根據以下指標為基礎的「未來通膨指標」：

- 美國全國採購經理人協會供應商表現
- 進口物價
- 工業原料價格
- 房地產貸款
- 總負債
- 公民就業率
- 已投保者的失業率
- 殖利率差

自此以後，「美國全國採購經理人協會供應商表現指數」遂成為各國央行及其觀察家最關注的指標之一。美國方面的經驗是：當美國全國採購經理人協會指數值超過55，聯邦準備理事會傾向於

採取緊縮政策；相反地，當美國全國採購經理人協會指數下降到50或45以下，聯邦準備理事會才會開始降息。

第四個通膨領先指標是「摩洛薩尼指數」（Morosani Index），由賽洛斯羅倫斯公司（Cyrus J. Lawrence Inc.）所彙編，以產能利用率相較於貿易加權美元價格水準為基礎。除此之外，還有其他指標也被用來作為通膨領先指標，包括「黃金、M1和CRB原物料指數」，該指數包括玉米、燕麥、大豆、大豆粉、小麥、大豆油、可可亞、咖啡、糖、棉花、柳橙汁、木材、豬五花肉、毛豬、牲畜、銅、黃金、白銀、白金、原油和熱燃油等原物料。

1999年時，美國國家經濟研究局的兩位經濟學家詹姆斯・史塔克（James Stock）和馬克・華森（Mark Watson）發表一份報告探討各種領先指標的效用差異。他們的研究涵蓋超過一百九十個美國經濟指標，期間為1959年至1997年整整二十八個年頭。他們提出一個簡單的問題：在這眾多指標當中，哪一個指標的通膨指標性超越失業率？

他們認為其中有一個指標的預測性很不錯，就是貨幣供給。不過，他們的研究結果卻無法找到明確的相關性，也就是說貨幣供給的通膨指標性比不上失業率。那利率呢？也不是很好。原物料價格呢？聽起來也許不錯，因為莫爾的《商業雜誌》指數就是以原物料價格為基礎，不過其實效果並不怎麼樣。另一份研究發現原物料價格、黃金、原油與CPI之間存在一些相關性，不過並不如想像中高：事實上，原物料價格上漲後，CPI竟通常會下跌。這個現象和傅利曼的發現吻合：如果貨幣供給量不變，當某些商品的價格上漲，其他商品的價格理當下跌。但這也許也只是反映「原物料價格為景氣循環落後指標」的單純事實罷了。因此有鑑於通膨通常也是落後反映，所以沒有太多理由相信通膨循環會落後原物料價格循環。無論如何，讓我們回到史塔克和華森的研究上：他們究竟有沒有找到比失業率更好的CPI預測工具？答案是：有！他們認為預測CPI的最好方式是採用所有活動指標的總和加權指數——包括工業生產、實質個人收入、貿易銷售額、非農業就業人口、產能利用率與房屋開工率等。活動是Q，而它是作為預測CPI，即預測P的工具。

這很有意思，因為這顯示出傅利曼甚至桑頓所主張的貨幣提振政策的發展順序：也就是MV通常會先對經濟活動Q產生極大化影響，接下來才會對通膨P造成影響。目前一般認為貨幣提振政策對產出的影響大約在六到九個月後出現，而對通膨的影響大約在十二到十八個月後發生。不過這兩種落後反應的變異很大，這也是P落後MV的時間很難預測的原因；然而因P落後Q的期間比較短，所以變異比較小。

現在我們已經完成定義與預測M、V、Q與P的問題，也討論過諸如資產通膨、銀行危機、債務型通貨緊縮、崩盤和超級通膨等複雜情況。那麼，中央銀行還有什麼挑戰需要面對？答案是：外匯問題。要了解為何這會是個問題，我們應該坐時光機去拜訪一位曾在一夕之間突然面臨重大考驗的中央銀行官員。

挑戰九：處理外匯匯率

諾曼・史都華・修森・拉蒙特（Norman Stewart Hughson Lamont）於1990年成為英國首要央行官員時年僅四十八歲。他的頭銜是「英國財政部大臣」，也就是英國中央銀行的部會首長。要勝任這樣的工作，一定要有很強的背景，他自然當之無愧。諾曼・拉蒙特來自一個顯赫的家庭，他在倫敦工作前曾於劍橋就讀，也曾擔任羅斯蔡爾德資產管理公司的董事。另外，他也擔任過國會議員，同時在曾能源部、工業與國防部擔任過不同的職位。

對拉蒙特來說，中央銀行總裁這個新職位雖有其榮耀，但責任卻更大，而且有時候要處理很重大的問題，甚至是非常嚴重的問題。事實上，1992年9月時，他面臨了一個極端嚴重的問題——這個問題和一位匈牙利籍的投機客有關，是大名鼎鼎的索羅斯。

喬治・索羅斯1930年生於匈牙利，父親是個猶太律師。他父親在二次世界大戰期間為他取得一些假造的身份證明，但在戰爭期間，他們全家人還是不時得在不同房子的閣樓和祕密石窖裡躲藏度日。不過，他終究活了下來，並在十七歲時搬到倫敦。到倫敦時，他雖然一貧如洗，卻對未來充滿希望。他為人粉刷房子、摘蘋果、擔任鐵路搬運工、保鏢或時裝模特兒組裝廠助理以賺取學費。一開始，每天只有4英鎊可供開銷，也因此養成他每日記帳的習慣。

1956年他從倫敦經濟學院畢業，生活景況依然不見好轉。他在高級餐廳Quaglino打工，偶爾吃些有錢人的剩菜；有時則在藍領階級假日市集Blackpool販賣女用提包和珠寶。當時的日子很困難，所以他絕對不會相信自己會有公然向英國財政大臣挑戰的一天（和他對決的那個人也不可能相信有這麼一天，因為當時拉蒙特不過還是個求學中的十四歲青少年）。

喬治・索羅斯決定成為一個哲學家，所以他一直都在準備相關的論文；不過，到最後他發現這個目標實在沒意義，所以決定放棄一切。就這樣，他的職業生涯一直很「慘」，直到某一天他突發奇想，寫信到倫敦的每一家股票經紀商求職，才結束那段慘澹的歲月。辛格傅利蘭德（Singer & Friedlander）公司聘用他擔任股票套利交易員，後來美國的梅爾（F.M. Mayer）雇用他擔任股票市場分析師。結束這份工作以後，他還陸續在幾個股票經紀公司任職，一直到1969年才和一位合夥人成立量子基金，他當時三十九歲，風雲歲月就此展開。

量子基金是全世界最早的避險基金之一，該基金的成就非凡：如果在1969年基金成立時投資100美元，到1985年時已經增值到16,487美元。

索羅斯和他的助理史坦利・德洛肯米勒(Stanley Druckenmiller)從1992年夏天開始對英鎊產生興趣。1990年10月，英鎊以2.95馬克兌1英鎊的中心匯率、波動區間6%的條件加入歐洲匯率機制

（European Exchange Rate Mechanism, ERM。當時拉蒙特尚未就任）。英國加入這個機制並非出於拉蒙特的建議，而在英國陷入嚴重衰退以前加入該機制似乎也不是個聰明的作法。當時英國的通膨大約是德國的三倍，而且1992年時英國經濟正處於嚴重衰退期。索羅斯和德洛肯米勒認為英國政府必需放手讓英鎊貶值，所以德洛肯米勒建議拿個30-40億美元來「賭」這筆交易，但索羅斯不同意這個金額，因為這筆交易的成功機率就像在桶子裡射魚一樣高，所以何不賭大一點？來個150億美元如何？

於是他們開始放空70億美元的英鎊，另一方面則買進英國股票和法國與德國債券，這是策略的一部分，因為這些商品可能因英鎊的貶值而受惠。1992年9月15日星期二當天，英鎊開始快速貶值，雖然英國央行進場買進30億英鎊，企圖支撐匯價，但當天收盤時，英鎊依舊非常疲弱。晚間拉蒙特先生和美國大使共餐，不過他卻幾乎每隔十分鐘就打一通電話給德國央行官員（這種舉動也許有點不禮貌），希望說服德國央行降低馬克利率。不過，當電話終於接通後，對方卻拒絕了。晚餐結束後，他和英國央行的其他官員開會，擬訂次日的作戰計畫。他們一致同意從清早就開始干預，接下來也許還會調高利率來因應。

隔天早晨七點半，英國央行的交易員根據前一夜的會議共識，買進了價值20億美元的英鎊。一個小時後，拉蒙特先生致電英國銀行和約翰・梅傑（John Major，當時的首相）討論當時的情勢。十點半時，拉蒙特再度致電梅傑首相，建議提高利率2%。梅傑同意了，但英鎊卻還是繼續貶值。儘管那一天英國央行共花了150億英鎊支撐匯率，但顯然還是輸了這場戰爭。到了紐約時間早晨七點，史坦利・德洛肯米勒打電話告訴喬治・索羅斯這個消息：

> 「喬治，你剛賺進9.58億美元！」

在接下來十個月內，西班牙幣大幅貶值三次、葡萄牙幣兩次，愛爾蘭幣一次。

這個故事清楚傳達一個訊息：一天之內賺進近10億美元並非不可能，不過這個故事也充分展現了密爾頓・傅利曼所稱的「三難局面」，也就是說，以下三個目標我們不可能同時達成二個以上：

- 控制匯率
- 控制物價
- 解除外匯管制

這讓我們想起羅伯・盧卡斯和他的理性預期理論，因為不管央行要達成什麼目標，唯有人們認為他們會成功，央行才可能成功，這也正是中央銀行的最後一個大挑戰。

挑戰十：維護央行的威信

現在各國央行經常會把理性預期理論納入他們所使用的經濟模型，例如他們假設人們預期的未來通貨膨脹率和經濟計量模型（透過反覆計算）所算出來的通貨膨脹率相同。在央行官員眼中，理性預期是指情況的發展和他們所認同的一致。例如中央銀行藉由宣布通膨目標或固定匯率區間的方式來「策動」（也就是經濟學家所謂的「定錨」）這種預期心理。不過，在定錨的同時，他們也會發布一些可在合理確定程度內完成的政策和目標，以茲平衡。

雖然管理「期望」可能行得通，不過卻也可能淪為「鏡子遊戲」，這牽涉到賽局理論和很多複雜的數學問題；尤其如果大眾當中存在類似喬治・索羅斯這種意志堅決又聰明，但卻不見得每次都和中央銀行持相同意見的人時，情況會更加複雜。不過，央行官員在這場戰爭中至少擁有一個優勢：市場上沒有任何一個市場玩家能預知央行的下一步，但央行卻有辦法掌握另一方（指大眾）的動靜——由於市場上存在很多高度流通且隨未來預估長短期利率而波動的金融合約，所以他們非常了解大眾對利率的預期。此外，央行也會研究市場的長期利率結構，並以此為估計實質利率水準的依據。再者，由於他們了解大眾的預期心理，所以也很清楚市場對「意外事件」的反應。例如資金利率意外調整25個基本點（0.25%）通常會導致股價指數變動大約1%，至少美國是如此。央行利用經濟學家所謂的「事件研究」來蒐集這些知識。

不過，央行的優勢只到此為止，因為他們所面對的智能挑戰極端嚴峻，而且最大的問題可能只在於有沒有決心而已。金融投機者可以在任何時間完全放棄所有金融部位，並經常在瞬間完成這些動作，但中央銀行卻沒有這種特權。首先，為了展現可信度，他們在管理預期心理時可能絕對不會顯得優柔寡斷，也就是說，一旦決定政策方向後，就會堅持一段時間。第二，他們通常會讓人們有一點時間可以適應政策轉變。例如央行如果升息，一定偏好在一段長時間內分數次進行微調，讓市場參與者有時間逐步調整他們的行為。

現金、信用與威信

最後，我們要虛擬一份誠實的「央行總裁徵才廣告」來作為央行業務與景氣循環討論的結語：

誠徵中央銀行官員

你必需利用現金、信用與央行的威信來穩定經濟體系中的經濟成長和通貨膨脹。你將了解，這些變數會因三個不同的循環現象而出現波動，這些循環現象包括存貨、資本支出和房地產，以及許多其他循環與結構性變數，雖然這些現象各自獨立，但在某種混沌型態下，也會對彼此造成影響。

你可以取得很多資訊，但當你取得這些資訊時，資訊本身可能已經過時，必須適度進行有意義的修正。不過，你還是必須利用這些資訊作為決策的基礎，而你的決策將對外匯、貨幣、債券與股票市場造成立即性的影響，也會對總產出造成延遲性的影響，對通膨的影響甚至更晚才會出現。

你會發現政策影響通膨的時間落差可能超過實際的預測範圍，所以你無法確定通膨是否會對消費商品或投資性資產的價格造成影響。不過你將知道，如果資產通膨真的開始上升，就會導致未來產出與通膨發生明顯的波動，並因此對你的工作造成干擾。

最後，每次改變既定政策時，你必需願意堅持這個政策一段時間，以便展現你願意對上述所有工作負起完全責任的誠意。

無法忍受負面新聞評論的人請勿應徵。薪資和退休金可另議。

第五篇
景氣循環與資產價格

採取資本主義生產模式的國家每隔一段時間都會醞釀一波狂熱的賺錢慾望，但在此同時，由於她們未能適當調解生產流程，結果反而導致經濟陷入困境。

——馬克思

所有循環之母：房地產

> 就歷史經驗來說，股票價值的規模從未超過房屋。不過，我認為目前股票的價值正逐漸超越房屋，我認為股票價值自有超越房屋的道理；我不認為房屋是優異的投資標的，因為任何人都能蓋房子。
>
> ——吉姆．克瑞莫（Jim Cramer）

目前正值1932年，我們身處芝加哥房地產審計協會。現在是大蕭條期間，失業率大幅竄升，因此協會職員都很慶幸自己的工作還算安定。這裡每天都有一點工作可做，例如將這個大城市所有房地產交易正確記錄下來等。這些職員也提供類似「圖書館」的服務，民眾在此一次最多可以索取五筆房地產交易的文件資料。

協會一位年輕女職員注意到最近有一個看起來很不錯的男士經常使用這項服務，他常到協會索取這些檔案，而且愈拿愈多。事實上，這個人看起來好像企圖取得該協會所有的存檔資訊似的，他的名字是赫莫．霍伊特。

透徹的調查

這位追根究柢的男士目前三十七歲，他調閱的房地產檔案比平常人都多。他在二十三歲時取得法律學位，目前在芝加哥從事房地產仲介和顧問。他聰明絕頂，不僅希望成為市場上的一員，更想成為一個權威專家。赫莫．霍伊特決定撰寫全球第一本有關房地產價值循環性波動的完整研究報告，他要利用這份研究取得經濟學博士的學位，如果能找到出版商，他還打算出版成書。

情況發展正如他所期望的那般順利。他在1933年取得博士學位，而他的論文也在同一年出版成書。那是一篇絕頂優異的調查研究，總頁數高達519頁，裡面含括206個圖例和表格。這本書的書名為《百年來芝加哥地區土地價值》（*One Hundred Years of Land Values in Chicago*），內容詳盡描述芝加哥擴張的每一段歷史，最遠追溯到1830年那個只有幾十間簡陋木屋的時代，一直到該地區在1933年成為他口中的蓬勃發展城市為止。這本書的第一部分（到第279頁為止）都在描述過去103年間的發展歷史，直到第368頁以後才進入真正的核心議題，探討土地價格的循環性波動。他的發現是：

- 首先，一個可稱為「房地產循環」的現象確實存在。
- 這種循環的運行速度很慢。
- 儘管速度緩慢，循環的規模卻很龐大，一旦循環向下，衝擊也非常嚴重。
- 房地產循環不一定會和原物料及股票循環同步——看起來投資人似乎經常在這三個市場輪流穿梭。
- 通常要在循環崩潰的時候買進房地產，才能從這個市場獲得最大利益；不過，令人驚訝的是，賺到大錢的通常不是專家。

以上就是他的主要結論。讓我們更深入逐一檢視以上每個結論。

霍伊特的房地產循環

霍伊特不僅研究這103年的統計數字，也檢視同時期的商業、政治與人口事件。最後他認為房地產循環包含以下二十個階段：

1. 租金毛額開始快速上升。

2. 租金淨額上升得更快。
3. 由於租金飛漲，成屋的銷售價格也大幅上揚。
4. 建造新屋有利可圖。
5. 新屋工事增加。
6. 信用寬鬆刺激建物數量增加。
7. 「低本金融資」帶動新屋建築大幅攀升。
8. 新屋開工消化閒置土地。
9. 在景氣繁榮期間，人口預測趨於樂觀。
10. 玉米田的新城市願景：土地分割法。
11. 漫無節制的公共設施改善支出。
12. 各類房地產都漲到最高點。
13. 反轉走勢開始：市況呆滯。
14. 抵押回贖權取消的情況開始增加。
15. 股票市場崩盤，商業活動普遍陷入蕭條。
16. 進入損耗的過程。
17. 銀行房地產貸款的寬鬆政策180度大改變。
18. 陷入停滯與回贖權取消期。
19. 存屋出清。
20. 蓄勢待發，準備朝下一個繁榮期挺進，不過繁榮並非不請自來。

霍伊特發現在他進行調查的這103年期間，這一系列激烈的事件發展一共重複五到六次。

波動速度猶如蝸牛般緩慢

霍伊特所主張的二十階段循環運轉速度非常緩慢，從房地產需求首見回升，到市場開始有所反應，就要花上數年的時間。土地必須進行區域劃分，接下來再從事分割，進而出售。接下來，土地也許還會閒置很長一段間。而一旦建築計畫擬訂完成，就必須送審；在取得許可以前，也許還要經過幾次的修訂——這意謂著還必須再花上好幾年的時間，所有新房地產才有可能全部完工上市。當房地產上市後，也許就會演變成供過於求的局面。接下來，危機時刻來臨，要等到存屋全部出清，又得等上好多年的時間。以下是霍伊特所發現的幾次重要時機：芝加哥土地價值在1836、1856、1869、1891和1925年分別達到高點，所以以上各循環的期間分別維持二十、十三、二十二與三十四年。

這些循環如圖23.1，在這張圖片當中，我們可以清楚見到1912年出現一個建築活動高峰，當時土地價格並未明顯波動。如果我們把這一年也視為另一次的房地產高峰，那麼這些循環的間隔變成二十、十三、二十二、二十一與十三年，平均大約十八年。房地產循環的波動就是這麼龜速，至少和4.5年的基欽循環或九年的朱格拉循環比較起來，房地產循環波動速度確實像蝸牛一樣慢。無論如何，我們必須把這個現象納入考量。在研究任何一段期間的循環延續期間時，使用過濾條件的定義不同，就會產生極為不同的結果。例如國際清算銀行所採用的過濾條件比較精密，結果顯示房地產循環的平均延續期間和存貨循環類似；不過，這種較短期的房地產循環波動幅度多半比較小。用目測方式來檢視房地產價格趨勢就可以發現價格波動的差異——偶爾出現非常微小的波動，但偶爾則出現很大的循環（這種循環的平均延續期間大約維持十八年）。房地產市場的循環不僅可能跨越幾個較短暫的一般性經濟循環，期間可能甚至完全沒有修正。

波動幅度極大

霍伊特所主張的十八至二十年房地產循環的波動速度相當緩慢，不過波動幅度卻非常大。他藉由房地產循環和其他變數，如一般商業活動（GDP）的比較來說明這一點。在他所研究的103年期

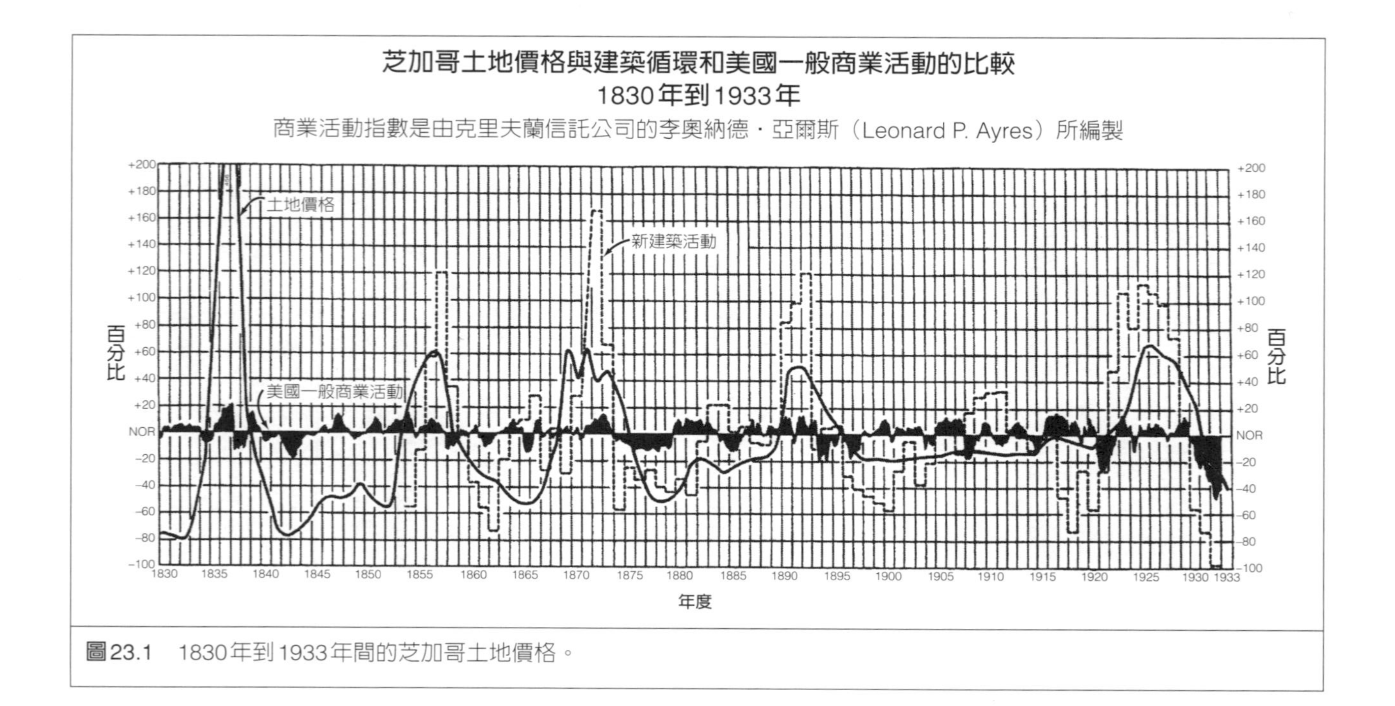

圖23.1　1830年到1933年間的芝加哥土地價格。

間裡，一般商業活動的強度未曾超過其趨勢線16%以上，而銀行清算（信用）業務則未曾超過28%，但他發現房地產銷售金額卻曾超過其常態值達131%，新建築活動曾超過趨勢線167%，而土地分割量甚至曾超過趨勢線達540%。房地產循環下降時，情況也一樣激烈：新建築活動曾低於趨勢線達98%以上，土地分割則低於100%，也就是說，土地分割的活動完全停止。無論就任何情況而言，這都是非常大的循環波動幅度。

霍伊特也發現，房地產循環所造成的經濟衝擊非常大，因為下跌階段（泡沫破滅）可能延續非常久的時間。他發現房地產活動低於趨勢線的情況少則維持在十年以內，最長則曾持續高達二十六年。換句話說，這種「出清存屋」流程通常會對經濟形成龐大且非常長期的拖累。此外，雖然房地產市場的「頭部」和股市及原物料市場的高點沒有明顯關聯，但在這103年當中，每次的房地產危機都會引起廣泛動盪。其中一個原因是房地產市場規模高達GDP的二至三倍左右，所以一旦房地產市場受創，當然會對經濟造成實質的打擊。很多後續的研究報告也印證此一觀點。另外，也有很多其他研究顯示房地產危機與一般金融危機難以脫勾。

資產配置的替代選擇

圖23.1說明了原物料、房地產價值與股票的關係。霍伊特發現這些項目之間傾向於呈現輪動而非同步走勢。他認為一部分原因是戰爭的緣故，因為戰爭期間會推升原物料需求，而士兵的返國則意謂房地產需求上升，另外接下來的經濟復甦則創造消費商品需求，這對股價是有利的。

底部承接的藝術

霍伊特指出，多數投資人／投機客都專精於原物料、房地產或股票投資，而他的結論是，通常敢在危機時刻進場撿便宜貨的人才能賺到最多利潤；不過，房地產專家卻通常無法賺到這些超額利潤，因為他們本身可能早就被套牢在下滑趨勢裡，因此即使房地產價格跌到極端便宜水準，也沒有資金可以繼續加碼攤平。所以，反而是處於其他產業且擁有大量資金的人才有能力在機會來臨時，積極承接土地和房地產。他發現在這103年間，芝加哥當地最優異的幾筆循環性房地產交易是由毛皮交易商約翰・傑柯伯・阿斯特（John Jacob Astor）、馬歇爾・菲爾德（Marshall field）（大盤與零售交易商）和波特・帕墨（Potter Palmer）（貿易與旅館業）等人所締造。這些人都不是房地產專家，不過，他們在房地產危機的底部卻擁有大量資金，也聰明的利用這些資金為自己創造龐大利益。

其他更多研究

赫莫・霍伊特的書後來成為經典的經濟書籍。他在發行這本書的次年加入聯邦住宅局，並在1944年到1946年間擔任麻省理工學院和哥倫比亞大學的土地經濟學客座教授。此外，他也和亞瑟・威莫（Arthur Weimer）合著了一本名為《房地產原則》（*Principles of Real Estate*）的書，這本書在1939年出版，也是另一本經典鉅著。後來，他又回到房地產業界，從中賺取了可觀的財富。1979年時，他把大量財產捐給加州一個協會，這個協會截至目前為止都以他為名（赫莫・霍伊特協會）。至於他的家庭生活又如何呢？由於他當時經常到房地產審計協會借閱房地產資料，所以他和那位經常見面的美麗女職員結婚了。

在當時那個年代，赫莫・霍伊特對房地產循環的見解確實非常獨特出眾，雖然他可能低估了失業率、財富、流動性與利率所扮演的角色，但迄今我們都很難從他的書裡找到嚴重錯誤的論點。不過，《百年來芝加哥地區土地價值》一書僅是人類認識房地產循環的起點，後來又有很多關於此方面的研究成果問世。例如在霍伊特的書出版兩年後，亞瑟・伯恩斯（當時任職於美國國家經濟研究局，後來成為聯邦準備理事會的主席）在其鉅著《住宅建築的長期循環》（*Long Cycles in Residential Construction*）裡也對房地產循環提出非常詳盡的解說；另外普林斯頓大學的克萊倫斯・龍恩（Clarence Long）也隨即在1939年和1940年分別發表《建築產業的長期循環》（*Long Cycles in the Building Industry*）以及《建築循環及投資理論》（*Building Cycles and the Theory of Industry*）等論文。

不過，很多早期研究都因缺乏全國性或國際性的統計資料而受限，直到1990年代人們才終於弄懂國際房地產循環的全貌及其長期行為模式。不過，在討論這項研究以前，我們應該快速且粗略談談以下主題：什麼是房地產？

房地產市場分類

房地產分為民間與公共房地產。大約有20-25%的房地產建築活動屬於公共部門，這部分相對穩定；不過其餘房地產的循環性波動模式則和霍伊特的觀察相同。在富裕的國家，房地產市場佔GDP的比例比窮國高，這代表在經濟成長期，房地產市場對提升全國收入的貢獻很大。我們已經討論過，房地產價值通常約當GDP的二至三倍，不過有時候會超過這個數字。另外我們也討論過，房地產建築活動平均佔經濟體系的10%左右。

大多數房地產研究都著眼於以下四種用途的建築房地產：住宅用、零售用、辦公室與工業用房地產。整個房地產市場幾乎都以這四種為主，其中住宅用房地產約佔75%，剩下的25%包括旅館與便利設施、建築用地、停車與農業用地。

大多數房地產的所有權都相當集中，不過有一部分則利用流通性較好的工具進行交易，這種房地產稱為有報價的房地產。我們可以透過地方統計數字取得所有權集中的房地產交易價格波動統計；如果要了解公開發行的房地產基金價格，可以追蹤類似環球地產研究指數（GPR 250）等指數，GPR 250指數包含二百五十個流通性高且有掛牌交易的房地產公司。這個指數所涵蓋的層面不到整體報價房地產市場的10%，不過卻足以代表整個市場。NCREIF農地指數可用來掌握美國農地的情況。農地的所有權人通常會將土地出租，賺取穩定的收入，租金通常隨通膨波動。大約有三分之一的美國報價農地是森林，我們可以透過NCREIF森林地指數來追蹤這個市場。以上就是追蹤房地產價格的幾個方法。不過，要如何了解房地產的價值？關鍵的條件如下：

- 淨營業利益率（net operating income, NOI），也就是營業收入減去營業成本。營業收益可能包括租金、停車費、洗衣／自動販賣費等。營業成本則包括維修、保險、行政成本、水電瓦斯費及房地產稅等（不包括融資成本、資本支出、所得稅及貸款的攤銷等）。
- 資本支出（Capex），進行重建（不是維修）的成本。
- 負債支出，也就是融資（如房貸）的本息。
- 淨現金（淨現金流量），即淨營業利益減去資本支出加上負債服務支出。
- CAP比率（資本化比率）是將年度營業淨利除以房地產的購入價格所得到的預期報酬率（類似股票的本益比）。換句話說，這個比率是扣除融資成本、所得稅與重建前現金流量佔購入價格的百分比。只要把某房地產的營業淨利除以該類房地產的一般CAP比率，就可以算出其期望價值。
- DCR（負債保障倍數），這是營業淨利除以負債支出成本（支付的本金和利息）。多數放款人希望這個比率至少能介於1.1到1.3，在這種情況下，房地產所有權人才有能力負擔債務，也較有充裕的現金流量可以進行房地產的維護。

CAP比率通常應該比長期利率高1-1.5%（100-150個基本點）。例如一宗房地產的買入價是1,000萬美元，淨現金流量是60萬美元，所以其CAP比率是6%。如果融資成本約略4.5%，那麼這個CAP比率就應該算是合理的，因為投資人將有1.5%的餘裕可以用來支應重建與所得稅費用。當然，他也會寄望長期以後，通貨膨脹或經濟繁榮可以推升租金收入，並使房地產售價升高。如果一個投資人認定營業淨利將隨時間上漲，那麼他在買進房地產時可能會願意接受較低的CAP比率。不過由於CAP比率總是被拿來和利率做比較，所以如果利率上升，CAP比率也傾向於上升，這意謂在其他條件都不變的情況下，利率上升時，房地產的市價將下跌。

所有權人自住的住宅型房地產就有點不同，因為這種房地產不會創造收入，所以當然沒有營業淨利可言。取而代之的是經濟學家所謂的「保留價值」，這個名詞並不是很恰當，它是指你願意接受的最低賣出價，這個價格必需等於該房地產在扣除管理成本後可以

房地產投資方式

房地產交易的三種主要方式為：

- **直接持有**：具備改變這項房地產的潛力，不過這部分也牽涉到很多工作。
- **開放型的房地產基金**：投資人可以淨值交易這類基金，淨值是以鑑價為基準。這樣一來，就可以確保投資人以公平價值交易這些基金，不過基金本身不得不維持一定的流動準備，以便因應隨時發生的贖回要求。
- **房地產投資信託**（Real Estate Investment Trusts, REITs）：這類商品是採類似一般股票的封閉架構，也就是說，這種工具只能交易，不能贖回。因為這是另一種投資類別的工具，所以只要REITs承諾將多數盈餘（通常是85%到100%）用來發放股息，那麼它們通常是免稅的。

在以上三者當中，REITs的便利性最高，如果房地產市場的泡沫形成，可以輕易藉由放空REITs的方式來進行操作。

為你創造的艾吉渥斯「愉悅原子」(所以在拍賣市場中，「保留」這個用語代表賣方所願意接受的最低價)。就實際情況來說，如果民間家庭對未來前景感到樂觀，就會願意在可融資的範圍內盡可能多買房地產。此外，當平均房屋品質上升，或財富增加使收入中用來支付必需品的比重降低時，因實質收入增加，收入當中被耗用在房地產相關支出的比重就會上升。不過根據霍伊特的觀察，從這些基本價值研究的許多環節可以看出房地產是否過度超漲或超跌，讓我們來看看為何會出現這種情況。

實務面的房地產循環

我們可以利用你已很熟悉的賽門・紐康定律MV＝PQ（也就是將貨幣乘以貨幣流通速度，會等於商品與服務的價格乘以生產數量）來檢視這個問題。圖23.2是紐康公式左側的要素，右側則是這個公式最明顯的經濟影響。由於我們接下來將詳盡說明這個分析方法，所以才以這種拆解的方式來看待這個公式。

請先記下這些現象。接下來，想像目前正處於擴張的初期：MV已經上升，消費者支出增加，中央銀行調降利率且債券利率亦隨之下降。很多消費者決定利用廉價的融資來建造或購買新房子，為自己創造利益。房屋開工率將領先在GDP前約六個月開始上升(記得嗎？房屋開工率是最好的經濟領先指標之一，其指標性僅次於少數幾個金融領先指標)。

以上所描述的都是背景環境，接下來要討論房地產市場的第一波輪動。公寓、小家庭住宅、零售與旅館用房地產的價格開始上升，人們又開始去住全方位服務旅館（在經濟衰退時期，這類旅館的住宿率通常很低）；於是，租金毛額開始上升。由於收入上升速度超過成本，所以租金淨額上升速度更快，因為房貸利率通常會長期維持固定水準達數年時間（例如霍伊特發現，雖然從1918年到1926年間，辦公室租金大漲了90%，但成本只增加31%，這代表

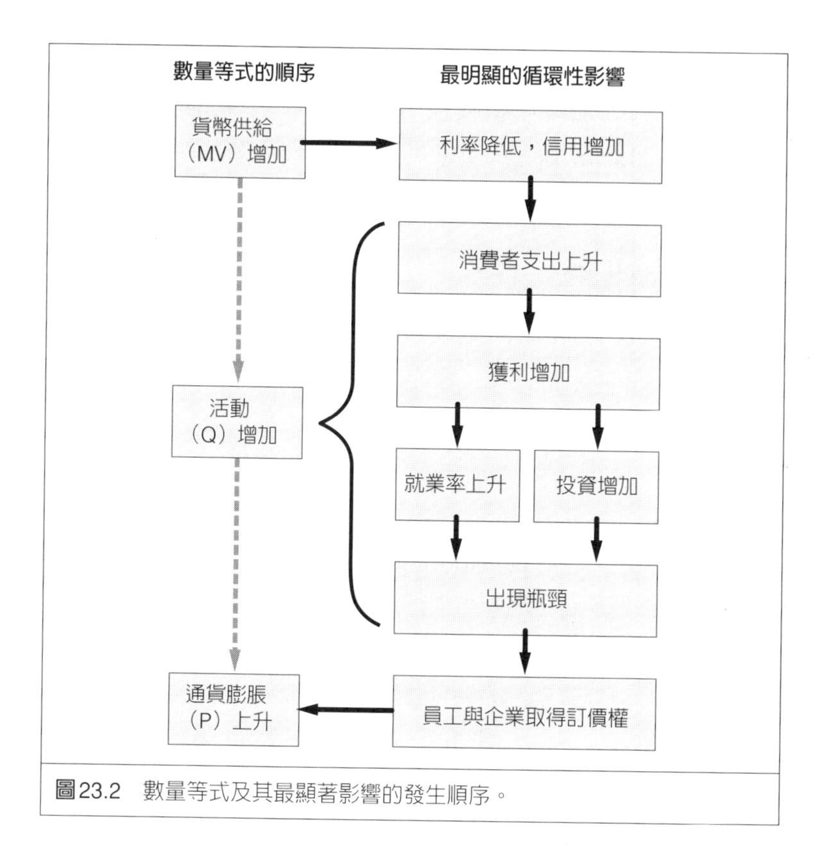

圖23.2　數量等式及其最顯著影響的發生順序。

房地產獲利暴增接近300%）。不過由於開發成本上升，專業地產開發商不願意開始新的建築工事，所以他們會以修建現有房屋的方式來滿足上升的需求。

當住宅用房地產的需求回升大約一年後，辦公室租金將開始上漲。在這個階段，白領型企業（尤其是服務產業）將趁價格還算合理時，開始尋找理想的辦公室空間。「理想」是指市中心，所以，市中心的辦公室會先滿租，並促使這些地區的租金上漲。在這個階段，利率通常是下降的，因此房貸成本也會降低，使得負擔能力升高。由於消費者傾向於低估在通膨與利率下降期間以較高價格買進房地產後將來可能要負擔的實際成本，所以在此階段，他們通常會開始變得過度積極。此時因預期通膨將維持低檔，所以利率也會停留在低水平。在低利率的環境下，初期的房貸支出雖低，但實質房貸負擔（調整過通膨後）卻不會像高通膨時期降得那麼快。所以，實際房貸成本對未來收入的侵蝕程度其實遠超過人們的理解。

景氣高點與投機

現在，情況的發展已經逐漸接近擴張期的中間位置——此時經濟穩定成長，到處欣欣向榮，產能則逐漸吃緊。由於現成的房地產存貨都已出清殆盡，所以土地價格開始大幅上漲。這是建築景氣的預警訊號，因為此時商業景況良好且容易取得廉價融資，所以建築活動非常熱絡，但其實警訊已逐漸浮現。資金容易取得的原因之一是一般人認為此時進行投資相對顯得安全且更具獲利性；另一個原因則是人們抵押現有房地產來進行更多房地產投資。在這個階段，汽車銷售情況非常亮麗，所以停車位的行情也水漲船高。

最後，經濟擴張期已開始有強弩之末的意味，不過儘管消費者的儲蓄已大幅降低，但人們卻還是繼續花錢。同時，產業界為滿足熱烈的需求依舊疲於奔命，最後不得不開始建立新產能；而擴張產能的活動又為經濟添加了一股遲來的活力。產能的建立意謂著工業用房地產（研發用空間與工業用倉庫）、工業用土地將明顯上漲（就土地的復甦而言，價格最先上漲的土地類型是住宅用地）。這時，想尋找辦公室的人現在被迫到主要市中心以外的地方尋寶，於是市郊辦公室的需求明顯上升，辦公建築用地的價格也開始上揚。在這個階段，通膨也許會開始上揚，而旅館和停車位（與其他收益型房地產產業不同）則持續漲價。消費者的狀況還是非常好，很多人開始有能力從公寓搬到小家庭式的房子裡，當然這也使後者的價格漲幅持續超越前者。此時市面上會充斥很多經過分割的地皮，不過有些人是基於投機目的而買這些土地。目前融資依舊很寬鬆，很多開發商只要動用少量自有資金就能展開新建案。

在此同時，新建築活動逐漸消化了閒置土地，這也使得土地所有權人突然獲得很多意外的利潤。由於有愈來愈多人認定未來需求將持續熱絡而願意買進土地，土地投機炒作隨之加溫。這是投機熱潮的開始，房地產促銷業者將以最樂觀的學術研究（刻意忽略比較保守的學術預測）為基礎，大量發表極樂觀的未來成長展望。這些促銷廠商也會發行一些說明空地開發計畫的行銷文件，積極地推銷土地。

房地產欣欣向榮開始引起地方主管機關的注意，主管機關為了支持房地產市場的成長而進行更多土地重劃，並建造許多新的支持性公設。此舉讓分割土地的買家對未來發展更具信心，不過眾所期盼的都市化計畫如果未能落實，這些土地終將變得毫無用處，再度成為農地。

衰退邊緣

現在頂點已經過去。消費者過度消費，工業產能用建築物在達到高點後也開始下跌，租金和建築成本高漲，進而開始對商業界造成傷害。隨著換屋轉售供給量超過新的需求，房地產需求也開始降溫。雖然此時建築活動依舊持續擴張（大約會維持到GDP作頭下滑的一年後），但租金卻開始下滑，空置率開始上升，房地產價格則趨於滑落。

第一個嚴重受創的將是土地，此時土地交易量崩落，幾乎沒有人願意買任何土地。實體房地產市場很快也跟上土地的腳步。在這個階段，沒有任何一種房地產的表現是理想的，不過倒是有某些部門的表現比其他部門穩定。表現相對最好的部分是只提供有限服務的旅館業（因為人們不再住全方位服務旅館）和零售用房地產，因為民眾現在雖然不再有能力買房子和車子，但畢竟還負擔得起小額支出。這代表複合式商場和第一線的地區性購物中心的表現尚稱良好。

這個階段最可怕的威脅是通貨緊縮，這對變動價格部門如旅館和停車場尤其不利，因為這類房地產的房貸成本可能是固定的，但其價格卻被迫降低。現在有些比較優柔寡斷，且背負高房貸的房地產所有權人開始期望能用高於市價的方式和其他所有權人交換這些房地產，目的只是為了列出一些毫無意義的紙上利潤來安撫焦躁不安的放款機構。另外有些人則偏安於其長期融資與租賃條件，他們認為這些條件可讓他們不會因為股票市場的不安和快速波動而受傷（如果下跌走勢是暫時性的，他們確實可以達到這個目的，不過房地產崩盤走勢有可能持續很長一段時間）。

最後的瓦解

非常不幸，目前的時機真的很糟，房地產市場的崩落導致經濟陷入更全面性的緊縮——原因是建築活動（目前正快速滑落）平均佔總投資活動的四分之一，且普遍佔各經濟體GDP的10%，另外，財富也正逐漸下滑。

房地產所有權人現在才開始慢慢感受到經濟緊縮的整體苦果，有愈來愈多人的出租合約到期，但這些合約不是沒有續約，就是續約租金降低。財務面的苦難這才開始顯現，無力償付、房貸違約、贖回權取消及違約拖欠等情況屢見不鮮。於是房地產的所有權陸續被破產管理人接收，他們大幅降低租金，結果迫使更多房地產所有權人不計成本削價競爭，進而陷入苦難。這時候原本較不受歡迎的房地產尤其容易陷入違約拖欠的窘境，因為這些房地產根本無法吸引任何買家的注意。比較好的房地產倒還賣得掉，不過售價可能還不足以彌補賣方的融資成本。現在房貸債權人和銀行開始感到壓力，而由於這些金融機構正瀕臨流動性風險，因此被迫緊縮銀根，尤其是針對那些比較不熱門的房地產。

停滯

恐慌與苦難之後就是嚴重的停滯期。此時土地分割活動完全停止，放款案件幾乎沒有增加，現有房地產的買賣也不多見。非陽春型房地產市場（不是只有空蕩蕩「四壁」的商用房地產）的價值可能大幅跌破重置成本。繼續持有房地產的人因虧損持續擴大，負擔變得非常沈重，所以根本無力再買進新房地產，遑論展開新的建築活動。通常要等這些人的資產負債狀況好轉，整個情況才可能改善。此時由於市面上很多全新或重建的房地產都處於未能履行貸款義務的狀態，所以不容易賣出。而因為融資不易取得，所以抵押拍賣場上也沒有多少新買家願意出價。最後，這些房地產通常會落到受抵押人的手中，他們買回該房地產的價格最高不會超過其抵押放款金額。這時，想撿便宜的人會在抵押債券價格呈現大幅折價的情況下，進場買進備受壓抑的抵押債券，並在抵押拍賣場上取消原所有權人的贖回權，進而逼退剩下的債券持有人。除非贖回權取消的情形告一段落，舊的負債也都清除完畢，否則情況還是不會改善。

如果以上問題導致金融機構出現系統缺失，嚴重停滯的階段可能會持續更長的時間，尤其如果此時還同時發生外匯危機，情況將更加嚴重。例如上述某些情況曾在1997年亞洲金融風暴（尤以印尼及泰國為最）和日本1990年後的經濟衰退期間出現過。房地產崩潰所引發的金融機構危機最可能發生在由銀行提供房地產放款的國家，如果是由抵押貸款機構提供房地產融資，情況就比較好一點。

整個清理流程要花上四到五年，甚至更久的時間。隨著自然需求逐漸趕上停滯的供給，房地產也將逐漸由弱轉強。現在很多房地產都掌握在抵押權人手上，他們願意以抵押金額或更低的價格賣出這些房地產，同時還可能額外加上某種程度的租金收入保證。另外，由於經濟逐漸復甦，藝高膽大的投資人開始進場承接極端便宜

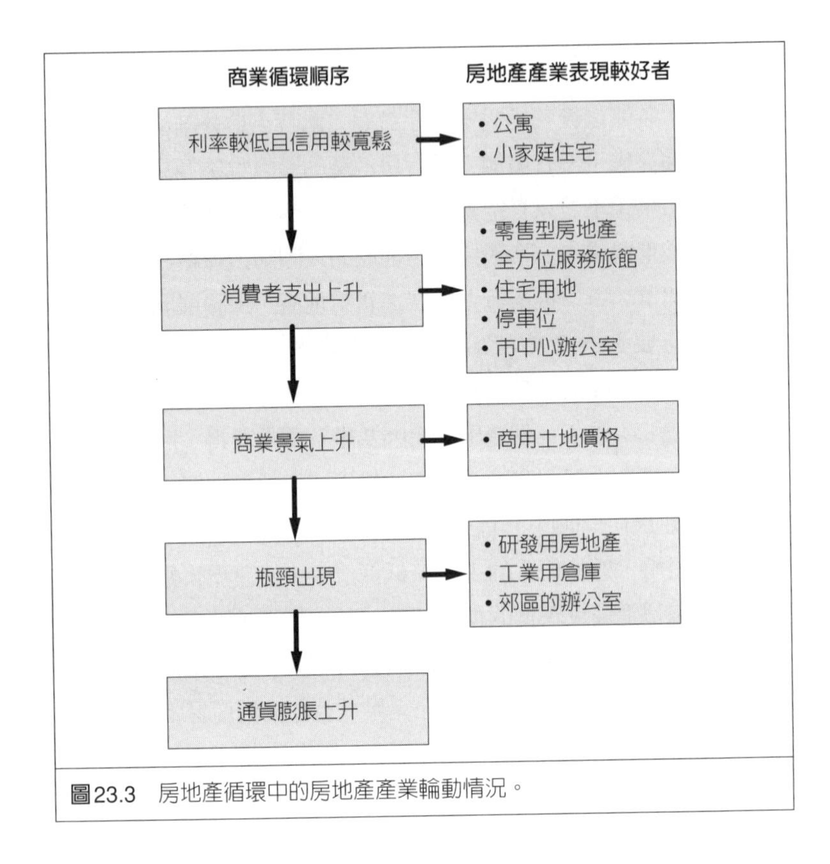

圖23.3 房地產循環中的房地產產業輪動情況。

的房地產。於是，空置率開始降低，租金也趨於穩定。接下來，租金將開始上升，此外目前的建築成本非常低，也就是說，此時進行重建與新建工程非常划算。

在這個階段，最後一個遭殃的房地產類別是為荷包較緊絀的消費者提供服務的房地產，也就是二線的地區購物中心及工廠暢貨中心等。圖23.3是完整房地產循環裡，房地產市場的產業輪動情況。

不過，我們對房地產產業輪動的說明並不完整，因為沒有考慮到波動性。在1976年時，英國國家經濟發展局發表了一份研究成果，他們的結論是：

就投資大方向來說，看起來民間房地產的投資是最不穩定的，甚至比投資工業界的製造部門更不穩定。

民間房地產的波動性較大，其中辦公室空間更是最不穩定的類別，工業用途空間則稍微穩定一點，波動性最小的是零售用空間。建築活動的波動性比較小，但價格波動較大，而交易量的波動則非常大，尤其是住宅用房地產交易量的波動幅度更是顯著，交易量波動幅度甚至比價格波動高二十五倍（所以從事住宅用房地產仲介業務簡直就像坐雲霄飛車一樣）。最後，地皮的波動性大約比非陽春型房地產高一倍，例如赫莫・霍伊特發現土地價格波動幅度一個驚人的情況：1836年以11,000美元買進的一筆芝加哥土地，竟然在1840年以不到100美元的價格售出，也就是說這塊土地在4年內大跌99%！事實上，當人們終於放棄「玉米田變成市中心」的期望時，這塊土地的絕大部分又會被變更回耕種用地。當然，這一切所代表的是房地產的最大利潤來自：

- ……買進市中心的辦公室空間（以期快速賺到報酬）。
- ……或土地（以期賺得潛在超額報酬）。

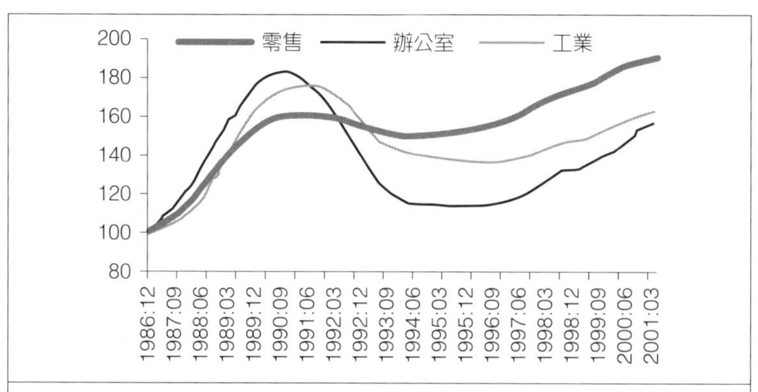

圖23.4 零售、辦公室與工業用房地產市場的相對波動性。這張圖片顯示零售用房地產最穩定，辦公室的波動性最高。

- ……來自某個嚴重受創的賣方或負債者。
- 在房地產循環底部。

理論上，這聽起來也許很簡單；另外，選在REITs（房地產投資信託或已掛牌房地產公司）的頭部放空聽起來也不錯。不過最主要的挑戰在於預測房地產循環將於何時反轉——答案和房地產的兩個領先指標有關。

預測房地產循環

最好用的房地產市場指標是前一次的房地產擴張或崩潰點。位於巴賽爾的國際清算銀行（2005年國際清算銀行第21號報告）發現，40%的房地產榮景都以崩盤收場，不過博爾多（Bordo）和金恩（Jeanne）在2002年所提出的另一份報告卻發現該比例達到55%（差異主要取決於對樣本的「榮景」及「崩潰」的定義）。無論這個比例是40%或55%，以繁榮後崩盤的機率來說，房地產顯然高於股票：國際清算銀行的報告發現股票在經歷繁榮期後，崩盤的機率只有16%。不過究竟應該如何定義「繁榮」與「崩盤」？就住宅用房地產而言，我們主要觀察以下三個指標是否偏離長期趨勢：

- 負擔能力，也就是每個月房貸付款金額佔可支配所得的比例
- 房價約當員工薪酬的比率
- 房價約當GDP比率

以商用房地產而言，主要是研究：

- 投資報酬率與CAP比率相對利率的情況
- 租金成本相對房貸成本的比率

我們也討論過，通常要到商用房地產的反轉點發生後，住宅用房地產的反轉點才會出現。就商用房地產來說，最重要的領先指標

房地產崩盤與金融危機

國際清算銀行調查了數次房價崩盤的歷史及其對金融體系的影響，而有以下發現：

- 國際清算銀行分析七十五個長期與短期的房地產循環，發現多頭階段平均延續大約三年，價格上漲11%；而下跌階段延續一年，房價跌6%。
- 房價崩盤後，GDP平均下降8%；但股價崩盤時，平均只導致GDP減少4%。
- 繁榮結束後崩盤的機率僅略低於40%，弱勢多頭市場和強勢多頭市場過後發生崩盤走勢的機率相同。
- 二次世界大戰後，已開發國家的所有主要銀行業都難以自外於房價崩盤。

資料來源：Helbling, 2005.

類別是貨幣情勢，其中實質利率與貨幣供給額尤其重要。例如實質利率大幅下降和／或貨幣供給增加將是房地產行情上升的重大前兆，反之亦然。近期一份由克萊斯塔羅伊安尼（Krystaloyianni）、馬第席亞克（Matysiak）與索拉科斯（Tsolacos）在2004年提出的研究報告〈以實證法利用領先指標預測英國商用房地產循環的各階段〉（Forecasting UK Commerical Real Estate Cycle Phases with Leading Indicators: A Probit Approach）充分闡述了這個觀點。這三個經濟學家就1986-2002年間和英國商用房地產有關的潛在領先指標進行測試。表23.1顯示，當消費者支出上升，將帶動零售用房地產領先出現變化。工業用與辦公室房地產則會在之後幾個月反轉。這份研究的結論如下：

> 就預測英國商用房地產資本價值波動方向這個目的來說，我們的研究有助於判斷哪些英國經濟指標值得追蹤。英鎊債券

表23.1 1986年到2002年間英國商用房地產的領先指標月數

	零售用房地產	工業用房地產	辦公室房地產
M0貨幣供給額	0	4	6
M4貨幣供給額	6	5	9
報紙求才廣告	6	2	4
交易利潤毛額	0	4	5
房屋建築開工率	1	5	5
新車登記數	6	8	5
零售銷售額	10	12	12
工業生產	0	4	6
消費者信心	0	5	4
英鎊債券殖利率	5	2	2

資料來源：克萊斯多羅伊安尼、馬第席亞克與索拉科斯，2004年。

> 殖利率和廣義貨幣供給額（M4）是預測我們所分析的三個房地產市場是否擴張的重要指標。對辦公室和工業用房地產來說，工業生產也是值得注意的；就零售用房地產資本價值而言，新車登記數系列指標則意義重大。

上述內容確實很有道理。貨幣情勢改善當然對經濟有利，它將促使CAP比率下降、強化DCR比率，同時金融情勢也會隨之改善。當然，「工業生產是工業用房地產的有利指標」這個結論也非常合邏輯。工業生產增加代表產能利用率上升，這也表示新工業用空間需求將增加。而新車登記數對零售用房地產的意義又是什麼？新車登記數是消費者支出中變異性較大的部分，所以是不錯的預測指標。

最後一個問題應該是現有的領先指標能否事先預測房地產價格即將到達頂點？以下六個警訊應該有用：

- 在市日期增加
- 一個城市裡的未出售房屋數增加

- 出價和成交價間的比率降低
- 在市超過一百二十天的房屋數增加
- 投資客佔購屋者的百分比上升
- 房貸申請數降低

循環的延續期間

我們已經討論過，赫莫・霍伊特發現房地產循環平均存續期間為十八年，不過他卻未曾強調他在此面向的發現。相反的，他嚴重懷疑這個模式是否會持續，而他在稍後幾年也表示他認為這種模式已經停止。這很有意思，而且還有一點很奇怪，顧志耐（他的名字經常和循環牽扯在一起）從未對房地產市場提出任何見解。他在1930年所出版的《生產與物價的長期變動》（*Secular Movements in Production and Prices*）一書長達五百三十六頁，內容可謂鉅細靡遺，最後還針對重要的景氣循環理論歸納出一個結論。不過他卻沒有提及任何與房地產市場有關的理論，甚至連相關字眼都沒有提及。顧志耐提出的指數和許多難以理解的要素，如紡織機械、火車頭、馬鈴薯、絲等有關，但卻未提及「土地」、「地產」、「建築物」或「建築」等字眼，也沒有參考赫莫・霍伊特對房地產事務的見解。所以，「十八至二十年的景氣循環是由房地產市場所驅動」的主張是否公允？

看起來當然是如此。第一個見證人是洛伊・文茲里克（Roy Wenzlick），他是美國的房地產仲介，也是洛伊文茲里克研究公司的創辦人。多年來，該協會編製很多被廣泛使用的鑑價手冊。他的公司曾進行四十七萬五千筆的實際鑑價、為數眾多的實地考察，以及超過六十個的重大房地產再開發專案研究。他從1932年以後一直擔任《房地產分析師》（*The Real Estate Analyst*）雜誌的編輯，也是該雜誌的出版商；此外，文茲里克還曾擔任一本書的編輯，這本於1936年推出的書藉曾精準預言過一波房地產多頭。不過我們現在要參考的是他在1974年所發表的研究，這份研究涵蓋1795-1973年間全美的房地產市場，研究期間不短於一百七十八年；文茲里克發現房地產循環的平均延續期間是十八又三分之一年。另一份由克萊倫斯・龍恩所做的研究〈建築循環與投資理論〉(Building Cycles and the Theory of Investments)，則發現在1868-1935年間，美國都會區的建築循環延續期間是十八年。

最近有一份針對英國市場所做的研究，由皇家特許測量家協會所製作，涵蓋了英國從1921年到1997年間的各個循環，研究發現有跡象顯示各種景氣循環間有一段互相重疊的時期，重疊期間大約介於五到九年，其約略倍數正好是十八年。巴拉斯(Barras)也曾研究英國市場，他在1994年發表了一份英國建築活動的研究報告〈房地產與經濟循環：建築循環再研究〉(Property and the Economic Cycle: Building Cycle Revisited)，發現了一系列的重疊波動，包括四至五年、九至十年、二十年及五十年的延續期間。有意思的是，他發現以二十年期的循環觀之，在循環達到高峰前都會出現重大的投機現象。最後，賀柏林(Helbing)和泰洛尼斯(Terrones)的一份研究被納入IMF《2003年經濟展望報告》中，這份研究詳細分析十四個已開發國家的股價及房價(分析1959年到2002年的股價，1970年到2002年的房價)。他們希望藉由這份分析找到所謂的「崩盤」現象，而他們認為「崩盤」的定義是：

> 談到景氣循環分析，首先必需先找出資產價格的高峰和谷底。接下來定義「崩盤」——所有空頭市場「從高峰到谷底」的跌勢中，價格變動幅度排名前四分之一者；同樣的，「繁榮」的定義是所有「從谷底到高峰」的上漲走勢中，排名前四分之一者。

以上描述代表他們並不打算找出每一個擺盪，只想觀察真正的「崩盤」。但這些崩盤走勢的發生頻率究竟為何？

> 要符合「崩盤」的條件，房價下跌幅度必須超過14%（股價的跌幅為37%）。房價崩盤走勢的發生頻率比股價崩盤走勢的頻率略低，從1970年第一季到2002年第三季間十四個國家的住宅房地產價格走勢中，曾經發生二十次的房價崩盤走勢（股價崩盤走勢有二十五次）。這剛好約等於一個國家每二十年發生一次房地產價格崩盤。

所以，霍伊特發現每次發生崩盤走勢的平均時間間隔是十八年，而巴拉斯的英國市場研究和IMF對十四個國家的研究都發現，兩次崩盤的時間間隔大約是二十年，和霍伊特的發現很接近。另外，英國皇家特許測量師協會的研究也發現重大投機現象的發生間隔大約是二十年。

這些研究顯示，房地產市場會有短期的波動，但大規模的崩盤走勢大約平均每十八年（或二十年）才發生一次（有些研究發現的週期較短，理由很簡單。先前已經說過，因為那些研究對於多大波動才能稱為「循環」的定義較寬鬆。）。不過，所有的結論都導向一個問題：在十八年循環當中，究竟是經濟情況領導房地產市場景氣，還是相反？答案是：由房地產市場領導這個長期循環，理由如下。

爲什麼會有房地產循環存在？

佛瑞德・哈里森（Fred Harrison）在其著作《土地所蘊含的力量》（*The Power in the Land*）中提及由薛克（G. Shirk）所做的美國建築循環研究，哈里森將這份研究與霍伊特的土地價值循環和經濟衰退時機做一比較，結果如表23.2。

表23.2顯示土地價格和建築活動通常會在經濟景氣之前先趨緩，而土地價格往往也在建築活動之前達到高峰。哈里森針對這些現象提出了很好的解釋：在房地產循環的上升階段，房地產相關報

表23.2 1818年到1929年間房地產市場和經濟衰退的時機順序

土地價值高峰	商業循環高峰	經濟衰退
1818	—	1819
1836	1836	1837
1854	1856	1857
1872	1871	1873
1890	1892	1893
—	1916	1918
1925	1927	1929

資料來源：哈里森，1983。

酬（租金）增加，但其他業務的報酬卻是減少的。他提到幾個研究，包括表23.3的數字（從1920年到1939年）

他也找到可用以釐清下個循環的數個可能情況（見表23.4）。

一般對經濟概況而言，房屋開工率是最佳的經濟領先指標，而當這項指標大幅滑落，房地產市場大多已在整體經濟景氣之前先行反轉，所以房屋開工率是「房地產驅動十八年期景氣循環反轉點」的重要指標。

循環驅動因子

我們已討論過房地產循環波動速度較慢的原因，不過我們也許應該更深入檢視這個問題。時間落差在景氣循環裡扮演著重要的角色，就實體房地產來說，也存在很多時間落差的問題。在此先從租

表23.3 1920年到1939年間英國全國收入的分佈情況

	佔總收入的平均百分比（十年）	
	租金	獲利、利息與綜合收入
1920-29	6.6	33.7
1925-34	8.1	31.2
1930-39	8.7	29.2

資料來源：哈里森，1983；丹恩及柯爾，1962。

表23.4　土地價格的領先指標

土地類型	領先指標	循環行為
建築用地 • 住宅 • 商用	• 貨幣供給額 • 利率（逆向） • 房屋開工率（就住宅而言） • 新辦公室建築活動（就辦公室而言） • 產能使用率（就工業用地而言）	• 住宅用土地大幅上漲到接近循環的中間位置，商業用土地則走到循環終點 • 波動性可能極高
農地 • 森林 • 農田	• 貨幣供給額 • 利率（逆向） • 通貨膨脹與通貨膨脹預期心理 • 軟性原物料價格	• 循環的稍晚階段才開始波動 • 波動性溫和

金談起。住宅租約通常是固定的，約六到十二個月或更長的時間，辦公室與零售房地產租約則可能固定數年。

建築活動也有很長的時間落差，尤其商用房地產的規模通常很龐大，所以開發時間落差更為明顯。1980年，由林肯土地政策協會所提出的報告〈在城市落腳〉（Land into Cities）闡述了其中一個面向。這份研究以訪談七百位在1974年到1979年間持有美國六大都會區郊區未開發土地的所有權人為基礎，點出建築活動的早期進展有多麼遲緩，接受訪談的投資人和地產開發商在取得土地後，至少持有土地十五年以上才開始建造活動，因為房地產開發牽涉到土地區域重劃、基礎建設開發、第三方融資、規劃、建造與行銷。例如位於波士頓的International Place Two建案從1983年開始規劃，在1985年取得該市的許可，1988年破土，到1993年才開幕；表示該案從構想到實際完成，共花了十二年的時間。而且當這棟建築物終於開張後，市場情況卻早已惡化：當時波士頓的辦公室閒置比例高達14%。

房地產市場對利率變動的反應也很慢，某些國家如澳洲、加拿

表23.5 1955-1973年英國所得佔GNP百分比（按要素成本計）		
	租金（%）	企業獲利（%）
1955-59	4.5	18.0
1960-63	5.1	17.9
1964-68	6.4	16.8
1969-73	7.6	13.2

資料來源：哈里森，1983年。

大、芬蘭、愛爾蘭、盧森堡、挪威、葡萄牙、西班牙和英國都採用以變動（短期）利率為主要基礎的房地產融資方式，他們會根據資金利率的變化做出明快的反應。不過，包括比利時、丹麥、法國、德國、義大利、日本、荷蘭和美國等國家則比較側重長期固定利率，所以對資金利率的反應較慢。

房地產市場的另一類循環驅動因子是一種類似正向回饋循環的東西，很多直接或間接被用以作為購買新房地產的擔保品，本身其實也是房地產。在這種情況下，當房地產上漲，抵押品的價值也會上升；因此屋主可以取得更多新資金。這是一種正向回饋循環，不過循環速度十分緩慢。當商用房地產所有權人正因空置率降低而感到欣喜時，也會發生類似的加速流程，這將使他們的獲利能力大幅升高，而獲利的大幅增加也使其公司的認知價值加倍升高。

房地產市場裡的第三個促進循環加速效果是心理狀況。想買房子的人，可能在看到房價上漲後認為如果不盡快買房子，將來會負擔不起房子的費用（後悔理論）。有些人則是認定房價上漲可獲得轉售利益而買房子，而這些人的行為將進一步刺激房價上漲。如果人們已淡忘上一次房地產崩盤的教訓（時間可能已經間隔一個世代，也就是大約二十年），那麼這種情緒性的加速效果最大。沒錯，確實有一些明顯證據顯示房地產具備固有循環特質，而這個議題的核心應該是：

- 當一般景氣循環因非關房地產市場的因素而翻轉向下時，房地產市場也傾向於下跌。此時，房地產市場的下跌是對需求降低與貨幣情勢趨於緊縮的落後反應，所以這種下跌走勢可能較溫和且短暫。在存貨與資本支出所引發的經濟衰退期間，房地產市場甚至還可能繼續上漲。

- 住宅用房地產的行為模式對希望帶領經濟走出衰退的各國央行非常有利。因為在央行實施寬鬆的貨幣政策後，房屋開工率將是首先出現反應的重要指標之一。接下來，房地產又會開始回應循環裡的其他事件，開始好轉。不過，儘管處於循環高峰時，住宅房地產市場卻只是跟隨GDP波動；但在復甦時期，卻會領先GDP上升。
- 儘管住宅型房地產可以立刻強化央行政策的效果，但商用房地產卻要等到稍後的階段才會開始回升。這類房地產的行為模式就像是最初貨幣提振政策的回音，回傳的速度十分緩慢。通常當央行不願意經濟進一步擴張時，商用房地產市場才會開始復甦。
- 雖然多數房地產會因需求和利率的變化而有所改變，但事實上，它也存在和供給不穩定有關的固有房地產循環。
- 固有房地產循環的演變速度非常緩慢，兩個高峰之間的間隔平均大約是十八到二十年。當這種固有循環達到其頂點後，傾向於在經濟體系其他部門開始下滑之前先走下坡；因此，這也是造成稍後經濟景氣下滑的因素。通常這些現象會演變成嚴重且較長時間的經濟衰退，甚至蕭條。
- 房地產循環翻轉向下時會產生三個主要的衝擊。首先，房地產跌價所形成的財富效果（大約4%，通常房地產價值約當2.5至3.5倍的GDP）是負面的。第二，房地產跌價意謂建築活動將減少，建築活動平均佔GDP的10%左右。最後，房地產循環反轉向下時經常引發銀行危機，有時候甚至演變成外匯危機，這些事件都將使負面衝擊更為增強。

換句話說，這代表固有的十八年期（平均）房地產循環實質上是由供給所驅動，而短期與較小規模的房地產波動只不過是因存貨循環與資本支出循環所衍生的總需求和融資成本變化的一種反應而已。

房地產循環與景氣循環理論

房地產循環裡也包含很多來自一般景氣循環理論的驅動因子。例如當總需求及利率因其他循環有所變動時，房地產也會有所反應，這讓我們想起拉格納・弗里希的「搖擺木馬」理論。另外，房地產市場也存在一種「毛豬生產循環」（hog cycle），也就是說，開發商汲汲營營想獲得需求上升的利益，但最後竟導致供過於求。熊彼得曾提出「創業家行為」的概念，他認為在最初始的脈動發生後，創業家將出現所謂的「群體行為」。另外還有所謂「過度投資」現象（杜岡－巴拉諾夫斯基），或奧地利經濟學派所主張的「錯誤投資」（malinvestment）等，結果都將導致擴張受阻，並形成資本錯誤配置與資本邊際效用降低（凱因斯）的情況。當房地產開發景氣達到最高點，我們又會聯想到密爾在1826年發表的《紙幣與商業災難》中所寫的意見：

> 每個算計著要搶先一步的人都有其競爭者，當他認為市場即將起飛時，一定會建立大量的庫存；這時就算不考慮其他人，光是他自己都會導致供給量增加。但是他卻沒有算計到當市場上的數量增加，遲早會發生跌價的問題——供給不足的情況很快就會變成超額供給。

我們也考量了所謂的金融加速因子等要素，也就是房地產被用來作為擔保品（伯南克）的影響，這種影響將引發金融不穩定（明斯基與金德伯格）。房地產價格上漲將吸引新的投機者介入（馬歇爾），而一旦房地產市場走下坡，情況將會非常可怕，甚至形成負債型通貨緊縮（費雪）、過度現金偏好傾向（奧地利學派）與流動性陷阱（又是凱因斯）。換句話說，房地產循環和景氣循環都是一種更迭（而且大多是毛豬生產循環），不過由於該產業的規模龐大，所以對經濟與金融面的衝擊將可能非常嚴重。

表23.6 住宅用房地產的領先指標與循環行為

房地產類別	領先指標	循環行為
• 小家庭（所有權人自住） • 公寓房東	• 貨幣供給額 • 利率 • 負擔能力 • 員工薪酬相對房價 • 房價相對GDP指數 • 在市天數 • 一個城市裡的尚未售出存屋數 • 出價／成交價比率 • 在市天數超過120天的房屋數 • 投資目的購屋的百分比 • 房貸申請數	• 率先反轉的類別 • 在衰退期間與成長初期，公寓的表現優於小家庭住宅 • 自住用部分價格波動性有限，但第二間房屋的波動性較大 • 交易波動性非常高

房地產與財富效果

凱斯（Case）、奎格利（Quigley）與席勒（Shiller）在2001年做了一份研究，他們針對股市與房地產崩盤的財富損失對支出減少的影響（即財富效果）進行比較。結果他們找不到股市的財富效果，不過房地產的財富效果卻非常明顯而且「慘重」：

> 股票市場的財富效果並不強，一般人一直以為有明顯證據可以證明股市的財富效果很強，但我們的研究結果並不支持這個觀點。不過，我們卻找到充分的證據，證明房地產市場財富的變化將對消費造成重大影響。

表23.7 商用房地產的領先指標與循環行為

房地產類別	領先指標	循環行為
零售 • 第一線的地區性購物中心 • 第二線的地區性購物中心 • 工廠暢貨中心 • 街坊與社區中心 • 複合式商場	• 貨幣供給額 • 利率 • GDP • 通貨膨脹預期心理 • 可支配所得總額 • 家庭財富總額 • 零售部門支出 • 零售銷售 • 新車登記數 • 空置率 • CAP相對利率的比率 • 租金成本相對房貸成本的比率	• 落後住宅用房地產，但（與旅館類一同）領先其他商用房地產 • 街坊與社區中心首動，在初跌段，複合式商場和第一線的地區性購物中心會跟進，而工廠暢貨中心和第二線的地區性購物中心在末跌段表現較佳
辦公室 • 市中心辦公室 • 郊區辦公室	• 貨幣供給額 • 利率 • GDP • 白領階級就業情況 • CAP相對利率的比率 • 租金成本相對房貸成本的比率	• 波動大約落後零售用房地產一年 • 市中心辦公室先達到滿租情況，並以此為循環的先驅 • 波動性高，尤其是比較不受青睞的房地產
工業用 • 研發空間 • 工業用倉庫	• 貨幣供給額 • 利率 • GDP • 工業生產值 • 零售銷售 • 產能利用率 • 製造業就業情況 • 運輸業就業情況 • 航空運輸量 • 鐵路與貨車運輸量 • 空置率 • CAP相對利率的比率 • 租金成本相對房貸成本的比率	• 與辦公室市場同步或些微落後

表23.7　商用房地產的領先指標與循環行為（續）

房地產類別	領先指標	循環行為
旅館與會議中心 • 旅館（全方位服務） • 旅館（有限服務）	• 貨幣供給額 • 利率 • 空運旅客數 • 接待旅客數或拜訪人數 • 空置率 • CAP相對利率的比率	• 較早波動，全方位服務的旅館為市場領導者，但在走下坡的階段，有限服務旅館的表現較好。 • 重要地點的旅館價格波動性有限，但住房價隨時都會改變
停車位	• 貨幣供給額 • 利率 • 新車銷售量 • CAP相對利率的比率	• 反映消費者支出，所以較早波動 • 波動性有限

總財富上升的土地

情況要到多糟才算慘重？我們已經討論過，在一般國家，房地產的總價值約當年度GDP的二至三倍，佔變動價格財富毛額的50%。我們也討論過，房地產市場的波動相當劇烈，最好的例子就是1990年代的日本，那是人類文明史上最荒謬的資產通貨膨脹走勢之一。從1986年到1988年，東京商用土地的總值上漲了一倍，當時整個東京的房地產總價竟超過美國所有房地產的總成本。到1989年年底，日本全國房地產總值已經超過美國房地產總值的五倍以上，且大約等於全球股票市場總值的兩倍。不過，那並非終點，到1990年時，日本所有土地的價值已經比全球各地的土地總值高出50%，當時光是東京一棟小家庭住宅就價值3,000到4,000萬美元，一張高爾夫球俱樂部會員證也值30萬美元。

當時資產價格飛漲讓日本人覺得自己很有錢，很多人也因為變得「很有錢」而大方的向金融機構大量貸款，利用這些資金在其他市場以高於所有人的價格標購其他商品。

下一章將討論收藏品，我們將會提及幾個在房地產市場賺到優渥財富的日本人（至少他們認為自己賺了大錢），他們到處以高價收購收藏品。

藝術品

我曾對將藝術品視為一種事業的作法不以為然，不過我已克服這種想法。

——瑪麗・布恩（Mary Boone）

時值1987年，藝術品與其他收藏品（如古董車、跑車與收藏錶）的市場正熱得發燙。自1985年以來，這些藝術品的價格和交易量多半大幅上升，而佳士德（Christie）、蘇富比（Sotheby）和數以萬計的藝廊、交易商和拍賣商的營運更是欣欣向榮。

很多人覺得這段黃金時期是從杰・古爾德的收藏品進行拍賣後展開。杰・古爾德生前將他從鐵路和黃金投機炒作上賺到的一部分錢投資到藝術品。一直到1985年4月，他的繼承人一口氣從這些收藏品中挑出了一百七十五幅名畫，委託紐約的蘇富比代為拍賣。當時，全世界大約有四十萬個活躍的藝術品收藏者（指一年至少花費1萬美元在藝術品上的人），其中大約只有兩百五十到三百五十位「非常大」的收藏家（收藏品金額達數百萬美元以上）。不過，拍賣會上的觀眾向來都是老面孔，而且其實絕大多數負擔得起昂貴藝術品的人從不踏進拍賣公司一步。然而，古爾德的收藏品吸引了比往常更多的觀眾，但這並不僅是因為觀眾人數逐漸增加，也是因為買家的可支配資金增加。那時蘇富比拍賣會的買家可以向該公司借出約當購買總金額的錢，期間可達十二個月，而賣方可以事先收到預估銷售總額的一部分資金。不過最大的改變是：許多超級富有的日本人開始出現在拍賣場上。

名畫《向日葵》的賣出

1987年1月，佳士德宣布有人委託該公司出售全球最知名的鉅作之一《向日葵》(*Sunflowers*)，該畫將在梵谷生辰3月30日當天賣出。剛收到這幅畫時，該公司估計這幅畫價值約500到600萬英鎊。但幾經思考後，他們改變主意，把價格抬高到比前述數字高一倍左右的水準。接下來，就在拍賣會舉辦的數個星期前，英國政府以1,000萬英鎊買進了由約翰・康斯塔伯（John Constable）所畫的《史特拉福磨坊》(*Stratford Mill*)。這個發展讓佳士德的員工再度陷入長考：如果「那」幅畫能以「那樣的」價格賣給「那位」買家，那麼世界各地的博物館會願意用什麼樣的價錢買下《向日葵》？這個想法不僅令人士氣大振，也令人恐懼。振奮的理由是《史特拉福磨坊》的交易進一步確認當時確實是強勢市場，但令人憂心的是，根據稅法規定，如果要讓賣方在拍賣場上取得約當稅後1,000萬英鎊的收入（和賣給博物館相等的價格），《向日葵》的售價必須達到1,500萬至1,800萬英鎊。所以，除非這幅畫確實能賣到這個價錢，否則人們會認為賣方沒有得到良好的建議，應該直接私下把畫賣給博物館。在拍賣會舉辦前的幾個星期，佳士德估計售價應該是「1,000萬英鎊，可能更高……或可能高很多。」

在拍賣當晚，整個房間擠滿了人，氣氛相當緊繃。這幅梵谷名畫能創下紀錄嗎？拍賣官歐索普（Charles Allsopp）從500萬英鎊的開價開始喊起，這個數字和一開始的估計數字相近。很快的，下一個出價出現，是550萬英鎊，接下來是600萬英鎊、650萬英鎊。現在，價格已經超過原始估計值，但是還有很多出價者在場，有一些待在主廳，有一些在廂房，另外還有人透過電話出價。

下一筆出價金額是700萬英鎊，接下來是750萬。

800萬

850萬

900萬

950萬……

現場就這樣繼續進行著，當這幅畫作的出價達到2,000萬英鎊時，現場迸出了自發性的掌聲。2,000萬！但……還有兩個人尚未出價。佳士德的兩名員工負責接聽這兩個不知名投資人的電話出價，最後，價格喊到2,250萬英鎊，其中一個出價者放棄，於是這幅畫以藝術品前所未有的天價賣掉了，成交價是2,250萬英鎊，外加10%的佣金，總價一共2,475萬英鎊！幾天後，買家的身份被揭露，是日本安田火災與海上保險公司，另一個出價者則是澳洲房地產大亨亞倫·龐德（Alan Bond）。

《向日葵》的成功在市場引發強烈效應。三個月後，梵谷另一幅比較不知名的畫作《頂奎特爾橋》（*Le Pont de Trinquetaille*）又以1,260萬英鎊賣出，那次亞倫·龐德的出價又是次高的。此時，人們已經開始期待又有哪一幅畫會締造新高紀錄。

那年夏天，刷新天價的畫作出現了：佳士德宣布將出售梵谷的《鳶尾花》（*Irises*），大家對這幅畫的評價更高於《向日葵》。拍賣會預定在1987年11月舉辦，如果一切順利，這幅畫也許會再次創下世界紀錄。但接下來卻發生了黑色星期一股災，如果藝術界的專家們對於先前的成交價有那麼一點疑慮的話，此時應該會很擔心才對。藝術市場會不會也崩盤？或者這些相對少數的玩家根本不把黑色星期一看在眼裏，照樣慷慨出價嗎？

多頭市場

星期三時，第一個蛛絲馬跡浮現了，佳士德舉辦一場珠寶拍賣會，拍賣過程出奇順利，大出眾人的意料。接下來，星期五賣出一本書，是《古騰堡聖經》（*Gutenberg Bible*），它以590萬美元成交，是印刷書籍類的天價。所以，當梵谷的《鳶尾花》拍賣於11

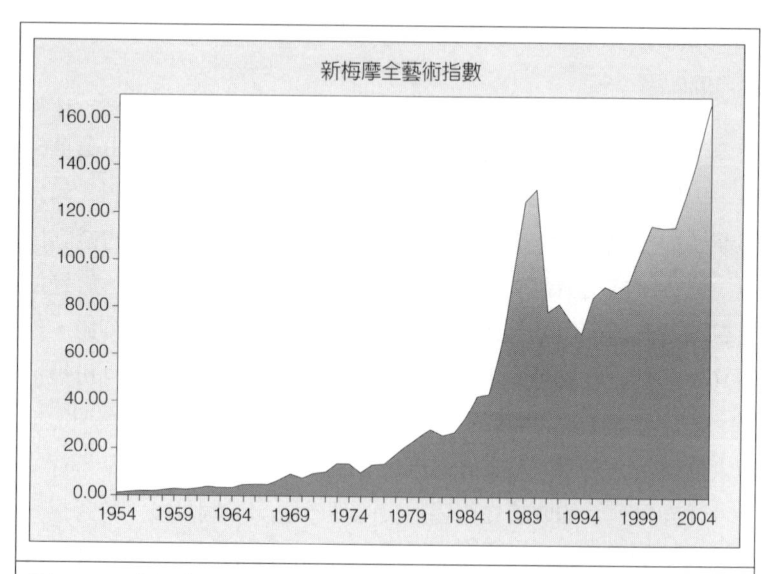

圖24.1 由紐約大學教授梅建平與麥可・摩斯共同彙編的梅摩（Mei Moses）全藝術交易指數。

資料來源：Beautifulassetadvisor.com。

月1日展開，市場雖然有疑懼，但也懷抱希望。畢竟，這幅畫也有可能創紀錄。當時一共有超過兩千人出現在拍賣會上，拍賣清單進行到三分之一時，《鳶尾花》出現了。雖然每個人早就認為情況會很不一樣，但當開價喊出後，大家還是能感受到每個人都同時倒抽了一口氣：

「1,500萬美元」

這個起價比起《向日葵》之前的行情，幾乎是過去成交價的兩倍（在《向日葵》拍賣之前），而且每次加碼至少100萬美元。在場所有人也都不知道底價（預設的最低價格）高達3,400萬美元，遠超過世界紀錄。不過，出價踴躍很快就超過底標，衝破4,000萬美元後仍一路飆高，最後一位喊出4,900萬美元才落槌成交。根據

Artprice的資料，這幅畫的價格含佣金一共是5,390萬美元。就像《向日葵》的拍賣會一樣，此時會場上爆出了如雷的掌聲。後來經證實，買家是亞倫・龐德。

非凡的兩個月

兩年後，藝術品的多頭市場依舊非常熱絡，當時蘇富比計畫舉辦一場拍賣會，其中第十六項商品是威廉・德庫寧（Willem de Kooning）的作品《交替》（*Interchange*），該公司估計賣出價大約是400-600萬美元。這件商品的出價是每次加碼20萬美元。不過當價格喊到170萬美元時，突然有一個聲音大喊：

「600萬美元！」

拍賣官皺了一下眉頭後才又繼續他的工作。究竟是誰直接從170萬跳到600萬？那是來自日本的龜山（Kameyama）先生。想當然耳，下一個出價理當是620萬美元，不過，下一個出價又壞了規矩，那是透過電話出的價：

「700萬。」

後續的出價又回歸每次加碼20萬美元的規律，一直到1,580萬美元時才出現轉變。龜山先生的競爭者是一位瑞典人亞佛瑞德（Alveryd）先生。這時，下一個出價又壞了規則：

「1,700萬。」

這是個錯誤，不過龜山先生並不是很專注。拍賣官發現後，以1,600萬接受這筆出價，不過，到1,680萬時，出價又直接跳到：

「1,800萬」

龜山先生顯然又完全失神了，所以這筆出價被修正到1,700

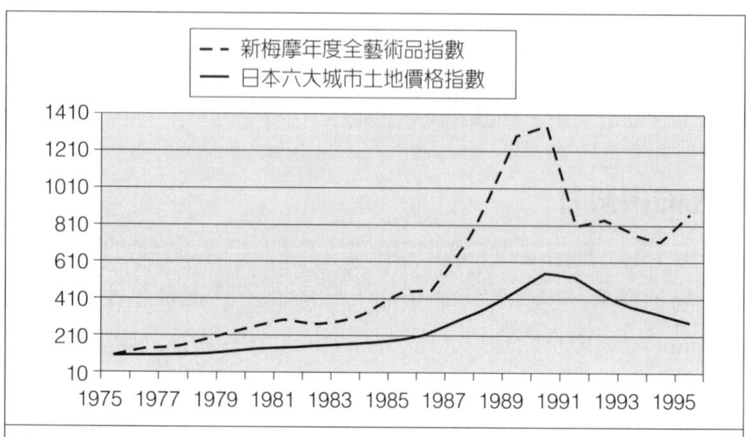

圖24.2 1975年到1996年間梅摩全藝術指數與日本六大城市土地價格指數。這張圖片顯示日本土地價格與全球藝術品價格間有相當緊密的相關性。

資料來源：Beautifulassetadvisor.com。

萬。最後，那位瑞典人放棄，龜山先生以2,070萬美元（含佣金）買下這幅畫。這種情況在1989年11月到12月間屢見不鮮，正是藝術品市場陷於狂熱的徵兆，很多日本銀行包括富士銀行、三菱銀行、第一勸業銀行與三井太陽神戶銀行都開始願意為畫作提供融資，貸款額度通常高達鑑價的五成。

這兩個月稱得上是藝術市場上最非凡的兩個月。當時，有超過三百幅畫作以超過100萬美元的價格售出，其中有五十八幅高於500萬美元。根據Artprice的統計，藝術指數從1985年年初至1989年為止共上漲580%，4年內上漲580%。真是了不起的市場！令人讚嘆的強勢！

昂貴的畫像

當然，1989年年底的聖誕假期對美國佳士德公司執行長克里斯多福・伯基（Christopher Burge）來說確實是非常愉快的。當時業務非常順利，而且他才宣布要出售另一幅梵谷畫作，可望在四年內三度刷新世界紀錄，這是有名的《嘉舍醫師的畫像》（*Portrait du Dr. Gachet*）。

佳士德估計那幅畫的售價大約會落在4,000萬到5,000萬美元之間，賣方也祕密定下了3,500萬美元的底價。當時全世界大約有十到二十個對這幅畫有興趣且有能力負擔這個價格的人，其中五位在美國、三位在倫敦（但全都不是英國人）、三位在瑞士，一位在德國、五至十位在日本。此時澳洲大亨亞倫・龐德已經失去參與資格，因為在他買下《鳶尾花》後，有消息揭露他的一部分資金奧援竟來自蘇富比。事實上，這個訊號對整個市場來說並不好，尤其他後來也無法湊足剩餘的資金，所以那幅畫後來又以一個「不對外揭露」的價格被轉售到博物館，「不對外揭露」意謂實際售價可能低

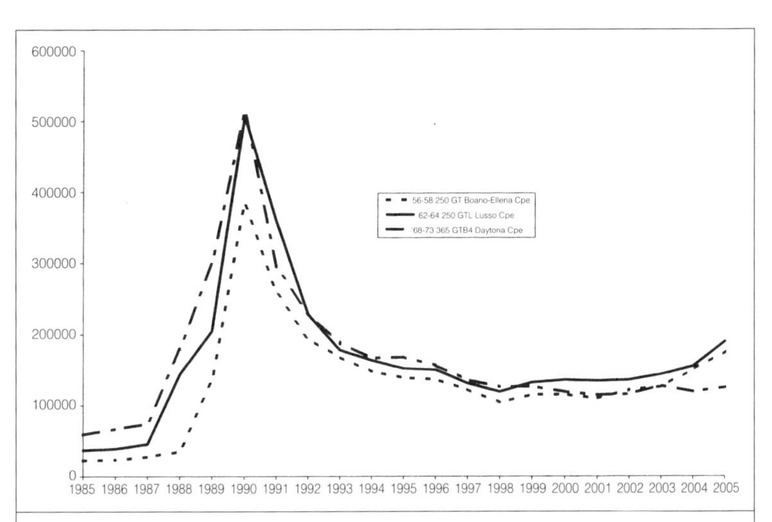

圖24.3　1985年到2005年間法拉利的價格。上等法拉利的價格大致和1987年到1990年間其他收藏品的價格漲幅相當（甚至超過），上漲大約1000%。

資料來源：Cars of Particular Interest.

於拍賣成交價。另一個負面的因素是聖誕節過後，日本股市作頭向下，而且正快速下滑。最後在1990年的前幾個月裡，在歐洲舉辦的幾場拍賣會結果只能用「慘敗」來形容。幸好並非所有消息都那麼糟，1990年1月起，有一個名為「丸子企業」（Maruko Inc.）的房地產公司開始在東京公開銷售某些名畫的合夥權，包括雷諾瓦（Renoir）、畢卡索、莫迪葛利安尼（Modigliani）以及夏卡爾（Marc Chagall）等人的畫作。根據規劃，將來這些畫作重新出售後，每個股東都能收回一部分的資金。

當時，收藏品的繁榮景象達到全面化且全球化的境地。任何可以歸類為收藏品的東西都受到這股狂熱的牽動。舉個古董車和跑車的例子，《跑車雜誌》（*Sports Car Magazine*）的創辦人凱斯・馬丁（Keith Martin）於1990年在紐約買了一部法拉利Daytona跑車，當時他也感受到這種不尋常的市況。不過，其實那並不是一輛車，而是……一輛車的「遺體」。那輛車早就完全被燒光，甚至連汽化器都被融化了，但他卻順利以115,000美元賣掉這部車。接下來是一堆破銅爛鐵，它「曾」是一部Alfa 6C2500，馬丁在一個穀倉裡發現這部「車」，並用25,000美元買下它。當他用牽引機把它拖出來時，牽引機裡還殘留了一大堆鐵鏽。不過，這不算什麼，他在同一天以5萬美元的價格把這堆殘骸賣給一個朋友，而他的朋友又在半個小時後以85,000美元賣掉它。這堆曾是一部「車」的破銅爛鐵，在一天之內價格狂飆了三倍。

邁向頂點

讓我們回到《嘉舍醫師的畫像》的拍賣上。根據排程，那幅畫預計將在5月15日的六點半舉行拍賣。時間到了，觀眾們陸續到場。在大門關上前，一共有一千七百人獲准進場，分別被帶到他們的座位。排在《嘉舍醫師》前面的商品一共有二十件，這些商品都還賣得不錯。最後，第二十一項終於登場，電視攝影燈光被打開，緊張時刻終於來到。

拍賣官以2,000萬美元的高價開盤，接下來以每次100萬美元的加價快速竄升。喊價達到3,500萬美元（也就是底價）時，拍賣官推了推眼鏡，心想：至少這筆交易確定會成交了。不過，價格還是持續攀升，一直到4,000萬美元才稍停一下。其中一位出價者顯然三振出局，那麼，這就是最後一個出價嗎？

並不是。突然間一個站在大廳後方的日本交易商舉起手來。下一個出價者是瑪麗亞・蘭沙真（Maria Reinshagen），她是蘇黎世佳士德的員工，她的一個客戶透過電話出價。當價格達到5,000萬美元時，掌聲如雷響起，但爭奪戰並未稍歇，價格穩步走高到6,000萬、7,000萬、7,100萬、7,200萬，接下來是7,300萬美元。現在又輪到瑪麗亞了，她和電話那頭的客戶竊竊私語了很長一段時間。接下來，她舉起手臂，喊出：

「7,400萬美元。」

不過小林（Kobayashi）先生並未放棄，當他喊出7,500萬美元的價格後，在場的觀眾都注意到瑪麗亞拿著電話，聽的時間開始比說的時間多。最後，她抬頭看了看，搖搖頭。不管電話那頭的出價者是誰，總之他放棄了。於是，這幅畫由小林先生以7,500萬美元買下，加上佣金一共8,250萬美元。短短兩天後，他竟然又以7,100萬美元的成交價加佣金，買下雷諾瓦的《煎餅磨坊的舞會》（*Au Moulent de la Galette*）。

後來經披露，真正的買家是大昭和紙業公司（Daishowa Paper Manufacturing）的社長齊藤了英（Ryoei Saito），估計他當時的財富大約有7.7億美元。他收到這幅畫時，只隨便看了一眼就直接把它送到儲藏室。這幅畫後來大多數時間也都擺放在一個被布覆蓋著的夾板盒裡。不過至少他還看過這幅畫一次：有一次他把這幅畫送到著名的吉兆餐廳，用來「款待」一位來自蘇富比且眼光獨到的訪客。

崩盤

那一次的拍賣記錄創下市場高峰後，很快的，收藏品價格和成交量同步大幅萎縮，在接下來兩年內，ArtPrice指數下跌了約50%，無論以何種標準來看，這都是非常大的跌幅。當這個清理期結束時，大家才逐漸認清日本買家的重要性。日本人不只以驚人的天價買下《向日葵》、《交替》和《嘉舍醫師的畫像》這三幅畫，飛鳥國際公司（Aska International）的所有人森下裕道（Yasumichi Morishita）也投資了3.84億美元在一些印象派與後期印象派畫家如雷諾瓦與莫內等人的畫作上，包括1989年秋天，他在紐約一場拍賣會上一舉投資1億美元在100幅畫作的驚人之舉。另外，三越百貨以3,750萬美元購買了畢卡索的《特技演員與年輕小丑》（*Arcobat et Jeune Arleqin*），而日本賽車場業者Nippon Autopolis也以5,200萬美元購買《瑟亞瑞的喜宴》（*Les Noces de Pierette*）等。事實上，根據估計，超過1萬幅被日本人買走的名畫目前存放在銀行的保險櫃裡，因為這些畫作原本被充作抵押品，而隨著崩盤走勢一發不可收拾，這些抵押品也落到銀行的手上。

後來藝術品市場的表現不僅令人失望，簡直可謂悲慘。亞倫・龐德（《鳶尾花》的買主）的公司在1989年提報高達9.8億美元的虧損，後來被破產管理人接收。1992年時，他也因此以詐欺罪名被起訴，最後住進牢房。一年後，《嘉舍醫師》和《煎餅磨坊的舞會》買主齊藤了英也被起訴，罪名是企圖行賄官員，而他最後也破產了。

收藏品的定義

1987年到1991年間收藏品市場的興衰清楚說明了這個市場的確可能和股票與房地產市場一樣變得不理性。不過，在解釋相關原因以前，我們也許應該先為這些市場的商品下定義，此外也一併說明如何追蹤這些市場。

收藏品的定義

收藏品市場並不容易定義，以下為分類方式之一：

- 古代藝術（古代遺物）
- 美洲印地安人與非洲大洋洲人及哥倫布時代以前的藝術
- 亞洲與回教藝術
- 書籍與手稿
- 雜物
- 藝術品
- 家具與裝潢藝術
- 錶與手錶
- 汽車
- 郵票
- 錢幣

本章所提及的數據不包括珠寶和貴金屬，這部分將稍後分開討論。

收藏品通常簡稱「藝術品」，不過這個定義包含諸如收藏級的汽車與武器等，這些東西不見得是藝術品。不過，自古以來有能力創最高紀錄的收藏品都是純藝術品，某些個人和機構會追蹤這些收藏品的動態。最有名的藝術價格指數應該是梅摩全藝術年度指數、藝術市場研究、庫辛公司與加布利厄斯等。

相較於房地產或金融資產市場，收藏品市場的規模非常小。歐洲藝術品協會在2002年的一份研究指出：當年度全球藝術品銷售金額約達260億美元（以歐元計也大約是這個金額），美國佔其中的45%，英國則佔約20%。如果再加上酒和汽車收藏，拍賣級收藏品的總交易量大約是300億美元（不包含珠寶）。有了這個數字，我們就可以粗略推測收藏品總存量的估計數字。假設藝術品及其他高級收藏品平均每15年交易一次，代表2002年收藏品總金額是4500億美元，於是我們可以說這個市場的規模大約是0.3-0.6兆美元。這個數字當然很大，但如果和房地產、債券或股票比較，就顯得小多了。所以結論是：收藏品佔GDP比重大約是0.7-2.5%，大約是全球變動價格資產總毛額的0.3%。

循環驅動因子

上述觀點的重要結論之一是：儘管經濟景氣可能會影響到收藏品市場，但收藏品市場卻不可能影響到整體經濟情況。那麼，收藏品對景氣循環的反應又是如何？

首先，我們都知道主導收藏品市場的是「有錢人」，會出現在拍賣會場且對一幅畫作或任何其他高單價商品出價的人應該都很有錢。凱捷（Cap Gemini）公司和美林（Merrill Lynch）公司曾共同針對這個人口區隔進行一系列的年度研究，他們在2003年提出結論：全世界握有100萬美元以上金融資產者有830萬人，而這個族群一共控制了31兆美元的資產。這個估計值還不包括他們手上所持有的房地產和其他非金融資產。這些人被稱為「高淨值的個人」（High Net Worth Individuals, HNWI），所以假設這些人是收藏品市場的驅動因子似乎並不為過。

收藏品市場的等級不盡相同，我們稍後將會討論到最高等級收藏品的行為模式和其他等級些微不同。最高等級收藏品市場受到凱捷／美林報告中所謂「數千萬美元身價的超富富翁」所驅動（也稱為「極端的高淨值個人」〔Ultra-HNWIs〕），這是指至少有3,000萬美元可供投資的人。在2004年，此一類別共有大約77,500人。那麼，又是什麼因素促使這些具數千萬美元身價的超級富翁（像1991年以前的日本大亨）願意投資昂貴的藝術品？有三個可能的經濟動機：

- 潛在的財務利得
- 有形資產的安全性
- 分散投資

投資收藏品的其他重要驅動因素則和情緒方面的附加感受與效用有關：

- 美感所帶來的愉悅／情緒附加感受
- 社會名望

這些動機位於馬斯洛（Maslow）所謂「心理需求金字塔」的最頂端——當人們滿足了其他所有需求後，這類需求就會成為必須優先滿足的需要。人們會買的第一種資產通常是基本用途的設備，包括電冰箱、收音機、MP3和電視等，接下來是好看的衣服，再來才是汽車。這些商品雖稱為資產，但實用性也非常高。接下來。典型的消費者會考慮到退休基金，如果他們的財富持續增加，會開始存錢買房子住。如果財富繼續累積，則會開始分散投資到投機性較高的標的、更好的房子，甚至買第二棟房子。對多數人來說，需求階層的最高級是一些高價資產，例如非常昂貴的設備（遊艇、私人飛機等）和非常高價的收藏品（如名貴的畫作）。我們不難想像，當一個人覺得原本的投資獲利非常高時，他就會更快跨入最高的階級（見圖24.4）。

資產類別裡的收藏品

如果收藏品的持有期間非常長（尤其如果不考慮昂貴的交易、保險及保存成本），也可以被視為一種合理的資產類別。根據紐約大學教授梅建平（Jianping Mei）與麥可・摩斯（Michael Moses）的分析，獲利性最高的類別是低到中價位的藝術品。此外，若就投資組合觀點而言，收藏品也是不錯的投資標的，因為它和金融資產間的統計相關性並不高。蕨木投資公司（Fernwood Investments）計算了二十五年期間藝術指數和其他資產類別的相關係數，結果如表24.1。

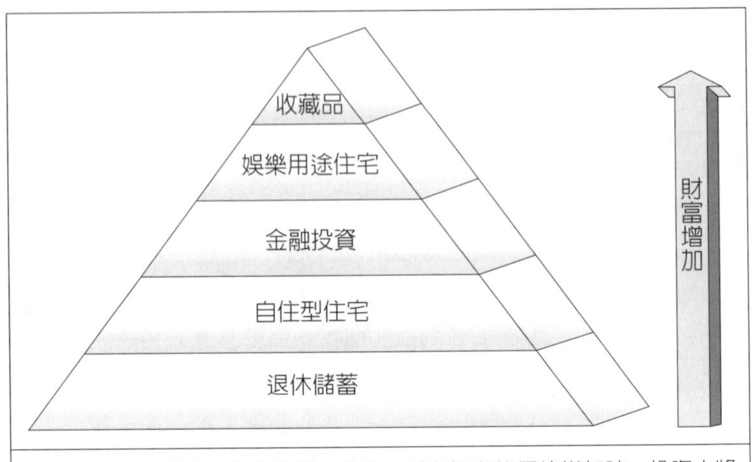

圖24.4 資產購買行為的階級。當前一層次投資的價值增加時，投資人將會加速往更高層次的優先投資標的移動，這一點都不難想像。

藝術品也是有形的，當投資人對其他資產類別失去信心時，有時可能會轉而偏好投資藝術品。舉一些例子：1913年到1920年期間（第一次世界大戰），美國和英國股票市場雙雙下跌6%，但梅摩藝術指數卻上漲了125%。1937年到1946年間（二次世界大戰），美國和英國股市分別上漲7%與持平，但同一段期間內，藝術品市場卻上漲30%。1949-1954年間（韓戰），美國股市上漲67%，但同時期藝術品市場卻大漲108%。在1966年到1975年的越戰時期，美國股票下跌27%，但藝術品價格卻上漲接近108%。當股市快速大跌時，藝術品市場的表現卻還是可圈可點，例如1987年10月，S & P500指數下跌31.54%，但藝術100指數卻上漲了2.86%。

收藏品與景氣循環

那麼，收藏品市場和景氣循環的關係又是如何？奧利維・錢尼（Oliver Chanel）的〈藝術品市場行為模式是可預測的嗎？〉（Is Art Market Behavior Predictable?）研究發現，英國、日本與美國的藝術

表24.1　1978-2003年藝術品與其他類別資產的績效相關性

資產類別	與藝術100指數的相關性（1978-2003）
S&P500（美國股票）	–0.029
美國10年期政府公債	–0.037
S&P黃金指數	0.035
英國FTSE100指數（英國股票）	0.055

資料來源：蕨木藝術品投資公司。

品價格通常會落後股市約一到四季的時間，他的結論是：

> 結果顯示金融市場對經濟衝擊的反應快速，所以從這些金融市場所獲得的利益可能被投資到藝術品。因此可將股票交易視為預測藝術品市場動向的先行指標。

這份研究於1995年發表，不過在2000年到2002年股市空頭期間，藝術品市場走勢卻和這份研究結果完全不吻合。這個問題的核心似乎是：當有錢人變得更有錢時（2000年到2002年間即是如此），收藏品的表現會比較好。在那段期間，不僅房地產價格大幅上漲，根據《世界財富報告》（*The World Wealth Report*）的估計，「高淨值的個人」的金融財富也是增加的。當有錢人更有錢時，就會有很多人有能力繼續向需求金字塔的更高層級移動。梅建平和麥可・摩斯從2002年起所進行的〈當藝術品成為投資商品與大師鉅作表現落後〉（Art as an Investment and Underperformance of Masterpieces）的研究便可印證這一點。研究顯示，當藝術品市場上漲，低價與中價藝術品的上漲速度最快；但在下跌期間，這類藝術品的跌速也最快。

1980年代末期的收藏品狂熱期，淨財富確實快速且大幅增加，其中以日本最為明顯，該國房地產總值遠超過全球各地其他所有房地產的總值。自然而然的，在某一個資產類別（以日本的例子而言，是指房地產）累積了大量財富的投資人，信心十足的進軍其他

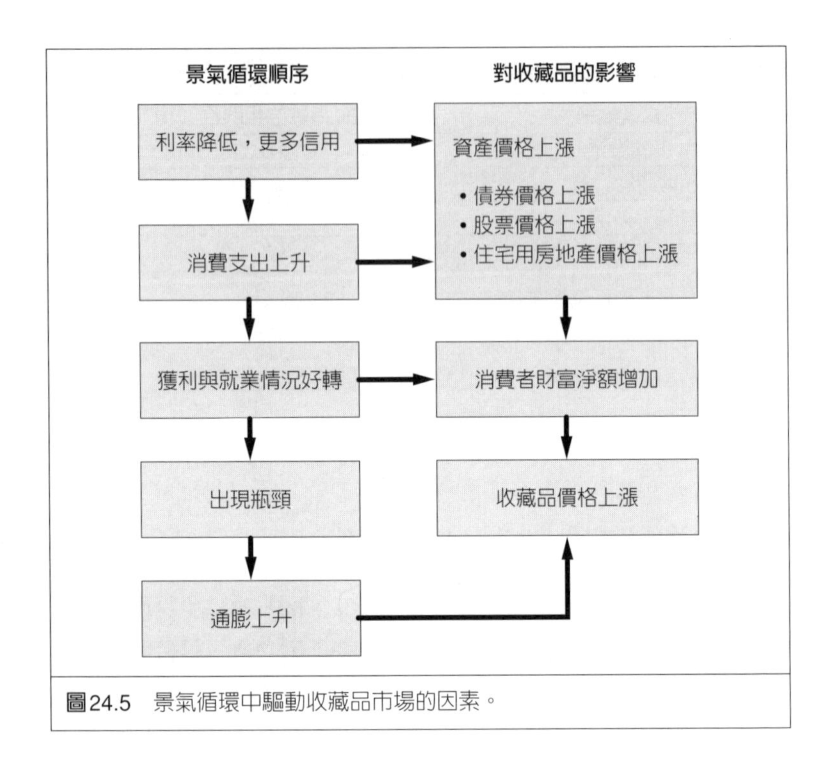

圖24.5 景氣循環中驅動收藏品市場的因素。

資產，有時候是為了分散投資的考量，有時候則是因為覺得自己有能力負擔這些商品。所以，我們的結論是：

- 當全球「高淨值的個人」的財富快速增加時，收藏品通常表現亮麗。
- 這通常發生在利率下降且經濟成長至少維持合理水準的時期。
- 收藏品和其他資產市場一樣，如果市場已經累積一段漲幅，投資人就容易在投機狂熱期受傷。
- 收藏品和房地產價格的相關性高，部分是由於房地產價格是決定「高淨值的個人」財富多寡的主要因素。
- 收藏品和股票的相關性低，不過其反轉點可能落後股市。
- 就非常長期而言，收藏品市場的表現比固定利率市場優異。

- 就非常長期而言，收藏品的表現比股票市場差。
- 中低價藝術品對景氣循環的反應最為敏感。

我們討論過，收藏品市場規模小，不過卻非常有意思，因為這個市場闡述了紐康公式中一個有趣的層面：等式右方的淨資產價值上升會讓很多人感覺自己的財富增加，而這種認知會引發更多活動，同時促使貨幣流通速度提高，並造就類似1990年的收藏品超級泡沫行情。在此之前十年也曾發生一樣的情況，不過當時的收藏品狂熱目標既不是名畫也不是跑車，而是黃金與鑽石。這兩個市場確實非常吸引人，我們將從數千年前一個煙塵瀰漫的市集說起……請詳見下一章。

閃閃動人的珠寶鑽石

探勘黃金和尋找菠菜，是大不相同的。

——威爾・羅傑斯（Will Rogers）

我只是想賺點錢。

——邦克・韓特（Bunker Hunt）

我從未恨一個男人恨到把鑽石還給他。

——莎莎・嘉寶（Zsa Zsa Gabor）

請想像以下這個場景：現在大約是西元前500年，我們身在阿拉伯半島的某處，前面坐著兩個想買賣一袋金粉的人。為了完成這宗買賣，這兩個人必須對袋子裡的黃金數量達成共識才行。於是，其中一個人把金粉放在一個等臂天平的左側，接下來，另一個人打開一個小袋子，在右側倒上許多角豆樹的小種子，直到兩邊重量相等為止。現在黃金和種子的重量已經一致。接下來，他們開始計算共有幾顆角豆樹種子，以便判斷袋子裡有多少黃金。就這個用途而言，角豆樹種子是很完美的單位工具，因為這種樹的每顆種子幾乎都一樣重。

以角豆樹種子為重量指標的作法似乎是地中海東部人所發明的，不過這個用法很快就流傳開來。希臘人也採用這種方式，而且他們還把樹帶到其他區域。在其他地區，角豆樹的豆子和豆莢一樣很受重視，不過它重量一致的小種子也十分重要，希臘人稱之為「卡拉遜」（keration）。隨著時間流逝，卡拉遜的說法逐漸變成「克拉」（carat），而這個名詞迄今仍舊是兩種最貴重的財物——黃金與鑽石——的單位。如果我們現在說一顆鑽石的重量是「一克拉」，代表它的重量等於一顆角豆樹種子，也就是現代的重量單位0.2公克。雖然這個單位至今依舊被用來描述鑽石的重量，但如果是用在黃金方面，克拉則變成代表黃金的純度。24克拉（24K）黃金的純度幾乎是百分之百，而較低的克拉數，如22、18、14或9克拉等，則混了一些銀、銅、鈀或白金的合金。24克拉的黃金非常軟且延展性極佳，事實上，其延展性好到可以製成約當本書內頁千分之一厚度的金箔。

黃金的發現

大約在六千年前，中歐和東歐地區的人似乎就已開始使用黃金，主要用以製作一些簡單的工具。目前最早的黃金珠寶發現於烏爾城（Ur）的蘇美人皇陵，距今約五千年。接下來是在埃及金字塔裡發現的壯麗工藝，包括法老王圖坦卡門（Tutankamen）的黃金面具；直到現在，這個面具依舊和三千五百年前製造出來時一樣閃耀與美麗。此外，黃金在三千二百年前秘魯的查文（Chavin）文化中也被用來製作藝術品，這些遺物迄今都保存良好。這是人類迷戀黃金的原因之一，它不會因為空氣、水或大多數溶劑而起化學作用。

這個特色也因此成為珠寶產業的大賣點，至今每年的黃金需求中，大約有80%用於珠寶飾品，8%為商業投資，剩下12%才用於電子業和其他工業用途。

黃金事業

黃金的耐久性很高，這是所有已開採黃金迄今都沒有消失的原因之一，當然其中難免有些黃金因補牙而耗損，有一些則耗用在玻璃塗層和電子產品上；另外，海底也多少有一些沈沒的黃金寶物。但無論如何，除了上述幾個情況，剩下的所有黃金幾乎都存在著，人類目前坐擁（也就是所謂的「地上庫存」）大約1.3-1.4億公斤的黃金，每年還陸續增加約260萬公斤左右。如果把這個數字換算為人均數字，以全球人口計算，現有黃金庫存大約等於人均20公克，年度生產量約當每個人0.4公克。和鋼鐵產量（人均150公斤）、鋁產量（4.3公斤）或銅產量（2.1公斤）比較起來，黃金的確相對稀少。

一個以黃金打造而成的高爾夫球大約重一公斤（當然不太容易使用），這顯示黃金的密度極高，所以只要一個18×18×18公尺（60×60×60呎）的貨櫃，就可以把全世界的黃金都裝進去。這樣一個貨櫃值多少錢？羅斯柴爾德男爵（Baron von Rothschild）曾說，他只認識兩個真正了解黃金價值的人，其中一個是巴黎銀行地下金庫的小職員，另一個則是英格蘭銀行的董事，不過這兩個人都不承認。所謂價值，向來都存在很大的討論空間，不過至少黃金的價格非常清楚。我們都知道，2005年的大多時候，黃金價格都在每盎司440美元上下游走，約當每公斤14,000美元。把這個金額乘以1.3億公斤，相當於1.8兆美元，也就是人均285美元。讓我們假設這個數字是1.6-2.0兆。把這個金額拿來和其他資產的價值（先前討論過，2004年數字）進行比較：

- 全球房地產市場：90-130兆
- 債券：44-55兆
- 股票：35-40兆
- 收藏品：0.3-0.6兆

所以，1.6-2.0兆大約是股票的5%，不過卻約為收藏品價值的八倍。另外，全世界所有黃金公司的總市值大約是1,000億美元（白銀公司的市值大約20億美元）。還有，究竟全世界的黃金是在誰手上？其中大約有3萬噸，也就是23%左右掌握在各國央行手上，主要包括美國、德國、國際貨幣基金會、法國、義大利與瑞典

（大致上按照持有數量的順序排列）。其他主要是一些私人持有的珠寶，包括手鐲、金錶、金條與金幣。猜猜是誰擁有這些黃金？有80%在美國、歐洲和日本嗎？

絕非如此！印度是全世界最大的黃金買主，接下來是美國與中國。此外，回教世界也買了不少，尤其是阿拉伯國家、土耳其和巴基斯坦。事實上，最令人驚訝的結果是：全球對黃金的需求中，大約80%來自中東和新興市場，光是印度的使用量就超過美國、歐洲和日本的總和。

白銀與白金

白銀與白金也同時會用於珠寶與工業用途。根據《2005年CRB原物料年鑑》（*The CRB Commodity Yearbook 2005*）的分析，白銀作為收藏品（珠寶、銀器與銀盤）用途的比例略高於7%，其餘的則用於照相材料、電子產品、電池、觸媒與其他很多用途。另外，大約有50%的白金都作為珠寶用，20%在汽車的觸媒轉化器，其餘的則是各種工業用途。

2003年的白銀年產量是18,700噸，白金是205噸，分別約當全世界人口人均3公克與0.03公克。在1980年代和1990年代，地上白銀庫存穩定下降，到2004年年終時，已降到一般估計的6億盎司左右（大約略低於2萬噸），約價值3.5-4兆美元。

被用來作爲貨幣的黃金與白銀

為什麼中東和新興市場會成為那麼大的黃金消費者？第一個可能的原因是他們將珠寶、黃金與金條視為一種安全的儲存財富方法。當然，過去黃金確實曾扮演這樣的角色，古埃及人就是將黃金使用於這種用途，當時的金幣稱為「錫克爾」（shekel），這大約是西元前3000年美索不達米亞發展出來的方式。後來，黃金逐漸成為中東地區的標準交易媒介。接下來，這個概念快速擴展開來，黃金遂成為全世界主要的貨幣形式，直到中國和約翰・勞先後企圖以紙取代它為止。事實上，在杰・古爾德和吉姆・菲斯克企圖操控以美元計價的金價時，黃金同時也是貨幣的基準。另外從西元前500年起，白銀也被當作貨幣，最初從土耳其開始，接下來慢慢擴散到希臘、波斯、馬其頓，最後是強大的羅馬帝國。

看來白銀、（特別是）黃金迄今依舊被視為某種貨幣，有時候，這種觀念並非完全沒有道理。已開發國家在1970年代遭遇嚴重的通貨膨脹問題，當時很多新興市場的爛政客推行法國奧爾良公爵那一套貨幣政策，人民迄今都無法忘懷那時的可怕遭遇（想想1970年代的智利）；此外，在1992-1994年間，南美洲發生貨幣危機，接下來東南亞、俄羅斯和阿根廷也分別在1997年、1998年和2002年發生貨幣危機。

當然，黃金和白銀也許還是可以作為一種貨幣，卻絕不可能再度成為唯一的貨幣。比較過黃金與全球GDP（41兆美元）或全球資產（170-220兆）價值後，我們的結論是：如果要讓全世界回到金本位標準，黃金價格必需大幅上漲才行，可是一旦如此，很多沒有金礦或黃金庫存國家的財富將被大幅轉移到一些幸運擁有金礦與金庫存的國家，而且會有大量精力被投注到新金礦的發掘上（當然也會導致環境污染加劇，採金礦不利環保）；再者，各國央行將再也無力因應景氣循環與打擊。所以，就現實層面看，黃金替代票據信用的時代早已遠去。沒錯，黃金是一種貨幣，但只具備互補的意義；當然，不可諱言的，它也是一種資產。這個問題值得進一步思考，不過我們將先討論經常和黃金與白銀相提並論的物體：鑽石。

女孩最好的朋友

地球表面底下充滿了碳原子，有一些在天然瓦斯中，有一些則在原油、煤或石頭裏面。不過，地底深處的環境非常酷熱，壓力也非常大，所以有時碳會轉變成一種全新且高密度的型態：鑽石就是這麼來的。當溫度達到1000-2000℃，壓力達到每平方公尺70萬噸時，就會產生鑽石。

鑽石成形後停留在原地數百萬甚至數千萬年，直到火山爆發時，才隨著地底深層的大量煙塵和火焰噴出火山口。此時，多數鑽石會遭到摧毀，其中有一部分深深沈入岩漿當中，熔化後再度分解成游離碳原子；另外有一些因為冷卻過慢而成為石墨，還有一些燃燒中的鑽石在地表遇到氧氣而蒸發成供植物呼吸的二氧化碳。不過，有一些鑽石的「運氣不錯」，這些鑽石雖到達地球表面，但並非暴露在空氣中，它們會快速（而非緩慢）冷卻。接下來，這種未受損傷的鑽石有可能像醜小鴨一樣，靜靜且長期躺在火山灰和火山岩裡，等待我們發現。

根據估計，人類大約從五千年前就開始挑撿鑽石，並利用它來製作珠寶。印度人最早開始正式開採鑽石礦，大約是在兩千四百年前，但歐洲人一直到西元1300年才開始知道鑽石這玩意兒，當時有人偶爾會撿到鑽石，並把未經切割的鑽石用於八面水晶上；這些「石頭」看起來有點像乳白色的玻璃，但僅止於此。不過，這一切到西元1600年時就完全改觀，當時有個寶石商人塔維尼耶（Jean Baptiste Taverier）去了六趟印度，他發現一個驚人的事實：蒙兀兒皇族（Mogul emperor）的切割鑽石收藏著實令人驚豔！他帶了超過44顆切割過的大鑽石和1,122顆小一點的鑽石回歐洲。此時，著名的太陽王路易十四成為塔維尼耶的最佳客戶。路易十四向他買了其中14顆大鑽石，附帶不少小鑽石。其中有一顆寶石特別搶眼，它的重量約當112顆角樹豆種子，而且是採所謂的「印度型」切割，這種切割法重在大小，而非閃耀度。1668年路易十四將這顆鑽石重新切割成更美麗的67克拉寶石。之後，這顆鑽石又再切割一次，最後成為著名的「希望之鑽」(Hope Diamond)，目前鑲在英國女王的皇冠上，迄今光芒依舊閃耀。

三顆重要的鑽石

「光之山」(Koh-i-noor) 是世界上最有名的鑽石，重達108.93克拉，文字記錄最早見諸1304年。而地球上最大的鑽石是1905年在南非發現的「庫裡南鑽」(Cullinan)，發現時重達3106.75克拉，最後被切割為530.2克拉的「非洲之星」(Great Star of Africa)、317.4克拉的「非洲之星二號」(Lesser Star of Africa)，以及104顆小鑽石。

不過目前全宇宙最大的鑽石和上述幾顆鑽石的重量完全不成比例，這顆鑽石是一個已經燃燒殆盡的「BPM37093」星球的地心，它看起來應該是一顆鑽石，重達100億兆兆克拉，也就是1後面再加上34個零。根據估計，這顆鑽石寬達4,000公里。不過，別期待它會出現在佳士德拍賣會，因為它距離地球50光年，和太陽一樣重。

現代鑽石配銷系統

現存的鑽石大都是近代在非洲、澳洲及加拿大發現的，這些鑽石出土後就送往評估，分成許多類別。戴比爾斯（De Beers）就把鑽石分類為16,000種。在剛發現的階段，所有鑽石看起來都像是無趣的玻璃小卵石，而且超過100萬顆裡只會有一顆超過1克拉；而1克拉以上的原鑽當中，每20顆只有1顆作珠寶用途，其餘都是工業用途。

篩選完成後，就進入第一次拍賣，全世界大約有一半以上的原鑽透過戴比爾斯公司位於倫敦所控制的中央統售組織（Central Selling Organization, CSO）出售給四個仲介商，而這些仲介商再於「看貨場」上將鑽石轉售出去。在看貨場上，受邀而來的「看貨商」以目視來挑選裝在盒子裏的鑽石，「看貨會」每五個星期舉辦一次。議價過程遵循一個古老而被尊重的原則：買賣隨意。不過，任意討價還價或光看不買的看貨商就不會再受到邀請。買下鑽石後，看貨商將寶石賣給擁有更大網路的交易商，其中大約有80%的銷售都在安特衛普（Antwerp）的四個鑽石交易所裡完成。

接下來交易商將安排鑽石的切割事宜，多數送到印度（最便宜且量最多的寶石）、中國、以色列與比利時（中等品質）或紐約（主要是一些特殊鑽石，也就是最好的鑽石）進行。切割過的鑽石將通過另外幾層的交易商，他們自有辦法找到最終使用者。所有過程都會導致鑽石一再加價，不過這也是為了讓鑽石找到搭配方式並滿足最終買主需求的必要成本。一顆鑽石可能在一天內轉手好幾次，在到達消費者手中以前，它可能已經有過十個主人。有一間名為拉帕波特（Rapaport）的報價服務公司會定期追蹤這個中介市場的情形，該公司會列出（幾乎）所有賣方的高價（但實際價格通常低於拉帕波特價格10-40%）。

鑽石的數字

行銷學有一個亙古不變的首要原則：多數行業的20%銷售量佔其銷售價值的80%。鑽石也一樣，一般認為只有20%的鑽石具備寶石的品質，但沒錯，這部分佔鑽石總價值很高的比重。另外有45%的鑽石被稱為「近似寶石」，在1970年以前，這些鑽石通常不會被用於珠寶用途。不過，由於現在印度磨光業者的成本效率非常高，所以很多這類「近似寶石」也能被用來製作一些較低價的寶石，利潤也相當豐厚。2004年全球鑽石珠寶零售市場的規模大約是700億美元，但寶石本身大約只佔180億美元。在全世界600億美元的鑽石珠寶銷售額當中，有近一半在美國成交，其中紐約第五十街和第四十七街的商家就處理了超過95%的進口鑽石。

這些鑽石在磨光完成但尚未鑲嵌前的價值大約160億美元，而交易商買進粗鑽（再進行磨光）的金額大約120億，最後，不含礦源的價值大約只略高於100億美元。鑽石只是眾多貴重／與半貴重珠寶用寶石中的一種，我們可以將鑽石和有色寶石，如綠寶石、紅寶石及藍寶石等進行比較。根據美國礦產局在2004年所做的估計，所有有色寶石的年度零售市場規模大約是100到120億美元（零售價），約等於0.01兆，所以可不予理會。

二次世界大戰剛結束的時候，全球的鑽石產量大約1,260萬克拉，到1960年代末期時，上升到4,000萬克拉；到了2004年，總產量已超過1.45億克拉（接近30噸）。如果其中20%屬寶石等級，45%為近似寶石等級，那麼大約有20噸的鑽石會被切割作為寶石用途。在切割的過程中。寶石會折損約50%的重量，這代表只有10噸的鑽石會以寶石的型態問市。鑽石和黃金一樣，都是「恆久遠」的（事實上鑽石也會朽壞，不過可能要花一百萬年的時間，真正「恆久遠」的是黃金），不過的確很難估計全部現有寶石級鑽石的總價值究竟是多少。我們可以猜想從二次世界大戰結束到2004年間，最終寶石的平均年度產量是一年4-5噸，這樣算來，大約有200-250噸寶石級鑽石在市面上流通，大概等於3,400-4,500億美元。這個數字牽涉到很多不確定性（例如長期以來，切割品質不斷改變），所以我們要用整數來取代前述數字，假設這個數字大約是0.3-0.5兆美元，相較於黃金存量的16-20兆美元。另外，我們也可以估計（純屬娛樂）若把這些鑽石全部集中起來，需要多少空間來存放。由於每立方公尺的實心鑽石重達35噸，所以假定每顆鑽石之間完全沒有空隙，那就需要一個70-100立方公尺的貨櫃，但如果是考量到實際的形狀，則可能需要一個150-200立方公尺的貨櫃，後者大約是6×6×6公尺（20×20×20英呎）的貨櫃。

接下來，買鑽石的又是哪些人？鑽石的買主和黃金的買主大大不同，大約有50%的鑽石銷售在美國完成，接下來是歐洲與日本（不過，中國與印度應該很快就會跟上）。

大多頭

驅動黃金、白銀與鑽石價格的因素為何？曾有數十年的時間，戴比爾斯公司一直企圖控制鑽石市場的訂價，大致上來說它是成功的。由於該公司善於管理大規模的緩衝庫存，同時適當的控制大盤價，所以鑽石產業一直處於平滑且穩定的環境中。不過在1977年到1982年間發生了一個重大事件，導致一些根本動力變得非常強大，也使得該公司失去控制價格波動的能力。事件發展到最後，安特衛普鑽石價格指數突然向上突破戴比爾斯在1977年所設下的目標區間，在3年內大漲400%以上，最後一波漲得更是又急又快。1979年1月時，安特衛普一顆原本價值2萬美元的無瑕鑽石在短短十三個月後大漲到6萬美元的頂點，也就是一年多上漲300%。不過後來崩盤的速度也很快，1982年1月時，一顆無瑕鑽石的價格又回跌到2萬美元。此一事件過後市場又趨於穩定，戴比爾斯公司好像又拿回掌控權。但此後，卡特爾的市場佔有率已逐漸下降，所以未來鑽石價格將更朝自然波動的方向發展。

1980年的鑽石泡沫正好發生在尼爾森・邦克・韓特（Nelson Bunker Hunt）企圖壟斷全球白銀市場的期間。此事件似乎由1970年開始發展，當時某石油王國繼承人韓特的一位友人到他位於德州的牧場拜訪。這位友人名為布洛斯基（Alvin Brodsky），當他們在廚房聊天時，他告訴韓特，他認為到隔年，目前放眼所見(廚房裡)的每件東西都會漲價。當時，全世界正處於嚴重通膨期的初始階段，這一切都應歸咎於各國央行誤信長期菲利普曲線。布洛斯基建議他，鑑於貨幣年年貶值，所以應該考慮把貨幣轉為白銀。因為韓特每年從利比亞拿到約3,000萬美元的石油利潤，所以他接受了這個想法，並在稍後開始買進白銀。

幾年過了，白銀價格還是相當穩定，但接近1980年時，白銀價格卻突然開始大漲。通常如果你想投資成功，一定會試著隱匿自己的意圖，以免引來競爭者。不過這時韓特卻改變態度，他不只因預期物價將上漲而買進白銀，似乎更想組成買家聯盟來操縱白銀價格，後來他找到位於沙烏地阿拉伯的夥伴。那時，他和夥伴組成的投資聯盟大量買進白銀期貨，等合約到期即買下實體白銀。

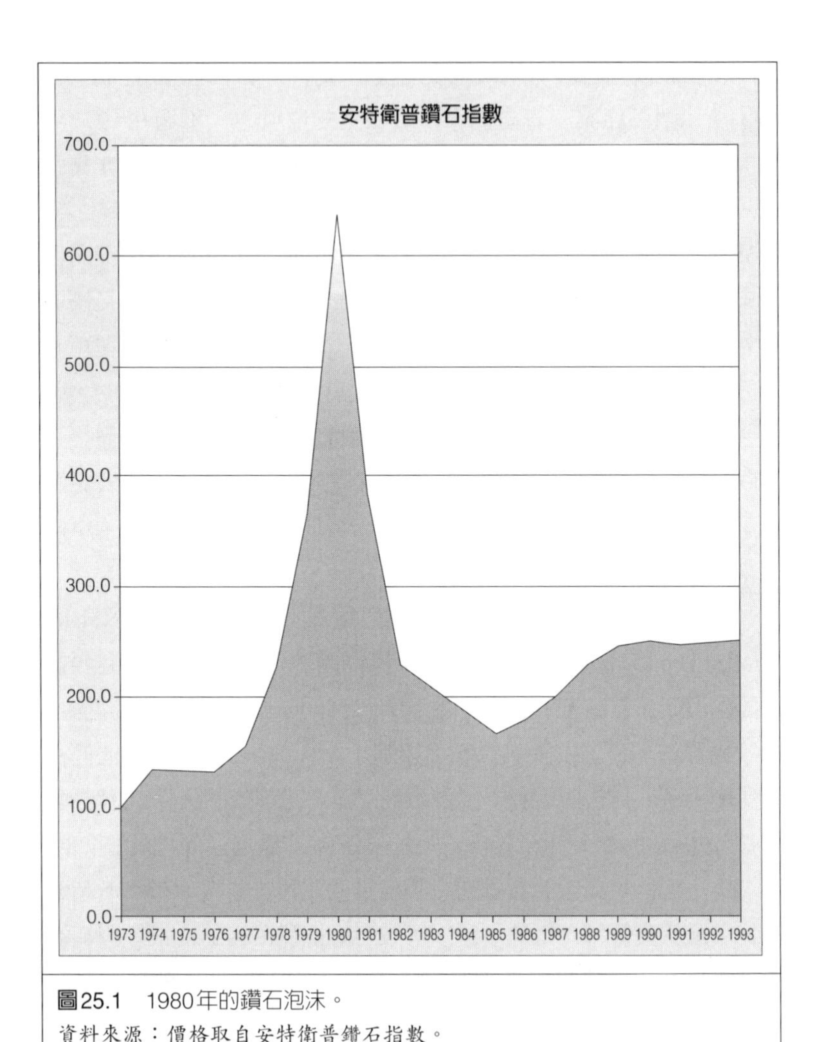

圖25.1 1980年的鑽石泡沫。
資料來源：價格取自安特衛普鑽石指數。

韓特並不是很信任美國的主管機關，所以他決定將超過125噸（4,000萬盎司）的白銀運送到瑞士。他在自己的牧場舉辦一場牛仔射擊競賽，贏家才能押送白銀到歐洲，為此韓特訂了三架波音707飛機。某天晚上，他把白銀和牛仔們送上飛機，飛過太平洋然後在蘇黎世卸貨。接下來，他和夥伴又開始買進白銀，買進數量和存放於蘇黎世的白銀一樣多。此時，白銀價格衝到極高點，不過這個聯盟最後在交易所主管機關的壓制下受到重創——當時各交易所不再允許建立任何白銀新多頭部位，有一個積極的央行甚至還開始提高利率來打擊通膨。整個炒作行情在1980年崩潰，韓特最後也在1988年宣告破產。

貴金屬、鑽石與景氣循環

1980年的泡沫淹沒了黃金、白銀、白金與鑽石（圖25.2）。不管形成泡沫的原因為何，這四個市場所發生的泡沫並非單獨只因為某個特定因素（如供給遭到干擾），真正的原因較可能是出於一般性的本質，龐大的投機需求突然在短期間內大幅竄升。讓我們來看

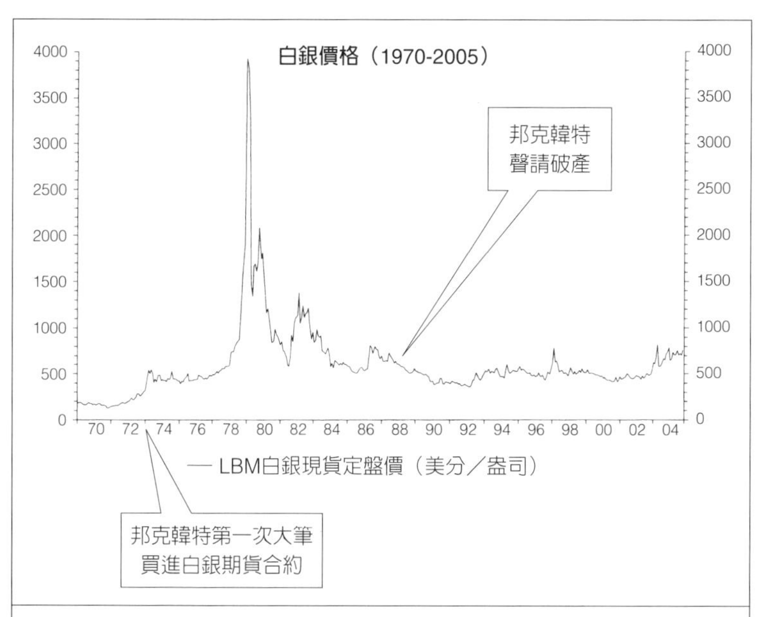

圖25.2　很多人可能會認為白銀泡沫和邦克・韓特及其合夥人積極買進白銀的作為有關，不過無獨有偶的，當時黃金、白金和鑽石價格也都大漲。
資料來源：Thomson Datastream.

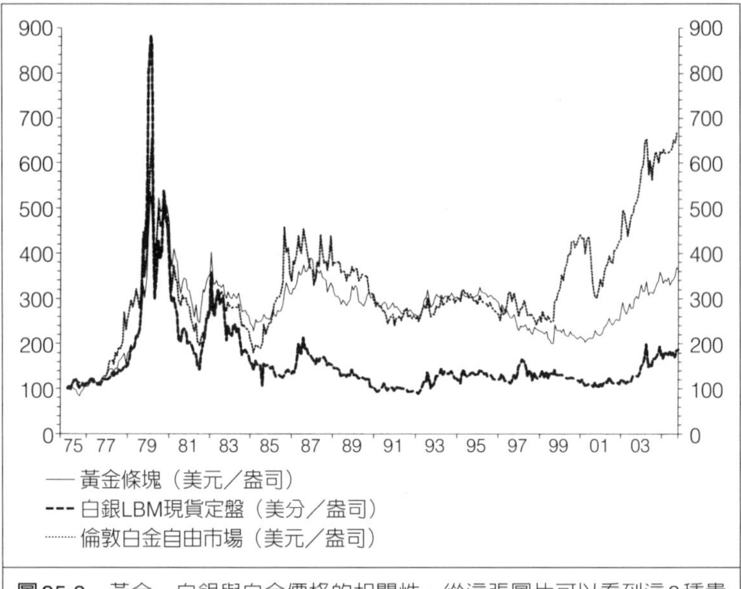

圖25.3 黃金、白銀與白金價格的相關性。從這張圖片可以看到這3種貴金屬在1980年時的連動性。資料來源：Thomson Datastream.

看這些原物料需求的公認循環驅動因子。

由於黃金市場的規模大且流動性很高，所以我們找到許多探究景氣循環對其影響的優異研究報告。先從艾爾文（Irwin）與蘭達（Landa）所做的一份研究開始，這份報告測試美國短期政府公債、長期政府公債、股票、房地產與黃金之間的相關性。他們的主要發現歸納如表25.1。

表25.1 黃金與其他資產類別的報酬相關性

	美國政府短期公債	美國政府長期公債	股市	房地產
相關係數	–0.53	–0.23	–0.15	+0.41

資料來源：艾爾文與蘭達，1987年。

表25.1裡的正數代表正相關，而此研究顯示黃金價格的波動和債券與股票價格的波動反向，這在投資操作領域是眾所皆知的事。不過，這份研究也顯示黃金與房地產之間呈正相關，我們必須重視這個事實。另一份由高頓（Gorton）與魯文霍斯特（Rouwenhorst）在2004年進行的〈原物料期貨的現實與虛幻〉（Facts and Fantasies about commodity Futures）研究，以國家經濟研究局1959-2004年正式明訂的景氣循環分類為基礎，檢視了原物料價格在美國各景氣循環中的波動情況。當然，原物料價格是全球性的，而美國景氣循環則是局部性的，在某些時期，各主要經濟體的方向當然可能有所不同。不過，各主要經濟體的景氣循環腳步相當有一致性，而且在這段期間，美國經濟大約佔全球經濟規模的三分之一。表25.2可以看出此一背景下貴金屬的表現，也可以明確看出黃金和白銀／白金的行為有著明顯差異。白銀和白金是大量使用於工業用途的金屬，而且地上存量相對較小，這可以說明為何這兩種金屬在擴張末期的表現那麼好，而在衰退末期的表現那麼糟（尤其是白金）。然而，黃金價格應該幾乎完全和供給流量與工業需求無關，它是一種保值資產，所以在低利率環境下表現最好。

表25.2 貴金屬在商業循環中的行為模式

	擴張初期	擴張末期	衰退初期	衰退末期
黃金	–1.2	4.1	–2.5	14
白銀	–2.0	13.9	–1.1	–0.2
白金	5.0	16.3	–2.5	–20.2

資料來源：高頓與魯文霍斯特，2004年。

循環的延續期間

我們在第16章討論過，可以利用赫斯特的重標極差分析法來測試週期性的時間序列。艾德加・彼得斯（Edgar Peters）在他

表25.3 黃金的領先指標

全球	印度	日本	美國	歐盟
• GDP • 工業國家產值	• GDP • 消費支出	• GDP	• GDP • 工業產值	• 工業產值

資料來源：金田礦業服務公司（Gold Fields Mineral Services Ltd.）。

1994年出版的《碎形市場分析：混沌理論在投資與經濟學的應用》（*Fractal Markets Analysis, applying Chaos Theory to Investment and Economics*）一書裡使用這個方法來分析1968年1月到1992年12月二十五年間的黃金價格。彼得斯找到兩個妥當的黃金循環訊號，其中一個平均四十八週，另一個是兩百四十八週。後者比較有趣，因為兩百四十八週是4.8年，接近存貨循環的平均延續期間。哈米許・崔迪（Hamish Tweedie）在1994年的《探索驅動金價走勢的預測方法》（*An Investigation into Forecasting Methods to Derive Gold Price Movements*）中也做過類似研究，崔迪檢視1966年到1994年間的黃金市場，其中金價經歷六次多頭和五次空頭，他的結論是：

> 總結來說，可能的結論是過去十五年來，金價走勢存在一種八十至一百天與兩百四十週的循環或長期的記憶／依存度。

我們注意到兩百四十週是4.3年，這更接近存貨循環的平均延續期間。那麼，黃金的領先指標又是什麼？崔迪測試了美國、日本和瑞士數個時期的經濟狀況以及原物料價格，他發現在這二十八年當中，上述很多因素都可以稱得上是前兩個黃金循環的良好領先指標，不過在整段期間內，只有四個因素是比較有用的領先指標：

- 美國的事求人廣告（平均領先十四個月）
- 美國的工業產值（十一個月）
- 美國的基本利率，與金價走勢逆向（二十八個月）
- 美國的放款與投資（十八個月）

金田礦業公司採用另一個看起來更準確的方法，該公司發展出一個利用表25.3當中各個指標來預測金價的模型。

這個方法非常有意義，因為它將印度和四個最大的經濟區域同時列入考量。

那麼，這些訊息所代表的意義是什麼？在做出結論以前，我們應該思考為何人們想買貴金屬和鑽石。我們已經討論過，黃金的地上總存量是現有寶石級鑽石價值的五倍、白銀存量的五十倍；此外，由於黃金的原物料定義非常明確，所以它可作為期貨和選擇權交易的標的，交易成本非常低。衍生性金融商品市場的全球黃金交易規模超過實體條塊交易規模的五十倍，這也代表黃金的交易規模可能是鑽石交易規模的幾百倍。

相對地，鑽石完全不具備明確的的原物料定義。我們也討論過，戴比爾斯公司將鑽石區分成一萬六千種類，每一顆鑽石都必須通過某種確切的專家檢證。當這些鑽石被用於珠寶用途（最普遍的用途）以後，情況變得更糟。好的二手鑽石珠寶通常是透過拍賣的方式交易，成交價不得超過Rapaport的寶石價格加上鑲嵌成本的75%，而鑲嵌成本往往高達鑽石價的35-50%。接著，賣方和買方也都必需支付佣金，這代表賣方最後實得的價格只有Rapaport價格的三分之一，若和市場零售價格比較，其比例甚至更低。相較之下，黃金是來自化學週期系統裡的一種原子，定義明確、交易成本低，而且是非常優異的投資工具；鑽石雖是一種讓人愉快的事物，是展現愛情、美麗或甚至財富的最佳方法，然而卻不是好的投資標的。

愉悅的原子

談到收藏品，我們發現人們會在能力範圍內購買能讓他們感到愉快的事物，所以「財富增加」是主要的驅動因子。鑽石市場比拍賣級收藏品的市場更大，例如戴比爾斯宣布，2005年時有80%的上海新娘收到鑽石婚戒（而且顯然這些人中會購買拍賣級收藏品的人絕對低於80%），所以鑽石的市場其實非常廣闊，只是購買金額的高低則主要取決於財富的成長情況。於是我們歸納出貴金屬與鑽石的四個需求驅動因子：

- 利率下降
- 股票價格上漲
- 經濟成長至少維持合理水準
- 房地產市場上漲

房地產市場應該是讓多數人財富增加的最重要因素，所以讓我們來看看這些資產在1979年到1980年鑽石泡沫期間的表現。答案非常簡單：在1975年到1978年間，很多國家包括英國和美國的房地產價格都大幅上漲，所以這一波房地產熱潮造就的財富成長顯然是驅動鑽石泡沫的關鍵因素，也是驅動黃金、白銀與白金的主要因素。不過，金價波動不能完全歸因於財富效果，因為購買黃金還有另一個動機：對貨幣的不信任。

據說黃金投資人是利用消去法來制訂決策，這也說明為何當債券與股票下跌時，黃金價格傾向於上漲，反之亦然。另外，人們依舊把黃金視為某種貨幣（正如其古老的角色）。在特定的通膨預期下，當人們認為短期利率太低時，黃金價格就會上漲。這表示在一般狀況下，當短期利率低於長期利率時，人們會比較偏好黃金，因為長期利率就是未來通貨膨脹的指標。換句話說，當所謂的「殖利率曲線」變陡，黃金就會轉強（所謂殖利率曲線是相同信用等級但到期日不同之債券的利率水準，所造成的一條線。當短期利率遠低於長期利率，這條線的斜率就會變陡；但當中央銀行升息，曲線就會趨於平緩，而當緊縮政策達到臨界點時，這條曲線就會逆轉）。結論是：驅動貴金屬與鑽石價格走勢最重要的循環因素是：

- 經濟成長（高成長為正面）
- 房地產循環（價格上漲為正面）
- 實質短期殖利率（低殖利率為正面）
- 殖利率曲線（殖利率曲線較陡為正面）

經濟成長帶來合理的就業保障，工作有保障讓民眾更有信心。房地產循環是決定財富多寡的主要長期驅動因素，故對鑽石尤其重要。實質短期殖利率是黃金的主要驅動因素，因為黃金交易多數透過期貨進行，而且黃金也（可能）被視為孳息貨幣的替代品。當實質短期殖利率很低時，黃金無法「孳息」的機會成本也相對較小。最後，殖利率曲線反映當前的資金利率和未來的通膨預期心理，所以當殖利率曲線變陡時，黃金就會被視為紙幣的替代品。當經濟進入循環性下降期時，殖利率曲線就會變陡。循環性下滑的早期階段通常也會發生通貨膨脹上升與長期債券利率上升的情況，而央行會很快讓短期殖利率下降，這正是股票與債券下跌時黃金傾向於上漲的部分原因。結論歸納如表25.4。

表25.4　貴金屬與鑽石與其需求驅動因子的關係與行為

	貴金屬	鑽石
經濟成長	領先指標，尤其是OECD的經濟成長	領先指標，尤其是印度、回教與其他新興國家的經濟成長
房地產循環	領先指標，尤其是OECD的房地產循環	領先指標，尤其是印度、回教與其他新興國家的房地產循環
實質短期殖利率殖利率曲線	低殖利率有利多頭 殖利率曲線上升為領先指標，尤其是OECD	相關性低 相關性低

另外，還有一點值得強調，黃金並不需持有直接部位。買進金礦股也是另一種形式的持有黃金。在低通膨期間，這些股票的表現通常會超過黃金，不過如果結構性通膨較高，金礦股就比較差。

房地產、收藏品、貴金屬與鑽石循環的比較

- 最適合用來形容房地產循環的是固有的，且由供給所驅動的「毛豬生產循環」，這種循環也能驅動整體經濟情況。
- 收藏品、貴金屬和鑽石的循環是需求驅動的「實質循環」，主要反映民間財富的改變。不過這些市場的規模太小，對景氣循環不會形成有意義的影響。
- 貨幣情勢——尤其名目利率的變化和實質利率的絕對水平是驅動以上所有市場的直接驅動因子。
- 貨幣情勢也是收藏品的間接循環驅動因子，貴金屬和鑽石則為房地產價格與其所帶來的財富所影響。
- 以上所有市場的泡沫通常每隔十五年發生一次，因為人們需要時間來忘記上一次崩盤的傷痛。所以，這當中也存在一個「泡沫輪替」的傾向，例如貴金屬／鑽石的泡沫發生後，將會發生收藏品泡沫，接下來則是房地產或貴金屬／鑽石泡沫。

用來製作各種物品的原物料

礦坑就是地上一個洞，上面站著一個騙子。

——馬克・吐溫（Mark Twain）

要建立一個完美的投資組合，箇中門道不僅要尋求高報酬，也要兼顧穩定性。很多大型投資人藉由投資多種高差異性的資產類別來達到上述目的。例如以下是耶魯大學基金2004年6月的資產配置目標：

股票	30.0%
債券	7.5%
避險基金	25.0%
私募基金	17.5%
實質資產	20.0%
合計	100.0%

這樣一個投資組合模型真的很有意思，因為股票和債券這類最傳統的投資類別只佔大約37.5%。另一個有趣的現象是：無論景氣榮枯，這個基金都能創造非常穩定的報酬，其中一部分原因是避險基金（佔總部位的百分比頗高）很擅於感測經濟危機，另一個原因是它持有很高比重的實質資產，實質資產多半是房地產或農田與林地，但也可能是原物料期貨。

當然，在日常生活當中，原物料可謂無所不在。表26.1是部分原物料全球每年每人平均產量。

表26.1 原物料2004年全球每人平均消費量（單位：公斤）

能源	紡織、穀物、軟性商品	工業品
原油：562	玉米與玉蜀黍：110	水泥：277
煤：13	稻米：93	粗鋼：150
	小麥：97	鋁：4.3
	黃豆：36	銅：2.1
	糖：22	鋅：1.5
	柳橙：7.8	鉛：1.1
	棉花：3.3	鎳：0.2
	咖啡：1.1	
	橄欖油：0.5	

資料來源：原物料研究所，2005年。

表列絕大多數是食物，另外還有能源以及城市裡放眼可見的鋼筋和水泥等。若以原物料期貨交易的角度來看，則情況大不相同。首先，期貨市場中鋼鐵和水泥的交易規模非常小，這些商品主要並不在金融市場中交易。期貨市場中交易最頻繁的原物料包括：

- 能源（原油與天然氣）
- 工業品（原木等）
- 紡織品（棉花、羊毛等）
- 牲畜（活牛、活豬、豬腩）
- 穀物（玉米、小麥、飼料用穀物、稻米、黃豆等）
- 軟性商品（可可、咖啡、柳橙汁等）
- 工業用金屬（鋁、銅等）
- 貴金屬（黃金、白銀、白金、鈀金）

凱因斯的發現

早期最有名氣的原物料投機客非凱因斯莫屬。1923年時，他在《曼徹斯特守護者週報》（*Manchester Guardian*）上發表一篇名為〈原物料面面觀〉（Some Aspects of Commodity Markets）的文

原物料市場的追蹤

最常用的原物料指數是路透社—CRB指數、高盛原物料指數、道瓊—AIG原物料指數與羅傑斯國際原物料指數。

章，在文中解釋了他涉足這個市場的其中一個原因。假定你此時想以100美元購買一種原物料，但你卻在期貨市場買進將於十二個月內交割的這項商品，那麼你（顯然）應該預期到賣方會向你收取未來十二個月內持有這些商品的倉儲／財務成本，假設這些成本是5%；那麼可預期的，這項商品十二個月期的期貨價格理當是105美元，這5%的溢價被稱為「正價差」(期貨升水)。不過，就實務面來說，未來價格卻經常低於現貨的實際價格，這稱為「逆價差」(貼水)。

凱因斯指出的就是這種「逆價差」的結構傾向。市場上多數賣方都是原物料的生產者，他們希望提前出售這些商品，以便規避不必要的風險，而這也意味多數買方應該是投機者。市場上之所以會產生「逆價差」，主要是因為有風險報酬，投機者才願意冒險。這種情況極為正常，所以凱因斯稱這種逆價差為「正常逆價差」；這也說明在市場當中，一個優秀投機者的完美角色理當是：承受風險並提供流動性，扮演類似保險公司的角色。

耶魯大學國際財務中心的高頓與魯文霍斯特在2004年發表的一份研究〈原物料期貨的現實與虛幻〉中提到，「正常逆價差」確實存在，長期而言，它也對原物料期貨的報酬有很大貢獻。事實上，正常逆價差的貢獻確實是過去四十三年來原物料投資組合（以展期換新約計算）的平均報酬率超過債券，且和美國股票報酬率不相上下的重要原因。原物料期貨績效遠高於現貨市場，而現貨的表現甚至比通膨低。不過，我們必需關注和逆價差有關的三個議題。首先，逆價差在能源期貨市場是一種常態。當市場上出現實質供給短缺時，工業原物料傾向於出現逆價差，也就是說，逆價差市場出現時代表未來價格將下跌。

第二個議題是逆價差隨時可能轉變為「正價差」。1993年時，德國金屬工業集團（Metallgesellschaft）認列了13.3億美元的帳面虧損，原因是它的美國子公司MGRM以固定價格賣出五年與十年期的原油定價遠期合約，為數一共1.6億桶，接下來，該公司又透過購買短期期貨合約的方式避險。他們希望在短期合約到期前完成展期動作，藉此將逆價差的利益套現。不過，到1993年底時，市場走勢竟和他們的避險部位唱反調，現貨價下跌，於是市場轉為「正價差」狀態。這個發展導致他們被迫補繳高額的期貨合約保證金，金額甚至比原先想要避險的那筆交易還大。

第三個有關逆價差的重要問題是：大約從1995年開始，愈來愈多避險基金在原物料市場從事投機操作，這些操作可能是導致正常逆價差縮小的原因，因為很多避險基金都想追逐逆價差的利益。

循環時機

逆價差是人們「作多」原物料期貨交易的原因之一，而另一個原因是原物料期貨價格傾向於比股票價格更慢達到高點，這也代表同時有投資股票和原物料的投資組合比單獨操作其中一種標的的投資組合更為穩定。高頓和魯文霍斯特研究了原物料期貨在股票不佳時的表現。他們首先挑選股市表現最差月份中排名前5%的部分，股價平均下跌9.18%，但原物料價格平均上漲1.43%。原物料的表現的確相當好，事實上，原物料在這些月份的表現也比所有月份的平均報酬率0.88%來得高。接下來，這兩位經濟學家縮小範圍，只觀察股市表現最差的前1%月份，結果分歧更為顯著：股票平均跌幅13.87%，而原物料平均漲幅卻達2.32%。

這讓我們注意到原物料的另一個特質。我們討論過，1960年時曼德布洛特在哈佛大學的黑板上發現一個兩邊尾端非常肥厚的鐘型圖，他也發現這個圖代表棉花月報酬率的分布情況。高頓和魯文霍斯特曾就許多原物料綜合指數的厚尾型態進行分析，並以之與股票做比較，結果發現一些很有意思的事：股票的厚尾趨左，而原物料的尾端則趨右，這意味股價異常強烈的走勢通常是下跌走勢，但原物料價格的異常走勢卻通常是上漲的。換句話說，對股票投資人來說，意料外的發展通常是負面的，但對原物料的多頭來說，卻是正面的。

因此，要把原物料期貨列入投資組合的三個理由是：正常逆價差、和債券與股票的相關性低，及偏向上漲的波動性。不過原物料佔投資組合的比重不宜過高，目前原物料市場規模約佔GDP的2.5%，雖然當資本投資大幅竄升時，這個百分比會上升，但上升幅度似乎有限。比較重要的問題是：能否在不同景氣循環中精確掌握建立原物料投資部位的時機？很多原物料如穀類、牲畜與紡織等都與非耐久消費品有關，所以和景氣循環的連動性並不強烈。和景氣循環關聯性較高的原物料是使用在大型且景氣循環性強的產業，

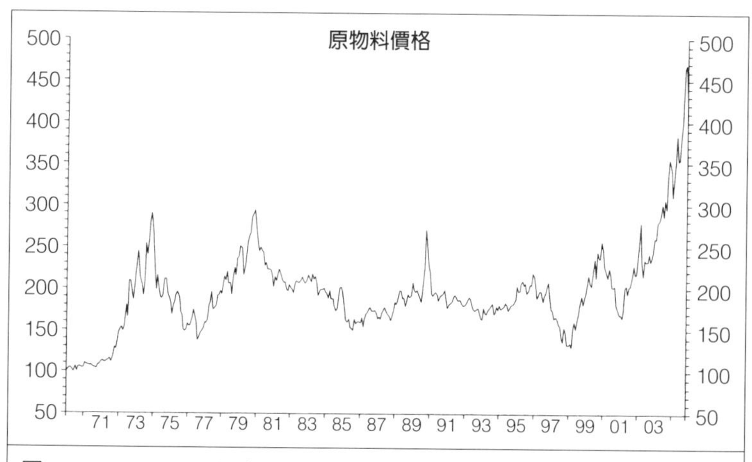

圖26.1　1970-2004年高盛原物料指數。

資料來源：桑頓資料庫。

如房地產建築、資本支出和汽車業。先來看房地產建築，我們將分析為何這個產業會成為某些原物料需求的循環驅動因素。

循環需求驅動因子

我們在第21章討論過，房屋興建市場通常佔GDP的10%左右，其中一部分由公共部門所貢獻（機場、鐵路、醫院、學校、行政單位的辦公處所等），不過絕大部分卻來自民間部門。這也讓建築活動成為推動很多原物料需求的循環性要素。只要想想一棟建築物是由什麼建成即可：蓋一棟建物需要使用木材、鋼鐵和水泥、鋅、銅、鋁以及很多其他的原物料。根據估計，全球建築活動每年使用25%由人力栽種的處女原木、40%的原石、碎石和砂。世界觀察協會宣稱全世界的建築活動和建築物的營運耗用了全球能源的40%，也佔全球原物料消費的30%。我們也討論過，房地產建築活動的循環波動速度非常緩慢（平均延續期間為十八年），但幅度極大。所以我們可以合理推估，在房地產循環的刺激下，相關原物料的循環波動速度也是緩慢的。

接下來是企業對機械與設備的資本支出，主要都來自製造業、運輸業、通訊業、批發業、零售業、金融業、公用事業及保險與房地產等企業。其中比較大宗的包括機器和工具機（主要用於製造業）、貨車、飛機、企業車隊（主要用於運輸與金融／保險產業）和資訊科技支出（主要是通訊、製造、金融與保險業）。以一個國家的資本支出分布情況來說，通常約有30%投入資訊科技，20%投入運輸設備，總支出金額可能差異極大，不過平均大約佔現代經濟規模的10%。

原物料的第三個重要需求驅動因子是存貨。存貨的波動很大，而且在很多國家，汽車存貨佔其中近三分之一。

那麼，哪些掛牌交易的原物料會使用在房地產建築、機械與設備資本支出和存貨？主要可以分為三類：工業用金屬、木材與能源。先談工業用金屬，尤其是和建築活動有關的部分：

- **銅**：主要為電氣用途，例如電線（50%）、一般與工業用工程用途（20%）、建築用建造零件如屋頂、照明設備、管線設備與配管（15%），以及運輸用途如發射天線與中央冷卻／加熱轉換器（11%）等。不過這些數字並無法真實反映銅用途的全貌，因為有很大一部分的電氣用途也屬於建設用途的一部分，只是並非被稱為「建築用」。這代表幾乎有一半的銅消費都和房地產建設有關。此外，也有很多電氣用途的銅用於汽車。美國製的汽車平均會使用23公斤以上的銅，其中有80%是電氣零組件。美國一般小家庭住宅需要使用200公斤的銅。2002年全球粗銅生產量為136億公斤，把這個數字除以全球89億人口，可以算出人均粗銅生產量為21公斤。另外，大約有40%是回收銅。
- **鋅**：大約有57%用於建設活動，23%用於運輸，10%使用於機械與設備，另外還有10%用於消費品。2003年的全球人均生產量為15公斤。大約有三分之一的全球鋅生產量來自回收再利用。

美國小家庭住宅的平均「銅含量」

在一般的小家庭住宅可以發現：

88公斤的建築用電線
68公斤的水管、填充物及活塞
11公斤的水電工用銅製品
21公斤的內建式裝置
5公斤的建商硬體
4.5公斤的其他電線和配管

資料來源：Copper.org。

接下來是鎳，它和資本支出的關係很密切：

- **鎳**：大約有92%的鎳用於合金，例如不銹鋼。這些不銹鋼則作為廚房用途、電線、化學工業的配管等。所以，鎳主要和資本投資及建築活動有關。2002年的全球人均生產量為0.2公斤，另外有40-50%來自回收。

最後兩個工業用金屬主要與汽車及其他運輸設備有關：

- **鋁**：大約有41%用於運輸（轎車、飛機、貨車等），主要用來製造轎車和貨車的節能引擎。鋁的重量較輕，可以減少運輸過程中的能源消耗與散發等。18%用於建築業，16%為包裝（主要是罐頭），9%使用於電氣設備，還有9%用於機械／設備。所以，顯然鋁主要和汽車循環有關（因此也和較短的存貨循環有關），不過也和較長期的建築活動與資本支出循環有關。2003年全球人均生產量是4.3公斤，有25%以上的鋁會再回收。
- **鉛**：大約有76%的鉛用於酸性電池（尤其是汽車電池），所以和存貨循環與民間汽車消費的關係非常密切。全球人均生產量是1.1公斤（絕大多數的鉛都會回收，因為鉛是有毒的）

高頓和魯文霍斯特〈原物料期貨的現實與虛幻〉（上一章曾討論過）彙總了1959年到2004年間這些（與其他）原物料在美國各個景氣循環期間的波動情況。表26.2是平均價格表現數字。

讓我們將這些數字和這份研究所彙整的公司債及股票表現（表26.3）做一比較，一探究竟。差異相當明顯：即使在經濟衰退末期，公司債都會上漲，且漲勢會延續至復甦到來，這是因為人們認為通貨膨脹將逐漸改善，流動性將擴張，因此認為未來會更好。股票的表現也基於相同原因而緊跟在公司債之後，股票表現優異的另

表26.2 主要工業用金屬期貨的循環行為

金屬	擴張初期	擴張末期	衰退初期	衰退末期
銅	2.3%	18.8%	11.3%	–21.6%
鋅	3.3%	11.9%	–8.6%	–1.7%
鎳	3.4%	14.1%	6.9%	–11.2%
鋁	–0.6%	4.6%	5.6%	–3.8%
鉛	2.6%	11.6%	–16%	–9.7%

資料來源：高頓與魯文霍斯特，2004。

一個原因是未來盈餘的折現率（即債券殖利率）逐漸降低。在衰退初期，公司債和股票都會下跌。相反的，原物料則不同，銅和鋅在擴張末期的表現非常好，因為此時建築活動正達到高峰。銅甚至在衰退初期都能維持高檔，因為經濟情況即使不如從前，多數尚未完工的建案，還是會繼續進行。但到了衰退末期，銅就倒楣了，因為此時規劃的建案都已陸續完工，不再需要大量銅原料。

鎳的行為模式和銅及鋅很相像，因為資本支出專案也需要一些時間才能完成。最後，鋁和鉛則比較穩定，因為汽車市場的波動性相對較小。汽車生產受到消費者所驅動，而且汽車可以在短時間內進行減產，所以鉛價容易在衰退初期快速下跌正反映出這個特質。因此，我們似乎可以利用銅來分散股票投資組合的風險，但千萬不要選擇鉛。

表26.3 股票與債券期貨的循環行為

	擴張初期	擴張末期	衰退初期	衰退末期
公司債	11.5%	3.6%	–2.9%	25.7%
S&P總報酬	18.1%	10.4%	–15.5%	17.3%

資料來源：高頓與魯文霍斯特，2004。

工業用金屬的領先指標

1990年代，傑福瑞・莫爾針對主要金屬設計了一系列一般性領先指標，另外也特別為銅和廢鐵（廢鐵不在大型期貨合約之列）設計個別的領先指標。莫爾設計的指標可以作為金屬產業「工業活動狀況」（也就是這些產業的生產量、價格及雇用情況）的預警工具。表26.4的指標清單是依照一般經濟情勢、創造金屬需求的產業發展及供應面動向等的影響分別列示。

值得一提的是，這些領先指標以房屋開工率最為重要，它是所有族群的領先指標，這也印證了房地產循環的重要性。這些指標由美國地質調查局按月發布。

木材、能源與景氣循環

談完工業用金屬，接下來再看看木材。木材主要用於房屋建築，那麼它在循環裡的表現又是如何？答案是：木材大致上和銅很像，不過會早一點走下坡，這可能是因為很多木材都是用來製作家具，而在循環裡，家具比較早開始走下坡。

最後一個和房地產、資本支出和汽車密切相關的原物料族群是能源。表26.6是相關表現的統計。

我們可以見到，原油在衰退初期的表現很好，這可能有兩個原因：首先，很多原油被使用於建築活動，而天然氣則非如此。第二，事實上油價大幅上漲經常是導致經濟陷入衰退的誘發因素。油價上漲所形成的最大衝擊將延遲十二個月發生，但儘管如此，能源的價格行為和銅很類似，在擴張晚期及衰退初期表現很好，接下來就快速走下坡。

原物料與原物料公司

直覺來看，一般人似乎都會假設投資各種製造原物料的公司的

表26.4 傑福瑞．莫爾的金屬領先指標

	指標類別	所有工業用金屬的領先指標	鋼鐵的領先指標	銅的領先指標
一般經濟情勢	貨幣提振措施	美國M2成長率	美國M2成長率	殖利率曲線
	製造業普遍體質	採購經理人指數	採購經理人指數	
	成長與獲利能力的一般領先指標	物價與勞動成本比率		
具體的產業需求	住宅型房屋市場	新屋開工率	新屋開工率	新屋開工率
	最終產品的運送		家電用品的運送 美國小客車與輕型貨車的零售銷售額	
金屬產業的狀況	直接相關的股票價格	加權S&P指數、機械、建築與農田和工業	加權S&P指數、鋼鐵公司	加權S&P指數、建築產品公司
	特定新金屬訂單	新訂單，主要金屬產品	新訂單、鋼鐵廠	新訂單、非鐵金屬產品
	金屬事業的瓶頸	平均週工時，主要金屬產品	平均週工時，鋼鐵廠	平均週加班工時，銅的軋延、伸線、擠型與合金
	金屬價格	JOC-ECRI金屬價格指數成長率	廢鐵價格成長率	LME主要銅現貨價

資料來源：美國地質調查局。

報酬將超過直接投資原物料期貨的報酬；這看似理所當然，因為畢竟原物料公司具獲利能力，但原物料本身卻無法創造直接的利益。高頓和魯文霍斯特也研究過這個問題，不過他們的結論卻是：過去四十一年期間，原物料期貨的獲利性遠高於一籃子原物料公司的股票。

表26.5 木材期貨的循環行為

	擴張初期	擴張末期	衰退初期	衰退末期
木材	0.0%	15.5%	–7.0%	–23.6%

資料來源：高頓與魯文霍斯特，2004年。

表26.6 能源期貨的循環行為

	擴張初期	擴張末期	衰退初期	衰退末期
原油期貨	4.4%	12.1%	26.3%	–21.3%
天然氣期貨	5.2%	10.3%	–15.3%	–21.5%

資料來源：高頓與魯文霍斯特，2004年。

供應面

在此，有一個非常值得探討的問題：為何在景氣循環裡，原物料的訂價比較沒有效率？答案是雙面的。首先，我們討論過，原物料的需求是循環性的。不過另一個層面的解答是：供給沒有彈性，且固定成本非常高。從金屬或能源礦源被發現一直到實際開採，需時通常很長，大約介於七到十五年間。例如當年北海發現原油後，又過了十一年，北海原油才問市，金屬礦業的情形也一樣。另外，木材的增產也需要時間，因為樹木不可能在一夜間長成可供使用的木材。不過一旦基礎設施就緒後，原物料製造者通常願意繼續生產，即使價格下跌也不會停止。在衰退期間，最終商品的製造商可能無法順利賣掉它的產品，但原物料製造商卻一定找得到市場可以銷貨，只不過售價不見得會很好罷了。而無論是在景氣上升或下降期，原物料的供給落差都足以形成毛豬生產循環的現象。

債券、股票與基金

我的意思是，我猜，會在40美元買進Iomega股票的人，正是那些自以為比市場聰明的傢伙。

——吉姆・克瑞莫

在商業的主題當中，最常被研究的莫過於股票、債券與基金的價格行為，這個主題甚至也受到早期經濟學家們的密切關注。我們討論過，約翰・勞、肯狄隆、桑頓與李嘉圖都曾積極參與市場，而且都非常有成就——肯狄隆的投資成就甚至可以和史上最成功的金融投資家巴菲特（Warren Buffet）媲美。另外，儘管凱因斯和費雪在市場上的表現有起有落，但無疑的，他們非常熟悉這個主題。另外還有巴布森，他在《用以增加財富的景氣指標》裡所提到的市場發展順序很值得再次提出來討論：

1. 貨幣利率上升
2. 債券價格下跌
3. 股票價格下跌
4. 原物料價格下跌
5. 房地產價格下跌
6. 低貨幣利率
7. 債券價格上漲
8. 股票價格上漲
9. 原物料價格上漲
10. 房地產價格上漲

不同市場間的磨擦

克勞塞維茲（Carl von Clausewitz）在他的《戰爭論》（*Von Kriege*）一書中以「摩擦」一詞描述戰場上執行將領戰略計畫的複雜度。

商業上也存在「摩擦」，只是程度上有很大差異，金融市場中交易員和營業員之間就是摩擦比較小的例子，只要你的交易額度足夠，就可以在一分鐘內執行一筆也許高達1億美元的交易。不過，其他市場的摩擦就比較多了。當一個零售商訂購商品後，通常要等上幾天或幾個星期的時間才能收到貨品。另外，將這些商品轉售出去的時間可能更久。購買房地產的時間可能長達數個月，而如果要在低迷的時機賣出房地產，甚至可能要等上好幾年。另外，等待資本財交貨也可能要幾年的時間。摩擦的差異會影響到不同市場和景氣循環間的關係。由於金融市場幾乎沒有任何摩擦，所以是用來預測景氣循環的好指標。相對的，資本財市場則傾向於落後總產出。

以上是巴布森在1910年所提出的見解，能在那麼早期就提出這種真知灼見，確實是讓人印象深刻。不過，市場發展順序並非如此單純，巴布森或其他早期經濟學家不像我們現在知道得這麼多，所以，讓我們更深入討論這個議題。

債券

先從債券開始。市場上的債券可以分為短期（如三個月到三年）與長期（三到三十年），另一種分類方式則是投資等級與垃圾債券，其中投資等級債券的殖利率較低，但是由比較穩健的機構所發行。黃金沒有殖利率，不過它和債券一樣，都像是一種跨越國界的貨幣供給。

在循環初段，債券殖利率會下降（債券價格上漲），主要原因有兩個：首先是由於景氣趨緩後，經濟體系裡仍存在很多超額產能，所以價格競爭非常嚴重，這代表通貨膨脹壓力低。第二，中央銀行還是繼續降低利率，將資金挹注到經濟體系。在循環中期，垃圾債券的表現優於投資等級債券，因為人們認為在獲利增加且經濟情況穩定的情況下，垃圾債券是相對安全的。最後，到了循環末期，由於預期通貨膨脹與貨幣趨於緊縮，所以債券殖利率傾向於上升。

股票

接下來討論股票。根據巴布森的觀察，無論漲跌，股票的走勢通常落後債券。在央行緊縮利率的循環裡，股票市場傾向於在僅剩最後一次緊縮動作時開始快速上漲。在這個階段，經濟體系的某個環節通常已經發生某種金融「事故」，這個情況將促使央行判斷升息動作已足夠（或太過）。一般來說，股票會在經濟景氣達到高點的九個月前先達到頂點，接下來若非陷入區間整理，就是開始下跌。高盛公司曾衡量過，從1847年到1982年間，美國經濟史上循環性空頭市場的平均延續期間是23個月，股價平均跌幅是30%。作頭流程通常持續數個月的時間，而且多半具備以下特質：

- 在高點出現前，會出現明顯的上升趨勢，成交量也大幅增加。
- 價格趨勢破壞先前波峰與谷底逐步墊高的型態，反而是日漸盤軟。
- 出現一個或數個大幅度逆勢波動。
- 缺乏廣度，中小型股的表現落後於大型股。
- 這個現象會持續數個月的時間，而且最後導致動能衰減。若非如此，那麼接下來的空頭市場將會是短暫的。

谷底的行為則有點不同，股票市場通常會在經濟景氣達到谷底的五個月前先反轉向上。所以，無論在頭部或底部，股市都是領先

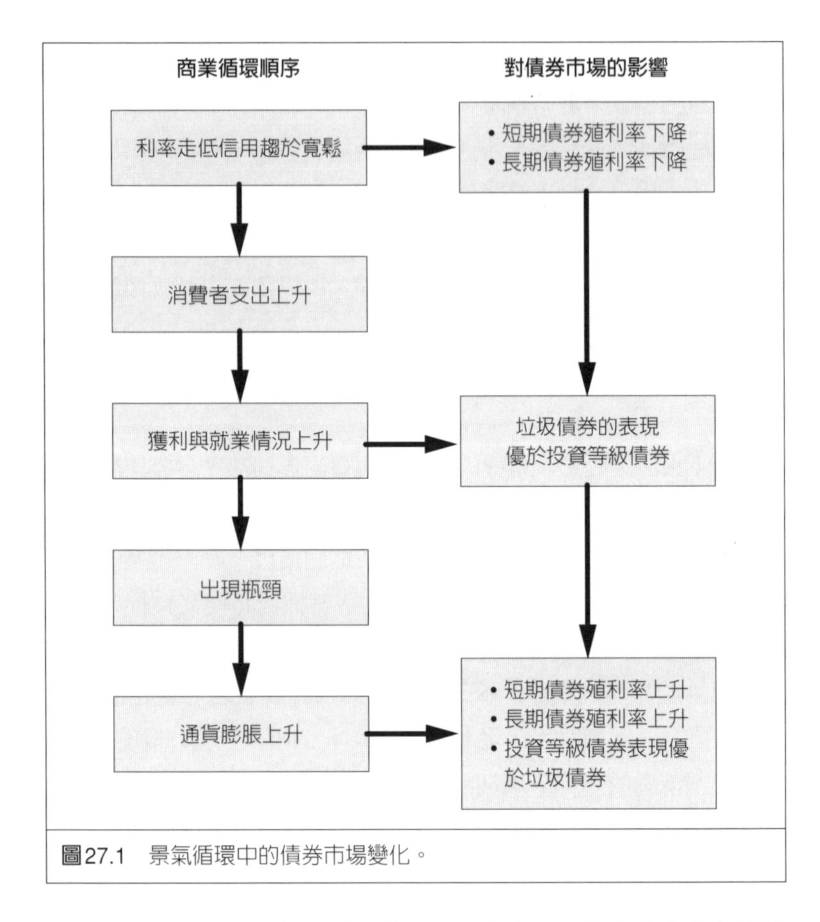

圖27.1 景氣循環中的債券市場變化。

指標，只是頭部區的領先時間較長。這也許是因為資本支出和房地產建築活動的動能所致，因為這些活動不可能快速終止。較低反轉點的價格型態也不盡相同，因為股市經常會突然出現急轉彎，而這種走勢並不容易掌握。

不過，在研究股市表現時，還必需還必須考慮產業輪動的問題，主要產業如下：

- **金融股**：包括銀行、消費金融、投資銀行與券商、資產管理、保險、投資和房地產（包括REITs）。金融股很早就會透露經濟復甦的訊號，因為它們可以借到低利率的資金，並將資金投資到較高殖利率的債券（這就是我們所謂「陡峭的殖利率曲線」）。經濟復甦的早期訊號還包括：放款活動即將上升，與不良貸款達高點且開始減少等。

- **非必須消費品**：包括汽車及其零組件、消費耐久財與服飾、旅館、餐廳與娛樂，以及媒體與零售等。這些股票的走勢緊跟在金融股之後，因為在經濟循環裡，最先花錢的是消費者，因為此時他們的貸款與房貸成本很低。因此，他們把抵押貸款轉換到利率較低者，對非必需消費品產業的影響相當大。此外，渡過經濟走緩的時期後，消費者的儲蓄漸漸增加，慾望也開始上升，現在終於可以解放了。最後一個原因是，在這個階段，很多消費耐久財看起來很便宜。
- **資訊科技**：包括軟體、硬體、資訊服務與電信等。這些股票在循環初期就會開始上升，其中領先上升的是消費性電子產品，而由於先前買的商用資訊科技產品已過時，所以即使還不需要增加產能，也必須汰換這些產品。
- **工業**：包括資本財、商業服務與供給和運輸。資訊科技和工業界通常是以降低存貨的方式來回應逐漸上升的消費者需求，不過稍後又會回復建立存貨的作法，這個作法將產生一種內部乘數效果。此外，因產能利用率達到極限且訂單積壓的情形增加，所以工業公司的訂價能力將上升。
- **資源**：包含化學、建築材料、貨櫃與包裝、金屬與礦產、造紙與森林產品等。當工業界需要提升產能時，資源股才會開始有表現，因為提升產能需要使用很多基本資源。
- **必需消費品**：包括食品、藥品、飲料、煙草和家庭與個人用品。這些股票在循環末期才會開始有表現（幾乎沒有例外），唯一維持需求穩定的類別。所以，人們認為這個產業具防禦性，其中最穩定者是低固定成本的行業，主要是服務導向的行業。

• **公用事業**：包括天然氣、電力與水等。經濟體系對公用事業（和必須消費品一樣）的產出的需求相當穩定。不過，公用事業的財務成本非常高，所以當央行停止升息，他們的財務成本將會開始降低，這也代表在循環末期，這類股票的表現會比較好。

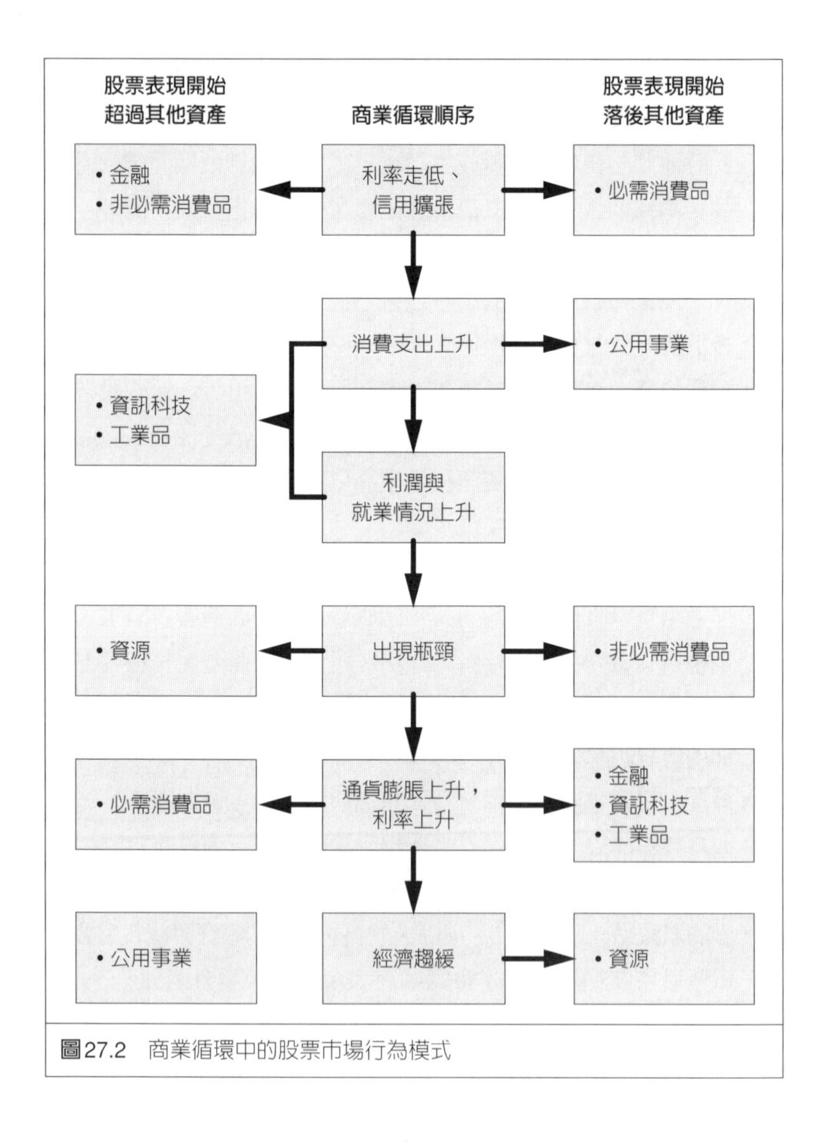

圖27.2　商業循環中的股票市場行為模式

規模與波動性

與股票相關的另一面向是企業的規模。股票通常被區分為小型股（市值3億到20億美元）、中型股（20到100億美元）和大型股。在復甦與擴張期間，小型股和中型股的表現較優異，因為此時新玩家的「胃口」將慢慢好轉，也比較有空間介入。在景氣下滑期間，大型企業的表現比較好，因為經濟緊縮將導致很多小型業者被迫退出，市場將因而進入重整期，大型企業較有能力應付此一挑戰。

和股票有關的最後一個面向是：固定且高成本的企業，也就是製造資本財、比較小型，和商業房地產有關或資本支出相關供應商的企業，其波動性特別大。

避險基金和私募股票

最後一個要討論的金融市場工具是所謂的「替代型投資標的」，這種標的通常被細分為表27.1裡的數種項目。

避險基金的細部分類是根據《管理帳戶報告》（*Managed Account Report*）所使用的分類，很多研究是以這個結構為基礎來研究不同環境下的避險基金績效。

替代型投資標的與景氣循環

2001年時，富蘭克林・愛德華茲（Franklin Edwards）和馬斯塔法・凱格雷恩（Mustafa Caglayan）發表一份研究，內容是探討避險基金在多頭市場與空頭市場的表現。他們的結論是：在空頭市場中，只有三種避險基金可以保護投資人：總體型、市場中性型和事件導向型。無庸置疑地，總體型基金即使在空頭市場也可以創造良好的表現，因為這類基金的經理人會高度聚焦在景氣循環上，並時時追縱市場上是否出現整體性惡化的早期訊號。此外，市場中性

表27.1 避險基金與私募股票基金種類概要

避險基金	私募股票基金
• **事件導向型基金** 投資策略與整體市場方向無關，這些事件可能是諸如合併、收購、破產或證券發行等事件。 • **危機重整型基金** 買進有危機的股票和／或債券，這些基金通常會積極參與重整，而且可能將債券轉換為股權 • **風險套利型基金** 主要是獲取因收購出價可能衍生的價格折扣。 • **全球新興市場型基金** 主要專長於新興市場，這些市場的放空操作難度高，這意謂他們的部位通常是多方部位 • **全球國際型基金** 主要聚焦於世界各地的經濟變化，並在較有利的市場選股。相較於總體型基金，這類基金較少使用衍生性金融商品。 • **全球成熟市場基金** 尋找成熟市場裡的投資機會。這些基金的專長各有不同，有些精於成長股，有些則為小型或價值型股。 • **全球總體基金** 操作多樣化的衍生性金融商品，以便藉由全球經濟情勢的轉變來獲利。 • **市場中性型基金** 同時操作多方與空方部位，達到接近市場中性的平均部位。這些基金可能專精於單純的套利、多元化的多／空部位或有抵押證券 • **產業型基金** 專精於特定產業 • **放空型基金** 放空超漲股票 • **基金中的基金** 投資多檔避險基金。有一些基金會設定分散風險策略，有一些則專攻某些避險基金。	• **創投基金** 投資在一些草創期的企業，範圍包括初期籌資到出場前的最後一次籌資。多數草創型企業的績效都平平或很糟，不過一旦成功，卻能創造非常突出的報酬。 • **併購基金** 買進企業全部股權或至少具主控能力的股權，標的可能是私營企業或已上市的企業。這種基金通常會在尋求出場前，先對這些企業進行合理化經營，或進行業務的切割或合併。介入動機可能是：企業經營不善，但卻擁有尚未被發現的潛力，或其價值嚴重低估。 • **夾層融資基金** 通常會提供貸款給規模太小以致無法發行債券，或風險太高以致無法取得銀行融資的企業。夾層融資的提供者通常擁有參與股權的權利，也就是說，他們將取得購買貸款企業股票的權利。這意謂這種基金不僅能取得經常性的收入，也可能獲得股價上漲的利益。

型基金能在空頭市場獲得好的表現也是可以理解的，因為這些基金能發現很多企業的弱點，這些弱點將導致企業成為被放空的標的。至於事件導向型避險基金，在空頭市場中顯然也存在很多投資機會，而這種基金在空頭市場的績效明顯是取決於它們在下跌過程中的投資組合狀況——是滿手現金或滿手危機型資產。

另外，一份由卡波西（Capocci）、科海（Corhay）與修伯納（Hübber）於2003年提出的新近研究更有意思，因為這份研究包含避險基金自2000年春天以來（大空頭期間）的績效，涵蓋了1994年到2002年間2,894檔避險基金的表現，平均報酬率如表27.2。

績效最優異者以粗黑字體標示，根據一般性的觀察，所有基金在多頭市場的平均報酬率遠都高於空頭市場的平均報酬率，不過多數基金無論在多頭或空頭市場都能獲利，這就是避險基金的價值所在。

第三份有趣的研究是伊薩瑞亞・辛拉帕普瑞加（Isariya Sinlapapereechar）在2003年完成的碩士論文，該研究發現股票型避

表27.2　商業循環裡的避險基金行為

避險基金類別	月份報酬率平均值	
	多頭市場	空頭市場
事件導向、危機重整型證券	**1.23**	**0.25**
事件導向、風險套利型	**1.27**	**0.37**
全球成熟市場型	**1.96**	–0.21
全球國際型	**1.30**	–0.08
全球新興市場型	**1.57**	**0.27**
總體型	1.10	**0.19**
市場中性型	1.18	**0.71**
作多槓桿型	**1.83**	–1.17
產業型	**2.56**	**0.39**
放空型	0.39	**1.99**

資料來源：卡波西、科海與修伯納，2003年。

險基金和市場中性型基金在多頭月份表現特別優異，而在空頭市場期間，市場中性型基金和套利導向型基金的表現比較好。當然，放空型基金在多頭市場時受創最嚴重，而當市場下跌，獲利則非常豐厚。

我們要以過去幾年的實際情況來調和以上幾份研究給人的整體印象。例如2000年以後，新興市場型避險基金表現特別優異的理由很簡單，那是特定的市場因素所造成。最明顯的結論是，以下數種避險基金在股票多頭市場的表現可能是最好的（依績效高低排列）：

- 產業型基金（能掌握所有特定多頭市場裡之具體關鍵題材的基金）
- 只作多的避險基金
- 股票型避險基金（全球、新興市場、國際型、成熟國家）
- 事件導向型基金
- 市場中性型基金

至於在股票空頭市場，表現最優異的依序是：

- 放空型基金（一點也不意外）
- 市場中性型基金
- 事件導向型基金
- 總體型基金

私募股票基金比避險基金更不易研究，一部分原因是這類基金比較少，一部分原因則是它們一季才公布一次淨值（NAV），而非每月公布一次，而且其淨值數字可能相當主觀，因為這些基金投資未上市股票（無公開市場價格）。不過，從數個不同的研究可以明顯發現，在經濟疲弱時期成立的私募股票公司表現通常最好（不過在這種時期，這種投資標的很少見）。主要的原因有以下四個：

- 好交易的競爭對手較少
- 比較有時間進行實質審查
- 缺少立即性的出場機會，迫使它們在選擇投資標的時必須更為謹慎。
- 進場點的價值面較低估

然而，不同基金的最佳市場（進場）時點可能有一點不同。在危機時期，併購型基金通常會顯得欣欣向榮，因為此時可以用非常有利的價值水準進行投資，甚至能趁機從遇到危機的賣方手中買到便宜貨。夾層融資基金的投資部位比較平衡，包括固定收益產品、參與股權的權利與倒帳風險，它們的績效和景氣循環的關係較不密切。最後，創投基金通常希望其他投資人能在他們之後進場，其他人介入時的價值面水準最好是逐漸上升的（也就是說，其他人的成本高於創投基金本身的成本），所以這也意謂這種基金的最佳進場點應該是經濟復甦的起點。

談完進場點，出場點又是另一回事，我們可以在經濟繁榮期找到以上三種基金的高價出場點。這些基金的相對表現請見表27.3。

值得一提的是，投資人無法任意買進或賣出現有的私募股票基金，因為多數這類基金都必需獲得投資人的許可；例如，假設一個投資人希望在多頭市場初升段介入一檔現成的私募股票基金，此時除非該基金的某個現有投資人願意出場，且基金同意改變股份的所有權結構，否則新投資人就無法介入。

表27.3　私募股票基金在商業循環中的績效表現

	最佳進場點	最佳出場點
創投基金	復甦早期	繁榮期
併購基金	衰退期	繁榮期
夾層融資基金	中性	繁榮期

原油價格上漲對不同產業的影響

原油價格大幅變動可能損及部分企業的盈餘，但也可能對某些企業有利。表27.4是通常會因原油價格上漲，而受惠或受害的企業。

表27.4 原油價格上漲時的贏家和輸家

有利影響	不利影響
• 原油製造商	• 航空公司
• 原油服務與設備	• 鋁精煉廠
• 煤礦	• 遊樂園
• 天然瓦斯供應商	• 船舶製造商
• 鐵道	• 汽車租賃
• 太陽能提供商	• 汽車製造商
• 核電提供者	• 水泥製造商
• 生物量能源提供者	• 陶瓷製造商
• 水力發電公司	• 速食店業者
• 能源保護公司	• 玻璃製造商
• 公共運輸公司	• 房屋建築商
	• 旅館
	• 土地開發商
	• 煉油廠
	• 飛機製造商
	• 輪胎製造商
	• 貨車製造商
	• 收費高速公路

金融流動性與多頭市場

通常當金融流動性上升時，多頭市場就會展開。早期的指標包括：

- 定存金額高或逐漸增加
- 券商現金帳戶金額高或增加
- 券商的股票貸款金額高或增加
- 共同基金的現金／資產比率高或上升
- 負債／貸款比率高或上升
- 銀行淨自由準備金額高
- 貨幣流通速度降低

有趣的是，金融多頭市場不會吸收流動性，更精確一點來說，多頭市場反而會創造流動性。因為當一個人買進金融資產，勢必有另一個人賣出；而隨著價格上漲，人們會覺得自己的財富增加，這種感受將加快貨幣流通速度。

世界上最大的市場：外匯市場

最早開始將金融危機之責任歸咎於投機客的應該是古希臘，不過這樣的反應幾乎都是錯誤的。

——賴瑞．桑默斯

雖然債券和股票市場的規模已經很龐大，但和外匯市場比起來卻顯得有點小兒科。外匯交易通常可以在10-15秒內完成，即使金額高達上億美元也不例外。有關這個市場的研究非常多，而且多數研究都指出，2005年全球單日外匯交易量已達2兆美元，約當一年770兆美元。這個數字當然極為龐大，因為世界上多數人終其一生都未曾從事一分一毫的外匯交易。將2兆美元除以全球65億人口，代表每個人一天的外匯交易量超過300美元，一年人均金額大約是11萬美元。和全球人均GDP的6,300美元相對照，就可以知道外匯交易量是GDP的二十倍以上。

外匯交易的形式有很多種，最常見的是外匯交換，你可以在任何一天盤中針對兩種大型貨幣進行對換交易，或設定一個到期日，在未來的某一天完成這筆交易（至少可以長達數年後）。其他形式的外匯交易還包括期貨和選擇權。部位的建立可能是以匯率的預期變動情況為基礎，這通常稱為即期交易（這個名稱也代表盤中交易）。此外，也可以賣出低利率貨幣，買進高利率貨幣，賺取其間利差，這稱為利差交易。另外還有很多種針對預期波動性變化而進行的交易（即便不知道匯率的未來變動方向，一樣可以操作），此為波動性交易。

學術界曾進行很多研究，希望可以從中了解貨幣價格變動的原因，但雖然他們也許找出相關系統的蛛絲馬跡，很多人最後卻還是無法理解導致匯率變動的真正原因。因為影響兩種貨幣相對波動程度的變數相當廣泛且繁多，例如以下因素的差異：

- 生產力
- 政府支出
- 經常帳餘額
- 利率
- 購買力平價
- 經濟成長率
- 直接投資
- 投資組合流動
- 心理面因素
- 風險規避行為
- 進口物價
- 出口物價
- 中央銀行干預措施

以上某些因素可能會讓一個統計學分析師感到一頭霧水。例如中央銀行通常會盡量避免讓人推測出他們的干預時機。另外，外匯交易也牽涉到很多心理面因素，而在計量學術研究中，心理面因素並無既定的行為模式。不過，外匯交易行為還是有兩個層面可以明確判別，這兩個層面都和景氣循環密切相關：

- 中央銀行會在循環的擴張末期提高利率，這通常會導致本國貨幣相對其他未升息國家的貨幣升值，這是匯率與通膨／利率之間的關係。
- 有些生產大量原物料國家的貨幣將隨著全球原物料循環波動，

而有些原物料循環確實和景氣循環直接相關。

以上是最重要的發現，接下來讓我們先來看看通膨／利率的關係。

匯率與通膨／利率的關係

外匯市場的交換協議，包括即期價格和遠期價格。即期匯率代表兩種貨幣此時此地交易價格的關係，遠期匯率則必需調整兩種貨幣的利率差異，所以遠期匯率基本上和即期匯率不同。假定你賣出低利率貨幣，買進高利率貨幣，例如賣出1,000萬美元，買進巴西里耳。此時，交易單上可能是以「－10USD／BRL」來表示。遠期價格可能會出現原物料交易員所謂的「正價差」，因為遠期價格高於現貨價格。不過，其實遠期外匯交換的結構和正價差或逆價差無關，因為遠期外匯價格的決定並不會牽涉到特殊的風險衡量方式或未來價格的估計值；遠期價格的決定是機械式的，只不過是精準反映兩種貨幣利差而已，別無其他。

以上述例子來說明，是賣出遠期美元，並取得高於即期價的遠期價。如果利差很大，遠期價和即期價的差異也許會很大。這表示如果交換到期日時貨幣價格沒有變動，就一定能賺錢；如果巴西里耳升值，賺的錢甚至更多。此外，即使里耳貶值，只要貶值幅度不超過利差的利益，那還是一樣賺錢。這些機率很令人心動，所以外匯交易員通常會很想買進利率異常高的貨幣。

不過，交易員的想法幾乎正中央行下懷，儘管長期利率由市場決定，但短期利率卻由央行所掌控。如果一個央行提高短期利率，代表它對通膨有疑慮。現在，如果投機者介入買進該國貨幣，該貨幣就傾向於升值，並進一步促使進口物價下降，出口產業的活動力受創。這兩個影響都有助於央行達成打擊通貨膨脹的目標。

那麼，外匯市場對貨幣政策變化的反應有多強烈？2005年，澳洲儲備銀行的強納森・柯爾恩（Jonathan Kearns）和菲爾・曼納

（Phil Manners）針對此問題發表一篇報告《貨幣政策對外匯匯率的影響：以盤中資料為研究基礎》（*The Impact of Monetary Policy on the Exchange Rate: A Study Using Intraday Data*）。這份報告涵蓋了澳洲、加拿大、紐西蘭和英國從1993年到2004年間的資料，研究結論是：

> 結果顯示意外的政策性升息100個基本點將促使外匯匯率平均升值約1.5%，個別國家的估計值分別介於1.0-1.8%。如果意外升息25基本點，平均將導致貨幣升值0.35%（個別國家貨幣的升值幅度介於0.25-0.5%）。

許多其他研究也印證了利率和外匯價格的這種一般關係。通常外匯市場會事先反映利率的變動，不過如果是意料之外的利率變動，市場就會在利率調升的當下即刻做出反應，推升貨幣價格，反之亦然。結果是：在景氣循環中，當地貨幣是落後指標，傾向於在循環末期上漲，而且通常是在經濟活動達到頂點之後才上漲。所以，外匯匯率變動和景氣循環之間的關係確實非常密切。

景氣循環裡的原物料貨幣

貨幣和景氣循環的第二種密切關係主要發生於生產原物料的經濟體。世界上三個主要的「原物料貨幣」是指澳幣、紐幣和加幣。表28.1是這三個國家在1972年到2001年間，最重要的非能源生產項目的平均百分比值。

這些數字顯示紐西蘭極端仰賴農產品，而澳洲和加拿大在工業用原物料方面較強；我們也知道，工業用商品和景氣循環的關係很密切。另一個領域是能源生產量，澳洲和加拿大（尤其如此）都是主要生產者，紐西蘭則顯然不是。由於我們現在已經了解這些國家在原物料方面的生產情況，所以應該可以直接看這份研究的結論：

表28.1 澳洲、紐西蘭和加拿大綜合非能源價格指數的重要貢獻因子（以1972-2001年間全球市場平均美元價格為基礎）

		澳洲	紐西蘭	加拿大
軟性原物料	棉花	3.4		
	稻米	0.8		
	糖	5.9		
	小麥	13.5		8.9
	羊毛	18.3		
	牛肉	9.2	9.4	9.8
	乳製品		21.5	
	羊肉		12.5	
工業用	鋁	9.1	8.3	4.8
	銅	3.2		4.7
	鉛	1.3		
	鋅	1.8		4.4
	鐵礦石	10.9		
	鎳	2.6		3.9
	木材、原木、切割木材、紙漿、新聞用紙		11.2	47.5

加拿大的數字從1972年起計算，澳洲從1983年起，紐西蘭從1986年起，所有統計到2001年第二季為止。這些重要數字顯示澳洲主要以軟性原物料和金屬為主，紐西蘭的強項是食品，而加拿大主要是木材產品。

資料來源：Chen and Rogoff, 2002.

全世界的原物料出口價格（以實質美元衡量）對紐西蘭和澳洲的實質匯率有著強烈且穩定的影響。對加拿大的影響則較不顯著……

其中有兩個評論非常重要，第一個是：澳洲和紐西蘭貨幣的關係非常密切，而且紐西蘭幣可能根本就是隨著澳幣打轉。第二個評論是：這份研究在2002年完成，而2002年之後原物料價格上漲，加幣也隨之明顯升值（澳幣與紐幣亦然）。如果有一份涵蓋這幾年的研究，應該會證實加幣的相關性也在升高。

另外還有兩個研究值得一提，2002年時，國際貨幣基金的凱遜（Cashin）、謝斯彼得（Cespedes）和沙赫（Sahay）發表了一份成果報告，這份報告調查五十八個大量出口原物料國家的貨幣和原物料價格的關係。在定義所謂的關係時，他們採用非常嚴謹的條件，不過卻還是發現其中二十二個國家的貨幣和原物料價格間存在非常強烈的統計相關性。事實上，這些國家的貨幣在80%的情況下都隨著原物料價格波動，相關性非常高。這二十二個國家包括澳洲，但其他都是一些小國，這些小國的貨幣鮮有投機者介入。加拿大和紐西蘭則沒有被列入。然而這份研究也是在原物料價格和原物料生產國貨幣大幅飆漲之前（2002年）完成。

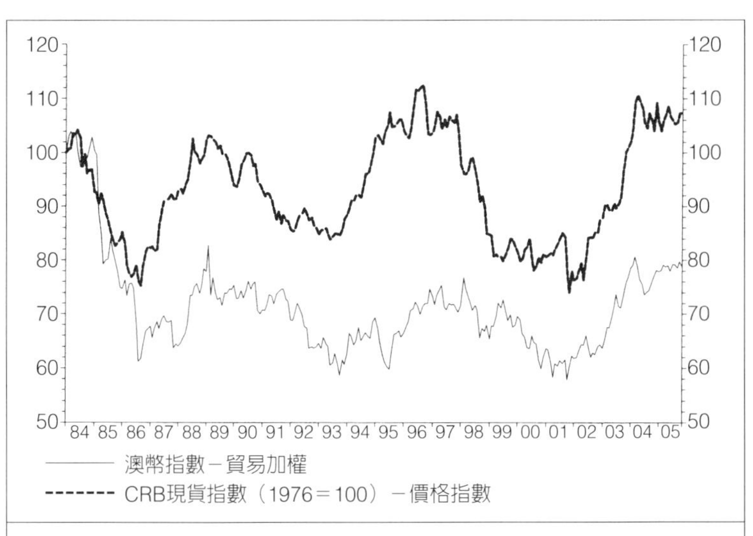

圖28.1　1984-2005年間澳幣匯率指數和CRB原物料價格指數間的相關性。這份線圖顯示澳幣價格和該原物料價格指數之間存在明顯相關性。
資料來源：Thomson Datastream.

圖28.2 1985-2005年間紐幣匯率指數和CRB原物料價格指數間的相關性。兩者間的相關性甚至比圖28.1的澳幣更為明顯。

資料來源：Thomson Datastream.

我們也許可以觀察一份由RBC資本市場公司針對2002年到2004年11月間所進行的研究，來填補上述缺口。這份研究的結論指出，紐幣和ANZ原物料指數的相關性特別高，該指數高度集中於農產品，而且成分商品中不含能源；但澳幣、加幣和基本金屬的相關性比較高。因此，就景氣循環的觀點而言，澳幣和加幣當然顯得比較有研究意義。表28.2是這兩年間的一些具體相關係數，正相關超過0.70的數字以粗黑體字呈現。

這個表格顯示紐幣和以農業為重心的ANZ指數的相關性高。此外，所有貨幣和銅、鎳及CRB基本金屬指數的相關性都很高，所以也和資本支出與房地產循環有著密切的關係。和鋁的相關性則比較低一點，理由可能是有很大一部分的鋁耗用在罐頭和其他必需消費品的包裝上，這些產品的循環性比較低。

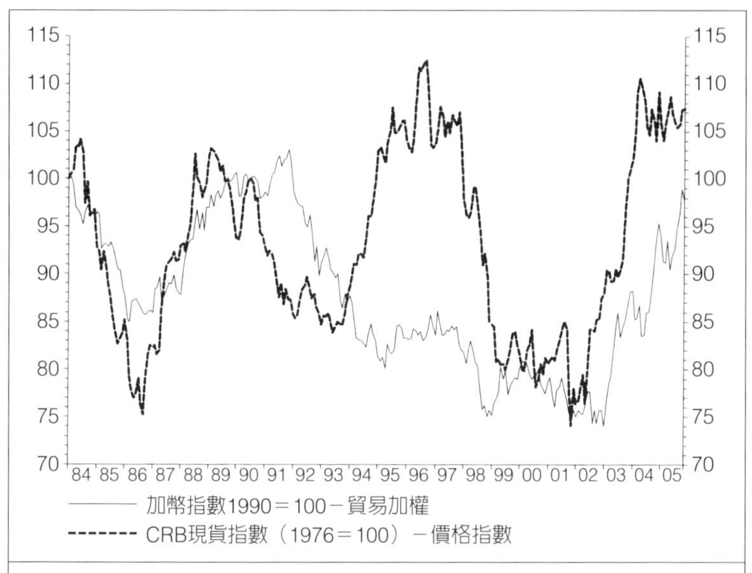

圖28.3 1984-2005年間加幣匯率指數和CRB原物料價格指數間的相關性。1995-1997年間的相關性較弱，但其他年度則很強。

資料來源：Thomson Datastream.

外匯操作

市面上當然有很多種外匯操作策略，不過有兩個策略和長期景氣循環波動的關係非常密切。第一個是在資本支出和房地產驅動的景氣循環接近擴張末期時，將焦點轉移到原物料貨幣上。第二個是外匯、債券和股票的整體操作方法，通常採取以下輪替操作方式將可獲得不錯的成果：

- **擴張初期**：買進債券和股票，並利用貨幣進行避險（放空）。
- **擴張末期**：先賣出債券、保留股票，接下來再賣掉股票。將貨幣避險部位結清，並在央行開始升息時買進該貨幣。

表28.2 原物料貨幣表現和主要原物料及原物料指數的相關性			
	澳幣 （澳幣／美元）	紐幣 （紐幣／美元）	加幣 （加幣／美元）
ANZ指數	0.52	0.82	0.64
CRB基本金屬指數	0.83	0.83	0.81
銅	0.77	0.76	0.73
鋁	0.67	0.71	0.64
鎳	0.90	0.89	0.88

資料來源：RBC Capital Markets, 2004。

- **衰退初期**：遠離債券和股票（或放空這兩者），只要央行繼續提高利率，就一直作多該國貨幣，直到你認為只剩最後一次升息的可能性為止。
- **衰退末期**：放空貨幣，買進債券，接下來也買股票。

當然，上述做法聽起來很簡單，不過套句華倫・巴菲特的話：

「投資雖然可以很簡單，但絕不容易。」

景氣循環與市場輪動

金融是一種將貨幣不斷換手，直到它完全消失的藝術。

——羅伯·桑諾夫（Robert W. Sarnoff）

我們已經討論過每一種重要的資產類別，談過這些資產在景氣循環裡的行為，也討論了景氣循環本身的發展模式。我們討論了存貨循環、資本投資循環和房地產循環，同時也歸納出一個結論：這三種循環是最重要的三個現象。接下來，該是做個總結的時候了。這件工作很複雜，所以先將景氣循環理論和金融市場粗略簡化，再假想一個完美的情境，在此情境下，所有變數都將維持其歷史平均表現。當然，實際情況絕非如此完美，但因為我們所要追求的只是一個參考模型，而不是預測，所以大致可以接受。

循環的七個驅動因子

第一個簡化要點尤其粗略。我們將把所有有意義的景氣循環模型全部「集合」在一起，並將之分成七個群組，接下來再分別為這些群組命名。七個群組裡的第一個是「啟動策略變革的中央銀行行動」：

- **貨幣加速因子**。當實質利率低於自然利率（魏克賽爾）和／或貨幣供給增加數量超過長期趨勢時，就會產生貨幣擴張的現象。這個現象會使人變得樂觀、誘發更多活動，也促使資產增值，因此也（稍過一段時間後）讓貨幣流通速度加快（肯狄隆、桑頓、傅利曼等）。

我們現在稱之為「加速因子」，原因是它會形成自我強化的效果，因為貨幣供給的擴張將引發一些加快貨幣流通速度的事件和有錢的感受。我們也把接下來4個群組稱為「加速因子」，這些是能在循環波動中驅動經濟前進的重要非貨幣現象：

- **存貨加速因子**。低存貨將誘使企業訂購更多存貨，這種舉動將使整體成長率上升，當然也意味銷售額將增加，並進一步消耗現有存貨（梅茲勒、阿布拉莫維茲〔Abramowitz〕、基欽等）。
- **資本支出加速因子**。擴張成熟期將產生瓶頸，迫使企業設置更多產能（阿夫塔里昂、克拉克、朱格拉等）。產能的建立將創造更高成長，而更高成長則意謂企業必需進一步設置更多產能。
- **擔保品加速因子**。資產價格上漲（米賽斯、海耶克、熊彼得、明斯基、金德伯格等）將推升擔保品價值，進而誘發更多借款需求；資產價格上漲也將提振商業活動，而商業活動的升溫又對資產價值有利（伯南克、葛托勒和基爾克利斯等）。如果是房地產市場價格上漲（霍伊特、伯恩斯等），其影響是最大的；不過即使資產價格上漲的現象只發生在股票市場，其影響也不小。
- **情緒加速因子**。資產價格上漲到某個階段時，就會導致較不成熟的投資人產生一種（自己變有錢的）幻覺，並進一步強化投資和泡沫的動能（特佛斯基、卡奈曼、席勒、泰勒、史塔曼等）。

第六個現象是經濟達到反轉點時終將出現的固有傾向：

- **透支現象**。經濟景氣擴張將導致勞工、有形資源及信用出現瓶頸，最終導致民間支出無法進一步增加，新業務也失去獲利空間（霍特里、杜岡－巴拉諾夫斯基、卡塞爾、霍布森、卡欽斯、佛斯特、庇古、凱因斯等)。

以上六個群組現象也都會產生逆向影響，不過我們一定要再加上最後一個群組現象，這種現象只會在深度衰退／蕭條的情況下發生，而且是很糟糕的現象：

- **信用短缺**。嚴重的景氣緊縮將衍生債務型通貨緊縮和／或流動性陷阱(費雪、明斯基、金德伯格、凱因斯等)。

以上就是由七種經濟現象所驅動的一個粗略簡化模型，雖然這個模型並不完整，不過並非完全沒有優點。

循環延續期間

我們的第二個假設是：景氣循環的行為一定和過去的歷史平均表現相同：

- 每個存貨循環都持續4.5年
- 每個資本支出循環都持續九年
- 每個房地產循環要十八年才能完成
- 這些循環將趨於同步，形成一個整齊的模式，每個房地產循環裡都會發生四個存貨循環和兩個資本支出循環……
- ……所以到某個時點，這些循環的頂點和谷底將同步出現

以上假設也很粗糙，不過並非完全沒有意義，因為長期下來，各個經濟體的上述循環的平均長度都很穩定，而且各循環間的確存在「高峰與谷底同步化」的固有傾向(熊彼得、佛瑞斯特、摩塞基德等)。

以上都是很簡單的經濟假設。接下來我們必需針對世人的投資方式和投資理由做幾個簡單的陳述，這樣我們才能歸納出一個幾乎和所有投資都相關的結論。

人們投資的理由

先談動機，其中又以商業目的為主要考量而購買的資產為先，如表29.1。

先從金錢的動機開始說起，這又以賺取商業報酬為主要考量的資產為先，也請見表29.1。從表中可見這些動機包括當前收益率、業務上的缺貨和逆價差等因素。

在我們所研究的其他資產中，人們購買住宅型房地產、收藏品、貴金屬、珠寶及鑽石的主要目的都和商業無關，多半是為追求個人的快樂，這部分的主要投資動機似乎是「負擔能力」。當人們認為自己付得起這些支出時，就會買這類資產。

利率的角色

所以如果購買某些資產是為了賺錢，某些是為了追求自己的快樂，那麼是否有任何通用的定價模式？答案是：有——利率在決定所有資產類別的價格上，扮演非常特殊的角色。利率下降和低實質

表29.1 投資在不同資產類別／投資工具的商業動機

投資類別	購買動機	主要投資條件
債券	淨收益	收益率相對期望通膨的比率
貨幣 存款／遠期	淨收益	收益率相對期望通膨的比率 預估相對成長率、國際收支
股票	淨收益	未來本益比相對債券殖利率的比率
避險基金	淨收益	期望收益率相對股票收益率和／或通膨的比率
私募股權	淨收益	期望收益率相對股票收益率和／或通膨的比率
商用房地產	淨收益、使用	CAP比率相對債券殖利率
工業用金屬	使用、缺貨	預估未來缺貨與通膨情況、正常逆價差及其相對債券與股票收益率的情況
貴金屬期貨	保障、規避意料外的通膨	逆價差和利率相對期望通膨的比率

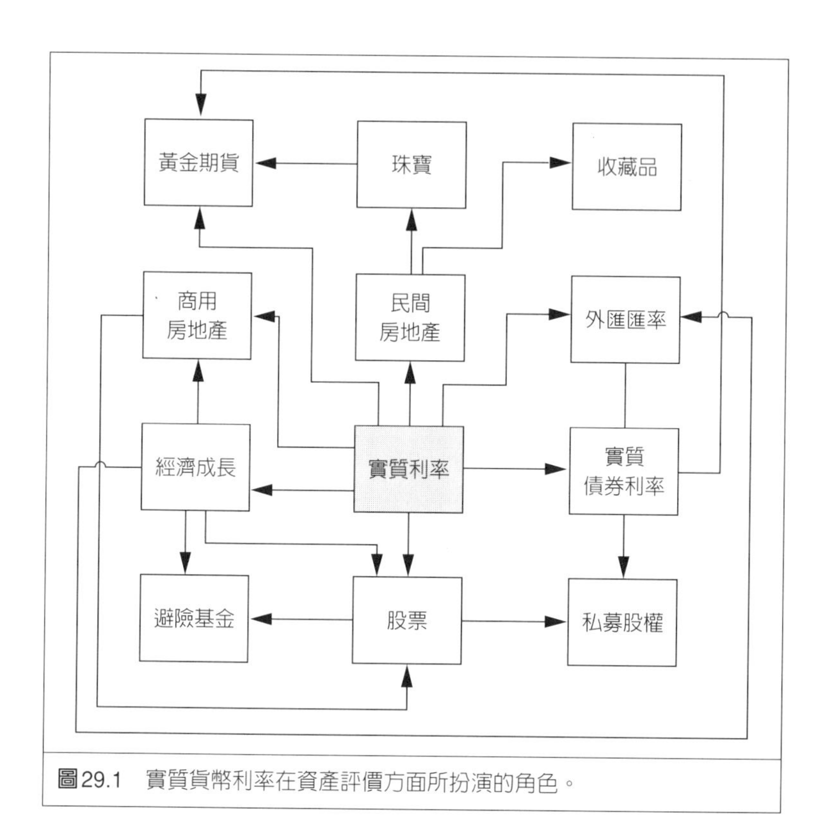

圖29.1　實質貨幣利率在資產評價方面所扮演的角色。

利率環境將對每一種資產類別產生非常強烈且正面的影響。貨幣利率和債券殖利率將主導住宅型房地產的價格，因為這兩個因素將決定人們的負擔能力，而且這種環境也會促使民間財富增加，並進一步帶動珠寶和收藏品價格。此外，債券將帶動股票市場，因為利率被用來做為未來盈餘的折現因子；並且債券也會帶動經濟活動，而經濟活動則驅動一切資產的價格。圖29.1闡述了以上所有關係。

泡沫輪替原則

以上所有資產類別還具備另一個共通點。我們討論過，每一次的景氣循環都會創造一種形成資產泡沫的貨幣環境。不過，人們剛開始一定會牢記上一次崩盤的慘痛印象，這也代表人們通常不會買進上一個產生泡沫的資產，於是這將形成一種系統化的泡沫輪替現象。例如1980年代曾發生貴金屬／鑽石泡沫，接下來是1990年的收藏品（和日本土地）泡沫，再來是2000年的股票泡沫。

各種資產類別在不同成長／通膨情境下的表現

2005年時，巴克萊銀行發表了英國各種資產類別從二次世界大戰到2004年間的市場表現研究，該銀行將這六十年間的情況分為四類，如表29.2。接下來，他們研究不同資產在不同情境下的表現。以下就是相關的結果（房地產和原物料是從1970年到2004年開始衡量）；每個情境下表現最優異的類別以粗黑體字呈現。

這份研究顯示（和一般人的預期相同），有形資產（藝術品、房地產和原物料）的表現主要取決於經濟成長，而股票的表現則極端取決於通貨膨脹（沒有通貨膨脹時股票表現好）。

表29.2 英國不同資產類別到2004年為止的表現

	高通膨		低通膨	
高成長	股票	4.4%	**股票**	**13.4%**
	債券	–0.2%	債券	0.1%
	現金	–0.4%	現金	2.0%
	藝術品	**9.2%**	**藝術品**	**7.5%**
	房地產	**8.1%**	**房地產**	**11.0%**
	原物料	**6.1%**	**原物料**	**15.1%**
低成長	**股票**	**4.1%**	**股票**	**11.1%**
	債券	–0.8%	債券	0.0%
	現金	0.7%	現金	2.2%
	藝術品	0.3%	藝術品	0.9%
	房地產	–4.2%	房地產	4.7%
	原物料	**2.8%**	原物料	3.2%

資料來源：Barclay’s Bank, 2004.

就是這樣。我們歸納出一個極端簡化的模型，就如同我們在第21章所討論的經濟蒸氣機：一部依循簡單規則、不斷冒出蒸汽、吱嘎作響，週而復始的不斷將各種資產推高又壓低的機器。現在，想像我們在鍋爐裡填滿煤炭，點燃煤炭，並在活塞與升降重量的位置正好達到蕭條期谷底時按下機器的開關。換句話說，在存貨、資本支出和房地產循環同步達到其谷底時，讓這部想像的機器開始運轉。硿隆、吱嘎、硿隆……，出發吧！

黎明的來臨

現在，擴張的腳步剛剛跨出，但早期的警訊還是存在。記得第22章討論的「長期領先指標」嗎？這些指標是債券價格、實質貨幣供給、新建築許可和物價相對單位勞工成本比率。這些指標上升大約8個月後，GDP才會開始上升。另一些領先指標也開始翻升，不過這些指標只領先經濟活動幾個月的時間。

我們目前仍處於擴張階段的初期，人們對就業情況依舊存有疑慮，因此其支出態度還是有所保留。失業率還是位於高檔，不過絕大多數人仍舊保有工作，而且人們的儲蓄也逐漸增加。所以，在「場邊」觀望的現金其實很多。由於此時貸款成本也比較低，所以，某些人會開始增加支出，於是住宅型房地產的銷售數量快速攀升，房地產價格很快的隨之溫和上漲。

此時股票市場也會跟著上漲，上漲速度甚至比房地產價格快。在衰退初期，股票受到嚴重打擊，因此對最聰明的投資人來說，目前股價根本完全低估，而黎明已經來臨。現在有些上市公司還是繼續虧損，部分原因是由於企業沖銷大筆呆帳，不過只要稍加計算，就會知道企業營收上升後的盈餘表現（正常盈餘）會有多好，計算出來的結果將顯示股價理應「遠高」於目前水準。於是聰明的投資人開始進場追逐股價，此時他們會特別青睞非必需消費品、金融和資訊科技類股。現在，貨幣加速因子顯然已經開始發揮效用，貨幣流通速度開始加快。

在此同時，房地產價格持續上漲，房屋所有權人不斷尋找較低利率的房貸進行轉貸，轉貸的同時，他們的金融投資組合帳面獲利也很優渥。於是消費者信心日益回升，也有愈來愈多人湧向商店和汽車交易商。接下來，鋁和鉛（大量使用於汽車的金屬）價格開始上漲；這是避險基金經理人夢寐以求的黃金時期，因為此時到處都是值得介入的投資機會，而且市場上投資動能強勁，非常有利於操作。

最初浮現的問題

需求的大幅升高讓部分企業感到意外，因為這時企業的存貨水位很低。為解決存貨降低的問題，企業只好訂購更多商品，重新建立正常的存貨水準，而採購行為將更進一步促使成長加速，此時存貨加速因子開始發揮效用。這時企業的閒置產能依舊非常大，所以只要利用現有人力就足以填滿新需求，在這種情況下，企業得以在不大幅增加成本的情況下提高營收金額，獲利亦因此大幅升高。此外，在衰退期間備受煎熬的企業終於開始感受到訂價能力的恢復，於是它們展開漲價行動，這將對經濟形成打擊。另一方面，央行憂心忡忡的目睹了這一切的發生，於是決定為快速成長的經濟降溫，它們藉由提高利率的方式來踩煞車。一段時間以後，貨幣加速因子將開始產生反作用。

此時有些投資人開始感到憂慮，而債券價格達到高點後也開始溫和下跌，這大約發生在企業達到滿意的存貨水準時；接下來存貨的漸次降低將對經濟形成一些漣漪，進而導致經濟暫時趨緩：現在存貨加速因子也開始產生反向作用。

從開始擴張迄今已經過了4.5年，避險基金開始面臨難題，因為儘管市場在一種複雜且不穩定的情況下進行修正，但看起來卻又不像會立即陷入明顯的空頭市場趨勢。

表29.3　典型存貨循環（基欽循環）的經濟特質

延續期間與強度
- 平均延續期間為4.5年，規律性很高
- 下降階段平均持續約6-9個月
- 強度有限。通常這種循環走下坡時並不會演變成經濟衰退，它只是「成長循環」中的向下修正波而已。

主要驅動因子
- 存貨，平均約當年度GDP的6%
- 有大量的存貨屬於耐久財，這類存貨的波動幅度大於服務與必需品。汽車和汽車零組件的存貨佔很高比重。

主要的理論概念
- 存貨循環
- 啤酒競賽現象
- 毛豬生產循環／蛛網／造船循環

干擾因素
- 非常有限

正面影響
- 消除通膨問題

主要指標
- 一般：綜合領先指標、短期與長期利率、殖利率曲線
- 特定：存貨

新一波的復甦

不過以上修正將形成一個非常正面的影響：在幾個月內讓通膨下降回可容許的範圍內。中央銀行將察覺核心消費者物價指數正逐漸降低到目標水準，而隨著採購經理人指數（Purchasing Managers' Index, PMI）低於中性值50時，央行將認定先前的緊縮措施已足夠，可以暫停升息。再過六個月，央行甚至開始放寬貨幣政策。於是債券再度回漲，股票緊跟其後，一直到股市抵達新高點之前，你甚至無法找出任何「經濟已重新復甦」的證據。接下來，人們會善

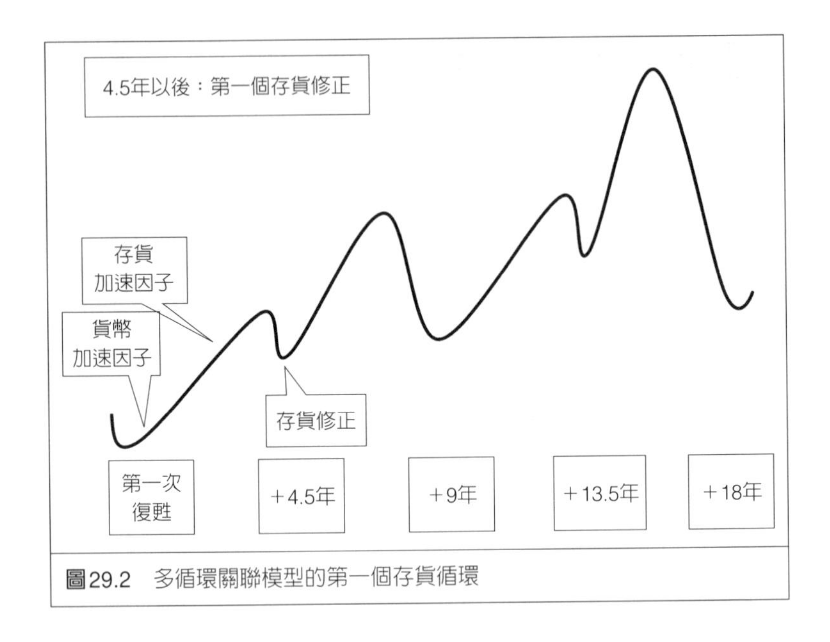

圖29.2　多循環關聯模型的第一個存貨循環

加利用房貸抵押利率下降的優勢，於是住宅型房地產又開始上漲。

資本投資循環

存貨循環已經夠嚇人了，但和資本投資循環比起來實在不算什麼。例如單純的存貨循環對黃金、鑽石、私募股票和收藏品的影響非常有限，也因如此，這些商品並未被列入表29.4當中。不過，我們的大蒸汽機還是持續運轉，雖然第一個存貨循環已經結束，但有一個重要指標卻還是繼續緩慢出現重大的變化，這個變化是：產能利用率持續上升。

這個指標非常重要，雖然產能利用率在存貨循環的短暫衰退期間裡呈現停滯，不過企業大多還是能藉由現有產能和要求員工加快生產速度（或增聘員工）的方式來滿足需求。企業會將這4.5年以來（也就是前一波嚴重衰退後的4.5年）所賺到的錢用來改善資產負債表結構。銀行會沖銷所有呆帳，而企業則持續償還貸款，讓總

表29.4　存貨循環期間的典型資產價格行為

	擴張初期	擴張末期	衰退初期	衰退末期
債券殖利率	下降（債券價格上漲）。垃圾債券表現較好	達到谷底，接下來溫和上升	上升，投資等級債券表現較好	適度下降
貨幣	穩定或適度貶值	開始適度升值	適度升值	貶值
股票—整體	快速上漲，但略為落後債券	穩定上漲，接下作頭並適度下跌	大幅下挫，接下來一旦通膨下滑且長期領先指標上揚，就再度上漲	上漲
股票—產業	表現較好者：金融、消費、資訊科技、小型股	表現較好者：工業股	表現較好者：必需消費品、公用事業、大型股	表現較好者：金融、消費、資訊科技、小型股
	表現落後者：必需消費品、公用事業、大型股	表現落後者：金融	表現落後者：非必需消費品、資訊科技、小型股	表現落後者：必需消費品、公用事業與工業股
避險基金—整體	表現非常好	表現良好	表現相對較差	表現適中
表現最好的避險基金	產業基金、多頭基金、股票避險、事件導向與市場中性	產業基金、多頭基金、股票避險、事件導向、市場中性	放空基金、市場中性、事件導向總體	產業基金、多頭基金、股票避險、事件導向與市場中性
房地產—整體	上漲	上漲	停滯	上漲
表現較好的房地產	公寓、小家庭住宅	零售用房地產、全方位服務旅館住宅用地、停車位、市中心辦公室、商用土地	郊區辦公室、研發用空間、工業用倉庫	二線的地區性購物中心、工廠暢貨中心
原物料—整體	停滯	溫和上漲	上漲	下跌
表現較好的原物料	鉛	銅、鋅、鎳、鋁、銅	銅	

負債遠低於安全水準。事實上，由於企業降低負債的作為過於積極，股東甚至可能開始質疑為何不繼續為「美好的將來」進行投資。於是，愈來愈多企業決定從善如流，增加研發投資與新產能。這一波投資將衍生資本支出加速因子，因為企業會對彼此出售生產產能。

商用房地產產業極端取決於資本支出的增加，因為直到這個階段，該產業的景氣依舊非常低迷。不過，此時租金逐漸上漲，最優質辦公室（市中心）的空置率從中等高的水準降到幾乎接近0，業者甚至不得不將一些新承租者安排在比較不那麼理想的郊區辦公室。另外，由於企業開始建立新產能，所以工業用房地產也逐漸上漲。

在這個時點，產能的建立取代消費支出成為驅動整體經濟成長的主要因素，其中提供最新技術企業的股價將大幅上漲。在更堅定的買盤推升之下，這些股票的價格持續上漲，接下來將出現瘋狂甚至狂熱的行為——情緒加速因子開始產生作用。由於財富快速成長，人們也開始以資產作為貸款抵押，此時擔保品加速因子登場。因貨幣流通速度加快，商業界也發明新型態的信用方式來滿足持續竄升的資金需求，所以貨幣加速因子也開始發揮作用。

就這個階段來說，多數企業的主要優先目標鎖定於市場佔有率的提升，同時有愈來愈多合併與收購案發生。另外，金屬與礦產製造商發現市場陷入供不應求的窘境，於是開始調漲價格，並準備擴大生產產能；不過等到新產能就緒，已經是幾年後的事了。這時銅、鋁和鉛的表現都很好，而鋅和鎳的表現甚至更亮麗，畢竟這些金屬多半用於工程用途、電線、化學產業配線等。避險基金經理人士氣大振，因為他們知道企業盈餘大幅增加，而且趨勢非常堅實，很值得操作。私募股票基金也一樣欣欣向榮，因為它們可以用非常好（甚至超高）的價格賣出很多投資標的。那麼黃金、鑽石和收藏品又如何呢？事實上，這些商品的表現也非常優異。

此時商業狀況通常都非常好，存貨加速因子又開始錦上添花。不過，這時有一個問題會開始浮現：各部門的成本不斷上升。例如商用房地產的租金愈來愈貴，所以租賃契約開始被拿出來談判。此外，企業為網羅彼此最優秀的人力而提供更多額外的福利，這也導致企業界頭一次感受到嚴重的熟練員工薪資壓力，很多產業的勞力市場都出現這個現象。由於整個經濟體系的需求非常高，但供給卻吃緊，所以儘管企業的營收成長還差強人意，但盈餘成長卻開始出現疲態：現在，透支加速因子即將上場。到這個時點，中央銀行因擔心通膨問題而開始提高利率。於是債券下跌，不過工業用金屬還是繼續上漲。

值此時刻，由於無法在當前成本水準下利用繼續擴張來為公司賺取更多收益，所以某些企業經理人也開始緊張。此外，他們也會想起經濟學家的主張：「經濟活動頂點出現的十四個月前，長期領

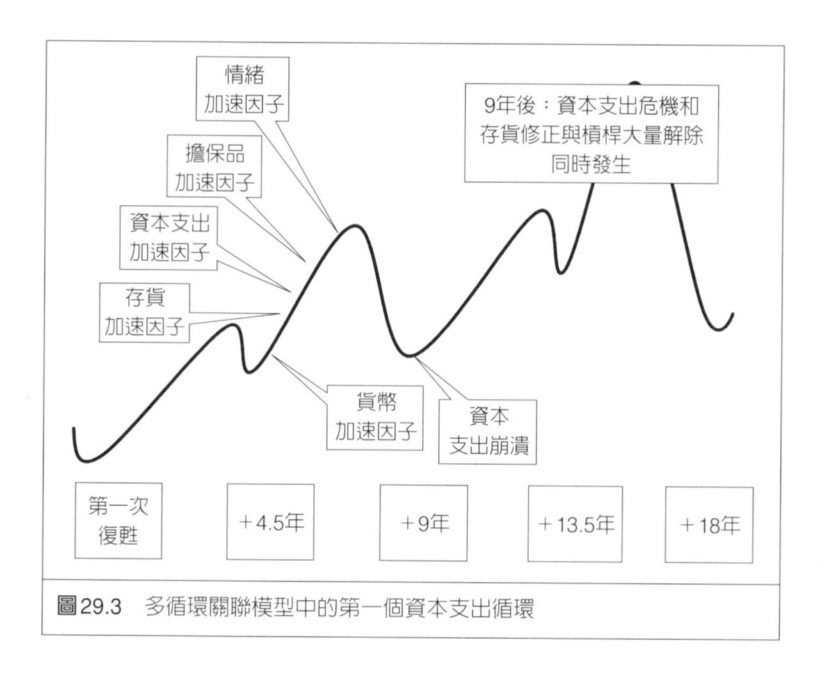

圖29.3　多循環關聯模型中的第一個資本支出循環

先指標就會先反轉」，並發現這些領先指標確實早已反轉。這樣的發現將促使他們停止投資，在這個轉折點之後，就會進入九年來的

表29.5 典型資本支出循環（朱格拉循環）的經濟特質

延續期間與強度

- 平均延續期間為9年，不過頻率略有差異，並且受特定的革新進展、貿易自由化等因素所影響。
- 衰退階段通常持續大約2-2.5年。
- 強度可能很大。

主要驅動因子：

- 資本支出，通常平均佔已開發國家GDP的10%，但在快速成長的新興市場，資本支出佔GDP比重則較高。它和特定經濟發展階段及技術革新有關。

主要理論概念：

一般

- 資本支出循環
- 資本支出加速因子
- 乘數
- 毛豬生產循環／蛛網理論／造船循環

擴張階段期間

- 自然成長率與實際成長率
- 資產通貨膨脹
- 情緒加速因子
- 擔保品加速因子
- 透支現象

衰退階段期間

- 貨幣加速因子（反向）
- 情緒加速因子（反向）
- 擔保品加速因子（反向）
- 信用短缺

干擾效果：

- 可能非常大，因為投資降低可能導致負債型通貨緊縮失控，經濟體系過度偏好現金，並陷入流動性陷阱。

正面影響：

- 消除通貨膨脹
- 失控的勞工薪酬壓力獲得壓制
- 帶動必要的整理與資產負債表重建流程

主要指標

一般：綜合領先指標、短期與長期利率、殖利率曲線

具體：產能利用率、上市股票歷史與預估盈餘

第一次嚴重衰退期。在衰退期裡，不僅資本支出將瓦解，存貨也會陷入嚴重調整期。另外，房地產市場也會受傷，不過並不會太嚴重，因為雖然需求逐漸降低，但由於房地產並未出現「超建」（over-building）的情況（供給量依舊合理），所以修正情況還算緩和。

此時存貨、資本支出、擔保品和情緒加速因子都產生反向作用。股票市場將像自由落體般重挫，其中又以和前一波資本支出有關的產業最為嚴重，工業用原物料則是稍後才展開跌勢。避險基金的表現又如何？很多避險基金經理人先前因認定股票實際價值不足以支持多頭動能而錯失了多頭市場的最後一波，而且他們也可能誤判反轉點的時機。但無論如何，一旦空頭市場明確成形，他們又會搶先一步介入，繼續從中牟利。另外，來不及在前一個多頭市場出場的私募股票基金則開始面臨嚴峻的挑戰；由於它們通常未被授權放空，所以在這個階段，有些私募基金甚至將不幸走入破產一途。

目前經濟面臨陷入流動性陷阱的風險，所以急需央行投注較多心力。不過，由於多數資產的下跌都和股票有關，而股票通常以現金購買，所以負債型通貨緊縮問題並不是無法解決，央行所面臨的挑戰也並非那麼嚴峻。

邁向房地產榮景

次一個4.5年的演變和第一個4.5年的情況很類似，經濟再度轉危為安，而企業因剛歷經嚴重的打擊，對新資本支出依舊持保留態度。經濟大約在十八個月以後才開始復甦，也就是大約在上一次嚴重危機發生的九年後。前一次危機讓消費者受到嚴重打擊，資本支出設備產業也嚴重受創，事實上很多這類企業就此倒閉。不過，儘管房地產市場受到影響，但並沒有發生大地震，而隨著經濟恢復成長，波動速度遲緩的房地產循環似乎開始加快腳步，只不過距離最高擴張速限還非常遠。這時，我們想像中的經濟時間機器已經運轉了13.5年，目前正要進入最瘋狂的階段。

展開房地產循環

最瘋狂的部分發生在房地產循環。直到接近這個階段時，房地產短缺的問題才開始浮現。畢竟多年來經濟景氣已經大幅擴張，儘管多數投資人之前積極追逐資本支出題材，卻沒有把太多注意力放在房地產上。

房地產市場緊縮意謂房租和售價已大幅上揚，而無論是CAP比率或投資報酬率都比利率更吸引人。有經驗的房地產開發商早已嗅到財富的味道，所以即將展開的建案不在少數，而且還有更多建案進入計畫階段。商人開發了許多新概念，取得融資後陸續展開建築工事。土地重劃與分割活動如火如荼展開，房地產銷售狀況也非常亮麗，而當消費者加入並且搶購避暑渡假別墅後，建築開工情況就會進入狂熱階段。其中有些消費者只想在買進後賺點價差，但有些則擔心繼續等待終將買不起房子，所以也積極進場。房地產的榮景帶領整體經濟景氣向上推升，此時有好幾個加速因子同時發揮作用，包括貨幣、存貨、資本支出及房地產加速因子。此外，房地產建築和資本支出成長，加速促使基本金屬需求大幅上升，導致礦產業者的生產腳步完全趕不上需求。於是它們開始進行提升產能的投資，整個熱潮就此達到最高點，許多投機客大量吃進股票、房地產和收藏品，天真的以為這些商品的價格將飆到天上去。此外，藝術品市場的表現也異常亮麗。

最後的瓦解

直到前一次大危機過後的十五至十六年，瘋狂的熱度才會逐漸降溫。此時，房地產嚴重超建，產能過剩，且消費者支出遠超過其能力限度，這一切導致通貨膨脹上升，並促使央行提高利率來抑制所有過熱現象。於是，一切活動都停了下來，進而開始崩潰，並引

表29.6 支出循環期間典型的資產價格行為

	擴張初期	擴張末期	衰退初期	衰退末期
債券殖利率	下降（債券價格上漲）。垃圾債券表現較好	達到谷底，接下來上升	上升，投資等級債券表現較好	下降
貨幣	穩定或適度貶值	開始適度升值，原物料貨幣表現較好	達到頂點	貶值或崩盤，原物料貨幣表現較差
股票—整體	快速上漲，但略為落後債券	快速上漲，並可能在噴出型的頭部結束漲勢。接下來快速下跌	大幅下挫，接下來領先經濟景氣反轉	上漲
股票—產業	表現較好者：金融、非必需消費品、資訊科技、小型股	表現較好者：工業股、資訊科技、小型股	表現較好者：必需消費品、公用事業	表現較好者：金融、消費、資訊科技、小型股
	表現較差者：必需消費品與公用事業、大型股	表現較差者：金融	表現較差者：非必需消費品、資訊科技、小型股	表現較差者：必需消費品、公用事業與工業股
避險基金—整體	表現良好	表現亮麗	表現相對較差	表現良好
表現最好的避險基金	產業基金、多頭基金、股票避險、事件導向與市場中性	產業基金、多頭基金、股票避險、事件導向與市場中性	放空基金、市場中性、事件導向與總體	產業基金、多頭基金、股票避險、事件導向與市場中性
私募股票基金	表現好，尤其是併購與創投基金	表現好，尤其是併購與創投基金	也許會出現絕佳出場點	很多基金嚴重受創，尤其是創投基金
房地產—整體	上漲	上漲	停滯或溫和下跌	上漲
表現較好的房地產	公寓、小家庭住宅	零售用房地產、全方位服務旅館、住宅用地、停車位、市中心辦公室、商用土地	郊區辦公室、研發用空間、工業用倉庫	二線的地區性購物中心、工廠暢貨中心
原物料—整體	停滯	溫和上漲	上漲	下跌
表現較好的原物料	鉛	銅、鋅、鎳、鋁、鉛	銅	
黃金、鑽石與收藏品	上漲	極快速上漲，甚至形成泡沫	達到頂點後下跌	下跌，接下來盤跌

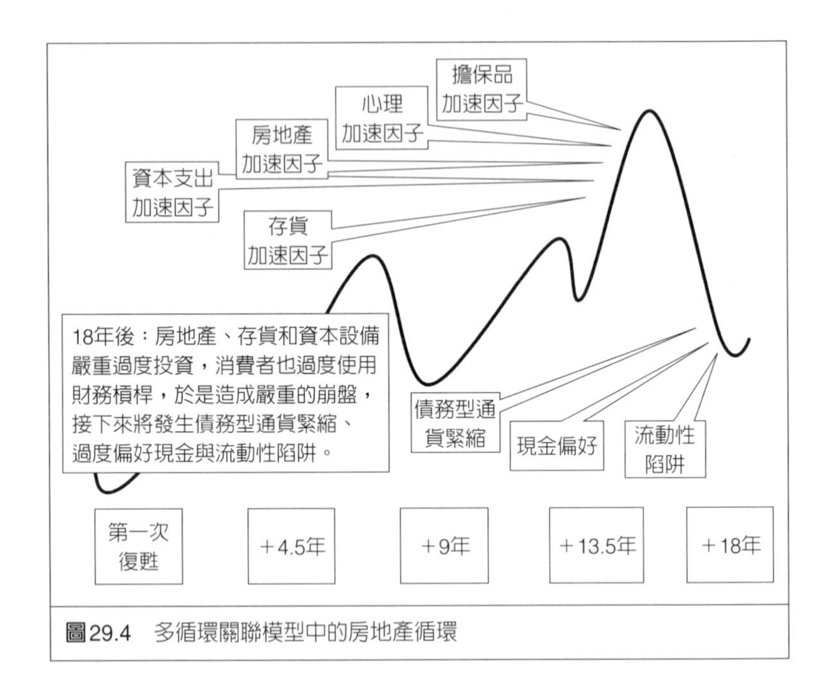

圖29.4　多循環關聯模型中的房地產循環

發債務型通貨緊縮、銀行體系危機和經濟停滯。此時，即便央行極力設法重振經濟景氣，卻都徒勞無功（央行的努力要經過數年的時間才會開始見效），此時進入信用短缺時期。這就是房地產大循環，在距離上一次高峰的十八年後達到頂點。此時，我們想像中的經濟時間機器才終於走完一個完整的循環。

我們走過了四個存貨循環、兩個資本支出循環和一個房地產循環。我們因應這些循環的方式將決定自己目前的財務情況是「富裕」、「尚可度日」或「一貧如洗」。但無論如何，我們多少會變得更明智一些。

表29.7 典型房地產循環（顧志耐循環）的經濟特質

延續期間與強度

- 平均延續期間為18年，不過頻率略有差異，這是受利率的結構性趨勢所影響（利率的結構性趨勢則是受貿易自由化與央行政策等影響）。
- 衰退階段通常持續大約3-3.5年。
- 強度可能非常大。

主要驅動因子：

- 房地產建築活動，大約佔全球GDP的8%（但波動度很大），另外還有房地產價格（大約是全球GDP的250%左右）所形成的財富效果。已開發國家的房地產建築活動占GDP比重高於新興市場。

主要理論概念：

一般

- 房地產循環
- 乘數毛豬生產循環／蛛網理論／造船循環

擴張階段期間

- 自然成長率與實際成長率
- 資產通貨膨脹
- 情緒加速因子
- 擔保品加速因子
- 透支現象

衰退階段期間

- 貨幣加速因子（反向）
- 情緒加速因子（反向）
- 擔保品加速因子（反向）
- 信用短缺

干擾效果：

- 房地產價格崩潰後，幾乎都會發生長期且嚴重的衰退，這也會引發金融產業的問題。

正面影響：

- 消除通貨膨脹
- 提高儲蓄率
- 讓房地產需求逐漸跟上供給的腳步

主要指標

- 一般：綜合領先指標、短期與長期利率、殖利率曲線
- 具體：購屋負擔能力、房價相對勞工薪酬的比率、房價相對GDP比率、商用房地產CAP比率相對債券殖利率的比率、租金成本相對房屋抵押貸款利率的比率

表29.8 房地產循環期間典型的資產價格行為

	擴張初期	擴張末期	衰退初期	衰退末期
債券殖利率	下降（債券價格上漲）。垃圾債券表現較好	到達谷底，接下來上升	快速上升，投資等級債券表現較好	長期停留在低檔
貨幣	穩定或適度貶值	開始適度升值，原物料貨幣表現較好	貶值	貶值或崩盤，原物料貨幣表現較差
股票—整體	快速上漲	快速上漲，接下來達到頂點，並溫和下跌	快速下挫甚至崩盤	上漲
股票—產業	表現較好者：金融、消費品、資訊科技、小型股、REITs	表現較好者：工業股、REITs非必需消費品	表現較好者：必需消費品、公用事業	表現較好者：金融、消費、資訊科技、小型股
	表現較差者：必需消費品與公用事業、大型股	表現較差者：金融	表現較差者：非必需消費品、資訊科技、小型股、REITs	表現較差者：必需消費品、公用事業與工業股、REITs
避險基金—整體	表現良好	表現良好	表現相對較差	表現良好
表現最好的避險基金	產業基金、多頭基金、股票避險、事件導向與市場中性	產業基金、多頭基金、股摽避險、事件導向、市場中性	放空基金、市場中性、事件導向、總體	產業基金、多頭基金、股票避險、事件導向與市場中性
房地產—整體	上漲	上漲，但擴張末期交易量下降	崩盤	穩定，成交量極低
表現較好的房地產	公寓、小家庭住宅	零售用房地產、全方位服務旅館、住宅用地、停車位、市中心辦公室、商用土地	郊區辦公室、研發用空間、工業用倉庫	二線的地區性購物中心、工廠暢貨中心
原物料—整體	停滯	快速上漲	上漲	崩盤
表現較好的原物料	鉛	銅、鋅、鎳、鋁、鉛	銅	
黃金、鑽石與收藏品	上漲	非常快速上漲，甚至形成泡沫	達到頂點後下跌	下跌，接下來盤跌

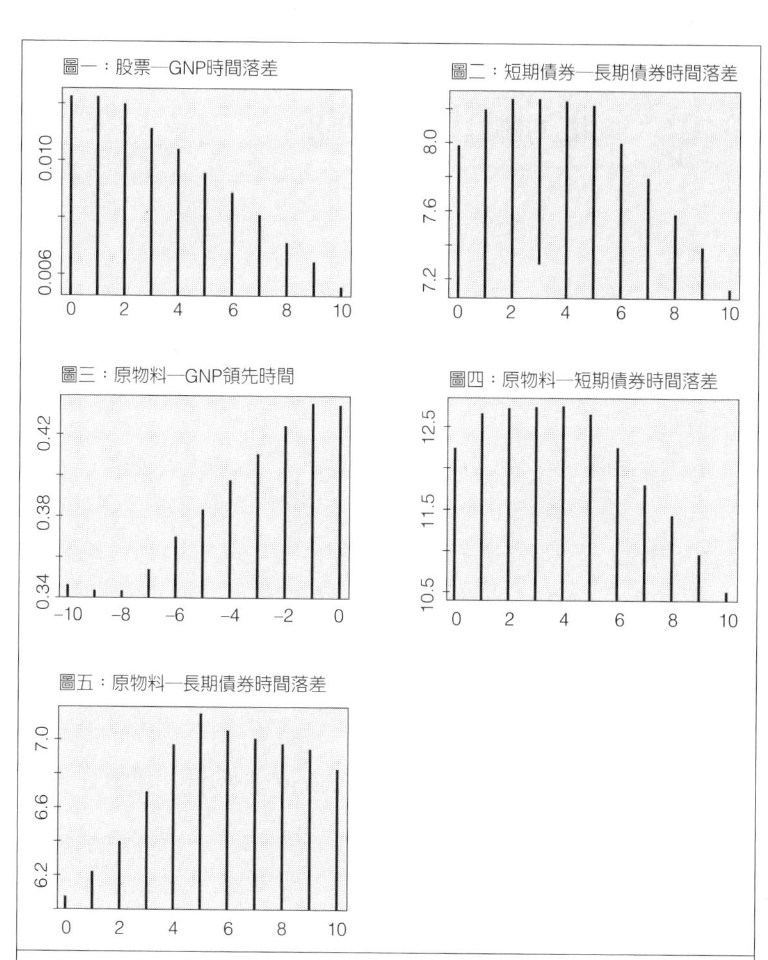

圖29.5　景氣循環的金融事件發展順序。上圖是1900-1983年間美國短期債券、長期債券、股票市場、GNP與原物料價格波動情況的交叉共變異分析。這些統計是以每一季的數字為基礎，每一個圖示說明了兩個時間序列的共變異情況。如果共變異數在一季或幾季以後才達到高點，就代表有落後的情況。第一個圖顯示GNP通常和股市同時間或落後一個月反轉：相關性雖高，但只有短暫的時間落差。第二個圖顯示短期債券明顯落後長期債券約四季的時間。第三個圖顯示GNP落後原物料價格一季，第四個圖顯示原物料落後短期債券二至四季，最後一個圖顯示原物料落後長期債券約五季。總的來說，這些圖示闡明了以下典型事件發展順序：短期債券—長期債券—股票市場—GDP—原物料循環。

資料來源：Klock, 1992.

結語 心臟的跳動

清晨時，我在室外待了大約十秒的時間，所以我知道天氣很冷。現在我回到室內，舒服的坐在壁爐旁，一邊享用我的早餐，一邊看著報紙。

我放下報紙，享受的望著窗外的景色，數百萬個閃亮冰晶聚集在一起，好像空氣中布滿無數小閃光一般。突然，我注意到有兩隻圓滾滾的熊從花園那端走了過來，一隻是很大的黑熊，另一隻則是很小的白熊。牠們每向前跨幾步，小白熊就會停下來，好像在雪地裡尋找些什麼，而大黑熊則轉身耐心等待。最後，牠們出現在露台邊，也就是窗戶的正前方。大熊打開露台門，冷冽的空氣隨即灌進屋裡。那是我太太伊茲雅爾，她穿著一件長黑外套。跟在她身旁的是小蘇菲，她奔向我的椅子，讓我幫她脫掉白外套和小靴子。她們的臉頰發紅，但雙眼卻閃閃發亮。

伊茲雅爾說：「你好像很享受獨處的時光。……你已經吃了四個小時的早餐了，你知道嗎？」

當然，我可以吃一整天的早餐。

她說：「讓我猜猜，你在讀和景氣循環有關的報紙或書籍是吧？」

「都有。」

「那麼，你有什麼發現？我是說有關景氣循環的發現？」

「沒有答案，但很有意思。人類可以減輕波動度，不過卻無法完全規避波動。如果妄想這麼做，情況一定會變得更糟。」

她倒了一些咖啡，並看著蘇菲，蘇菲現在正玩著地板上的一顆蘋果。我看著窗外。湖上掀起了陣陣小漣漪，一波波緩慢的湧向湖岸。也許這個星期之內，湖水就會沿著湖岸結冰。伊茲雅爾也望向窗外，她也在思考。接下來，她從錢包裡抽出一張皺巴巴的字條，那是我寫的。

我說：「我一直在找這個……你在哪裡找到的？」

她回答：「在花園小屋裡，現在我終於知道你為什麼要不嫌麻煩的把它寫下來了。」

於是，她大聲的唸出上面的字：

> 景氣循環和可有可無的扁桃腺不一樣，它像心臟的跳動，是這個器官最重要的功能。
>
> 熊彼得，1939

景氣循環理論的重要事件發展清單

1705 約翰・勞發表《貨幣與貿易：為國家供給貨幣的建議書》，他呼籲應該成立一家地產銀行。

1716 勞氏公司成立。

1734 肯狄隆過世，留下《商業概論》手稿，這份手稿中包含貨幣流通速度的影響分析。

1759 亞當・史密斯發表《道德情操論》。

1764 亞當・史密斯航行到法國，在當地與魁奈見面。

1773 亞當・史密斯發表《國富論》，當中提及「看不見的手」概念。

1788 金・巴第斯特・薩伊表示已拜讀過《國富論》。

1797 不列顛下議院邀請亨利・桑頓針對恐慌的導因到議會發表證辭。

1799 大衛・李嘉圖閱讀《國富論》。

1802 亨利・桑頓發表《大不列顛紙幣信用本質和效果探究》，那是一套非常詳盡的貨幣政策運作說明。

1803 金・巴第斯特・薩伊發表《政治經濟學泛論》，「薩伊法則」也含括在其中，他主張供給自會創造需求。

1808 詹姆斯・密爾拜會大衛・李嘉圖，並開始說服他撰寫經濟方面的著作。

1809 大衛・李嘉圖發表〈金塊的高價為銀行紙幣跌價的證據〉。

1816 大衛・李嘉圖發表《經濟與安全的貨幣計畫》，他主張使用可轉換為黃金的紙幣，並認為此舉將穩定經濟。

1819　詹姆斯・密爾的兒子約翰・史都華・密爾在十三歲時發表《政治經濟要素》。

1822　查爾斯・巴貝奇發表《應用機器於數學表運算之觀察》。

1826　約翰・史都華・密爾在他的〈紙幣與商業災難〉中提出競爭投資的概念。

1848　約翰・史都華・密爾發表《政治經濟學原理》，他主張貨幣流通速度和經濟成長與投機有關，同時也強調了信心的重要。馬克思撰寫《資本論》的第一份手稿，他也在當中對景氣循環做了一番描述。

1862　克萊曼・朱格拉發表《法國、英國和美國的商業危機及其週期》，是第一份明確指稱景氣循環導因於固有不穩定現象的著作。

1867　馬克思的《資本論》初版問世。

1871　威廉・史坦利・傑逢斯發表《政治經濟學理論》，當中出現「理性人」的第一個正式說明。

1873　白芝浩（《經濟學人》雜誌編輯）發表《倫巴街：貨幣市場概述》(*Lombard Street: A Description of the Money Market*)，描述銀行體系的角色和主要的經濟影響。

1875–1882　威廉・史坦利・傑逢斯撰寫一系列有關景氣循環的文章，他嘗試解釋景氣循環是因太陽黑子的影響所產生，也可以說是因為世人對太陽黑子的預期心理而產生。

1885　賽門・紐康在《政治經濟原理》提出後來被稱為「貨幣數量理論」的概念。

1889　里昂・華拉發表《純粹經濟學要義》，他嘗試以數學觀點來描述經濟體系。約翰・阿特金森・霍布森發表《工業機能》，他提出了景氣循環的消費不足理論。

1890　馬歇爾發表《經濟學原理》，他在其中描述經濟體系的正向回饋流程。

1894　米克海爾・杜岡－巴拉諾夫斯基發表《英國工業危機》，提出景氣循環的過度投資／透支模型。

1896　厄文・費雪在他的《漲價與利率》中將自然與實質利率加以區隔。

1902　亞瑟・斯庇托夫發表《*Vorbemerkungen zu einer Theorie der Uberproducktion*》，提出景氣循環的過度生產／技術理論。

1903　亞瑟・斯庇托夫發表《*Die Krisentheorien von M. v. Tugan-Baranovsky und L.Pohle*》。

1907　努特・魏克賽爾發表《利率對物價的影響》，提出實質利率和自然利率的概念。

1910　羅傑・華德・巴布森發表《用以增加財富的景氣指標》。這本書描述貨幣利率、股票、債券、原物料價格和房地產波動與景氣循環的關係。尼古拉・康德拉季耶夫在《社會科學》中描述長期循環。

1911　厄文・費雪發表《貨幣的購買力》，主要討論通貨膨脹和貨幣供給波動所造成的不穩定影響。約瑟夫・熊彼得發表《經濟發展理論》，他提出創新活動將成群結隊發生的理論，而這些創新活動也是形成景氣循環的導因，另外他也提出「創造性破壞」的概念。

1913　羅夫・喬治・霍特里發表《好貿易與壞貿易》，主要著眼於貨幣不穩定，另外也對景氣循環做了一番說明。衛斯理・米契爾發表《景氣循環》。

1915　丹尼斯・荷姆・羅伯森發表《工業波動之研究》，強調資本投資的波動是驅動景氣循環的關鍵要素。

1920　厄文・費雪發表《穩定美元》，他主張應該主動穩定通貨膨脹和貨幣供給。衛斯理・米契爾共同創辦美國國家經濟研究局。

1923　約瑟夫・基欽發表《經濟要素的循環與趨勢》，他在當中描述一個短期的景氣循環現象。卡欽斯和福斯特發表《貨幣》，主要是提出一個消費不足理論。

1925　卡欽斯和福斯特發表《利潤》。

1926　厄文・費雪發表《失業與價格變動之間的統計關係》，也就是後來為人所熟知的「菲利普曲線」。

1927　庇古發表《工業波動》。卡欽斯和福斯特發表《沒有買家的商業》。米契爾發表《景氣循環：問題與其背景》。

1929　巴布森預言股市將崩盤，費雪表示不認同。

1930　拉格納・弗里希和熊彼得、厄文・費雪及其他人共同成立「經濟協會」。顧志耐發表《生產與物價的長期變動》，他在當中提出一個中期循環的概念。

1931　卡恩（R.F. Kahn）在《國內投資與失業情況的關係》（*The Relationship of Home Investment to Unemployment*）中提出乘數概念。

1933　弗里德里希・海耶克發表《貨幣理論與貿易循環》（*Monetary Theory and the Trade Cycle*）。他主張貨幣體系本身是不穩定的，所以連續幾年的貨幣膨脹可能還不會構成整體通貨膨脹。赫莫・霍伊特發表《百年來芝加哥地區土地價值》，提出第一個房地產循環理論。第一份《計量經濟學》出刊。拉格納・弗里希發表〈動態經濟的傳遞問題與刺激問題〉，他認為隨機的衝擊可能會在經濟體系中形成循環性波動。熊彼得開始撰寫一本有關景氣循環的書籍。羅伯・布萊斯造訪美國，並針對凱因斯所提出的新觀念發表一篇演說。

1936　凱因斯發表《就業、利率及貨幣的一般理論》，他在書中主張美國應該採行財政政策來穩定經濟。這本書也說明了「消費傾向」、「儲蓄傾向」、「流動性偏好」與「乘數」等觀念。簡・丁伯根開發出一個含有二十四個等式的美國經濟模型。

1937 哈伯勒針對國家聯盟的創設而發表《繁榮與蕭條》，這本書檢視了當時所有既存的景氣循環理論。

1938 艾納森發表《再投資循環》（*Reinvestment Cycles*），這本書描述了一些和挪威造船產業投資互相呼應的情況。艾哲基爾發表《蛛網理論》。

1939 簡・丁伯根發表兩篇文章，主題是對哈伯勒書裡的理論進行測試。他的結論之一是：總獲利的波動顯然是影響總投資波動的最重要因素。保羅・薩繆森發表一篇文章來解釋加速因子和乘數的綜合影響。他發現一個複雜的模式，這個模式可能產生幾種完全不同的影響，結果取決於參數的數值。約瑟夫・熊彼得發表《景氣循環》，他主張最重要的波動有三種：基欽、朱格拉和康德拉季耶夫，所以他認為當三種波動同時向下時，可能會造成經濟蕭條。

1941 羅伊德・亞普列頓・梅茲勒發表〈存貨循環的本質與穩定性〉，當中解釋存貨的波動如何形成短期的景氣循環。

1943 庇古發表《典型的恆定狀態》（*The Classical Stationary State*），主張經濟衰退環境下的通貨緊縮將會使流通現金的購買力上升，這是一種負向回饋循環。這後來被稱為「庇古效應」。

1946 世界上第一部電腦ENIAC正式公開問世，杰・佛瑞斯特的「旋風專案」取得許可。

1948 密爾頓・傅利曼加入美國國家經濟研究局。

1951 赫斯特發表〈蓄水池的長期儲存量〉，他提出了「赫斯特指數」。

1953 路德維希・馮・米塞斯發表他的《貨幣與信用理論》。

1954 肯尼斯・艾羅和吉拉德・德布魯發表《競爭經濟裡所存在的均衡》，他們以數學方式來說明經濟如何趨向固有的穩定狀態。

1956　杰・佛瑞斯特加入史隆管理學院，他後來在此提出「系統動力」的概念。

1957　明斯基發表〈央行業務和貨幣市場變化〉，他主張資本市場不穩定是商業波動過程中的重要現象，是這類主張的最早期系列出版品。

1958　菲利普再度發現菲利普曲線，發表《1861-1957年間英國失業情況和貨幣薪資變動率之間的關係》。

1961　愛德華・羅倫茲在模擬一套天氣系統時，發現了蝴蝶效應。謬斯（Muth）發表《理性預期與價格變動理論》（*Rational Expectations and the Theory of Price Movements*），這是「理性預期」假說的先驅。

1963　密爾頓・傅利曼和安娜・史瓦茲共同發表《美國貨幣史》。他們的結論是，短期而言，貨幣成長的效應會反映在經濟活動上，但長期而言卻會反映在通貨膨脹上。

1967　漢米爾頓・波頓發表《貨幣與投資獲利》，他在當中描述財務流動性的影響。

1969　拉格納・弗里希和簡・丁伯根因「為經濟流程分析發展及運用動態模型」而獲得諾貝爾獎。

1970　保羅・薩繆森因「發展靜態與動態經濟理論，且對提升經濟科學領域的經濟分析層次有積極貢獻的科學工作成果」而獲得諾貝爾獎。

1971　賽門・顧志耐因「以實務驗證的方式發現經濟成長的原因，讓人們得以更深入了解經濟與社會結構及其發展過程」而獲得諾貝爾獎。羅伯・梅在模擬魚群時發現費根堡瀑布。弗里德里希・海耶克和古南・米爾道（Gunnan Nyrdal）因「在貨幣與經濟波動理論方面的先驅研究成果，與對經濟、社會與制度互相依存現象的敏銳分析」而獲得諾貝爾獎。

1975 詹姆士・約克和李天岩（Tien-Yien Li）發表〈第三期出現混沌〉，他們提出「定態混沌」（deterministic chaos）一詞。

1976 杰・佛瑞斯特發表《景氣結構、經濟循環與國家政策》（*Business Structure, Economic Cycles and National Policy*）。密爾頓・傅利曼因「在消費分析、貨幣歷史與理論等領域的成就，以及驗證穩定性政策的複雜度等貢獻」而獲得諾貝爾獎。

1979 愛德華・羅倫茲發表《可預測性：巴西蝴蝶振翅動作會引發德州的龍捲風嗎？》

1980 勞倫斯・克萊恩因「建立各種經濟計量模型並將之運用於經濟波動與經濟政策分析的成就」而獲得諾貝爾獎。

1981 盧卡斯（Lucas）和沙郡（Sargent）發表《理性預期與經濟運作》（*Rational Expectations and Economic Practice*），他們將理性預期假說運用到經濟計量模型當中。

1982 芬恩・凱德蘭和愛德華・普瑞斯考特發表〈建立與彙總波動的時間〉，他們提出「實質景氣循環」的摩登概念。

1986 摩塞基德和亞瑞席爾因他們在系統動力方面的研究成果而榮獲杰・佛瑞斯特獎。

1989 史特曼發表〈實驗經濟體系中的定態混沌〉（Deterministic Chaos in an Experimental Economic System）。

1990 史特曼、摩塞基德和其他夥伴共同研究MIT系統動力美國國家模型，並發現當中的超混沌。

1991 艾德加・彼得斯發表《資本市場中的混沌和秩序》（*Chaos and Order in the Capital Markets*），他說明了許多市場確實存在著「厚尾」（代表正向回饋）。

1995 羅伯・盧卡斯因「開發與運用理性預期假說的成就」而獲得諾貝爾獎。

歷史上的超大型金融危機列表

年度	國家	投機項目	頂點	嚴重危機
1557	法國、奧地利、西班牙（哈布斯堡帝國）	債券	1557年	
1636	荷蘭	主要是鬱金香球莖	1636年夏天	1636年11月
1720	法國、皇家銀行	西方公司、通用銀行	1719年12月	1720年5月
1720	英國	南海公司	1720年7月	1720年9月
1763	荷蘭	原物料，空頭支票引起	1763年1月	1763年9月
1773	英國	房地產、運河、道路	1772年6月	1773年1月
1773	荷蘭	東印度公司	1772年6月	1773年1月
1793	英國	運河	1792年11月	1793年2月
1797	英國	證券、運河	1796年	1797年2-6月
1799	德國	原物料，以空頭支票融資	1799年8-11月	1799年
1811	英國	外銷專案	1809年	1811年1月
1815	英國	外銷、原物料	1815年	1816年
1819	美國	普遍發生在生產企業	1818年8月	1819年6月
1825	英國	拉丁美洲債券、礦產、羊毛	1825年年初	1825年12月
1836	英國	羊毛、鐵路	1836年4月	1836年12月
1837	美國	羊毛、土地	1836年11月	1837年9月
1837	法國	羊毛、建築用地	1836年11月	1837年6月
1847	英國	鐵路、小麥	1847年1月	1847年10月
1848	歐陸	鐵路、小麥、房地產	1848年4月	1848年3月
1857	美國	鐵路、土地	1856年底	1857年8月
1857	英國	鐵路、小麥	1856年底	1857年10月
1857	歐陸	鐵路、重工業	1857年3月	1857年10月
1864	法國	羊毛、船運、新創企業	1863年	1864年1月
1866	英國、義大利	羊毛、船運、新創企業	1865年7月	1866年5月
1873	德國、奧地利	建築用地、鐵路、股票、原物料	1872年秋天	1873年5月
1873	美國	鐵路	1873年3月	1873年9月
1882	法國	銀行股票	1881年12月	1882年1月
1890	英國	阿根廷股票、股票發行	1890年8月	1890年11月

年度	國家	投機項目	頂點	嚴重危機
1893	美國	白銀與黃金	1892年12月	1893年5月
1895	英國、歐陸	南非與羅德西亞金礦股票	1895年夏天	1895年年底
1907	美國	咖啡、聯合太平洋公司	1907年年初	1907年10月
1921	美國	股票、船隻、原物料、存貨	1920年夏天	1921年春天
1929	美國	股票	1929年9月	1929年10月
1931	奧地利、德國、英國、日本	雜項	1929年	1931年5-12月
1974	國際	股票、辦公大樓、坦克車、飛機	1969年	1974-75年
1980	國際	黃金、白銀、白金、鑽石	1980年1-2月	1980年3-4月
1985	國際	美元	1985年2-3月	1985年2-3月
1987	國際	股票	1987年8月	1987年10月
1990	日本	股票、房地產	1989年12月	1990年2月
1990	國際	藝術品與收藏品	1990年3月	1991年
1997	亞洲／太平洋	房地產、普遍過度投資	1996年6月	1997年10月
1997	俄羅斯	普遍過度投資、銀行資本結構過低	1996年	1997年8月
1999	巴西	政府支出	1998年	1999年1月
2000	國際	網路與科技股	2000年3月	2001年
2001	阿根廷	政府支出	2000年8月	2001年3月～2002年6月

投資理財系列092
景氣爲什麼會循環：歷史、理論與投資實務

作　者：拉斯・特維德（Lars Tvede）
譯　者：蕭美惠　陳儀
總編輯：楊　森
主　編：陳重亨　金薇華
責任編輯：陳盈華
特約編輯：林怡君
行銷企畫：呂鈺清
封面設計：木子花

出版者：財信出版有限公司／台北市中山區10444南京東路一段52號11樓
訂購服務專線：886-2-2511-1107　訂購服務傳真：886-2-2511-0185
郵撥：50052757財信出版有限公司　http:// book.wealth.com.tw

製版印刷：沈氏藝術印刷股份有限公司
總經銷：聯豐書報社／台北市大同區10350重慶北路一段83巷43號／電話：886-2-2556-9711

二版一刷：2008年4月　定價：420元
ISBN 978-986-84265-5-9

國家圖書館出版品預行編目資料

景氣為什麼會循環：歷史、理論與投資實務／拉斯・特維德（Lars Tvede）著；蕭美惠、陳儀譯.
-- 二版. -- 台北市：財信，2008.04
面；　公分. --（投資理財；92）
譯自：Business Cycles: History, Theory and Investment Reality
ISBN 978-986-84265-5-9（平裝）
1. 景氣循環　2. 經濟史　3. 經濟學家
551.9　　97007181